常用机械零部件设计与工艺性分析

于惠力 高宇博 王延福 编著

机 械 工 业 出 版 社

本书把常用的机械零部件的设计方法及其制造工艺结合起来，并提供了常用机械零件的设计实例及其制造工艺分析，目的是使机械工程技术人员在进行机械零件设计的同时，了解加工工艺，提高机械设计质量，避免设计与制造工艺脱离的问题。

本书共分 8 章，第 1 章为绪论；第 2 章为常用机械零部件加工方法简介；第 3 章~第 8 章为常用机械零部件的设计与工艺性分析，具体包括带、齿轮、蜗轮蜗杆、轴、减速器、滑动轴承。本书图文并茂，实用性极强。

本书是机械工程技术人员必备的技术资料，也可供从事机械设计及制造的工程技术人员、大专院校的相关专业师生参考。

图书在版编目（CIP）数据

常用机械零部件设计与工艺性分析/于惠力，高宇博，王延福编著．—北京：机械工业出版社，2017.6（2023.8 重印）
ISBN 978-7-111-57148-3

Ⅰ.①常… Ⅱ.①于…②高…③王… Ⅲ.①机械元件—设计②机械元件—机械制造工艺 Ⅳ.①TH13

中国版本图书馆 CIP 数据核字（2017）第 142646 号

机械工业出版社（北京市百万庄大街 22 号　邮政编码 100037）
策划编辑：黄丽梅　责任编辑：黄丽梅　王春雨
责任校对：刘秀芝　封面设计：马精明
责任印制：邰　敏
北京富资园科技发展有限公司印刷
2023 年 8 月第 1 版第 2 次印刷
169mm×239mm · 16.5 印张 · 300 千字
标准书号：ISBN 978-7-111-57148-3
定价：49.00 元

凡购本书，如有缺页、倒页、脱页，由本社发行部调换
电话服务　　　　　　　　　网络服务
服务咨询热线：010-88361066　机 工 官 网：www.cmpbook.com
读者购书热线：010-68326294　机 工 官 博：weibo.com/cmp1952
　　　　　　　010-88379203　金 书 网：www.golden-book.com
封面无防伪标均为盗版　　教育服务网：www.cmpedu.com

前　言

　　为了提高机械产品质量，避免设计与制造工艺脱离的问题，使工程技术人员在进行机械零件设计时，了解零件的加工工艺性，使设计更合理；同时也使从事机械制造工艺的技术人员及时掌握设计方法，我们编写了本书。

　　本书把常用的机械零部件的设计方法及其制造工艺结合起来，并提供了常用机械零件的设计实例及其制造工艺分析，使设计者在设计时考虑制造工艺，制造者能够给设计者提出合理的建议。

　　机械零件种类繁多，设计方法也很繁琐，涉及的加工方法也很复杂。将众多的机械零件及其加工方法概括成浅显易懂的表述，使读者快速掌握零件设计与工艺的主要内容，是我们编写本书的目标。本书的编写有如下特点。

　　1. 编写内容方面突出了实用性

　　本书内容注重实用，选用了机械生产实践中最常用的几种典型零件：带、齿轮、蜗轮蜗杆、轴、减速器、滑动轴承；同时，也针对这些零件的常用结构进行了设计。加工工艺也选用了工程中最实用的加工工艺进行编写，尽量做到内容简单明了、表述清晰、实用性强。

　　2. 编写方法采用高度概括、精练的编写方式

　　各种机械零件设计涉及的基本理论和公式很多，本书对这些内容高度概括、精练，将各种零件的设计理论和方法进行了简化处理，有的简化为设计流程框图。在第 2 章常用机械零部件加工方法简介的编写中也采用了同样的编写方法，大大缩减了篇幅，且清晰易懂。

　　3. 本书采用现行国家标准、规范及法定计量单位

　　本书共分 8 章，第 1 章为绪论；第 2 章为常用机械零部件加工方法简介；第 3 章～第 8 章为机械零部件的设计与工艺性分析，具体包括带、齿轮、蜗轮蜗杆、轴、减速器、滑动轴承。本书图文并茂，实用性极强。

　　本书可为工程技术人员、大专院校的相关专业师生提供必要的参考，尤其对于从事机械设计、制造的机械工程技术人员具有指导意义。本书也可作为高等工业学校机械类、近机类和非机类专业学习"机械设计"和"机械制造基础"课程的教学参考。

　　本书由于惠力编写第 1 章、第 3 章～第 5 章、第 8 章；高宇博编写第 6 章和

第7章；王延福编写第2章。

　　本书在编写过程中得到了各界同仁和朋友的大力支持、鼓励和帮助，也参考了一些同行所编写的教材、文献等，在此一并表示衷心的感谢！

　　由于编者水平有限，编写时间仓促，不妥之处在所难免，殷切希望广大读者对书中的错误和欠妥之处批评指正。

编　者

目　　录

第1章 绪 论

1.1 引言

机械零件是组成机器的基本单元,部件是若干零件的组合体,机械零部件的设计是机器设计的核心内容,机械设计在很大程度上是指机械零部件设计。目前存在这样一种错误观点:认为从事机械设计的人员对工艺知识的了解可有可无;而机械制造基础是专门研究机械制造工艺的,与机械设计没有关系或关系不大。因此在机械行业中存在"重设计、轻工艺"的倾向,导致设计与工艺脱节、零部件结构工艺性设计水平不高以及结构工艺设计错误层出不穷等现象。

如何正确地设计机械零部件,并使设计的零部件不仅满足使用条件,而且结构工艺性能良好,即具有很强的加工可行性和较高的经济性,是摆在机械设计工程技术人员面前的重要问题。

本书将常用机械零部件设计方法与其加工的工艺性结合起来,帮助设计人员在进行机械零部件设计时,正确进行结构工艺性设计,以提高设计质量。本书首先概括介绍了常见机械零件的加工方法,然后阐述了常用机械零部件的设计方法及设计实例,针对每一种设计实例都从设计的角度分析了如何提高零件的结构工艺性。同时,针对所设计的零部件图样又分析并给出了具体的加工工艺过程,使读者既学会了零部件的设计方法,又学会了分析和编制各种零部件的加工工艺,将机械零部件的设计与加工工艺密切结合起来,以真正提高机械工程设计人员机械零部件的综合设计能力。

1.2 机械设计的一般方法及步骤

本书讨论常用机械零部件的设计与工艺性分析,因此首先介绍一下常用机械零部件的一般设计方法及步骤。

1. 机械设计的主要工作阶段

机械设计一般可分为以下几个阶段:

(1) 计划阶段 进行市场调研,了解市场需求,论证可行性。如果可行,做出产品开发计划,完成可行性研究报告以及设计任务书。

(2) 原理方案设计阶段 进行功能分析,寻求可行原理,确定原理方案,

1

如有多种方案，进行优化选择，从而评价决策，完成最佳原理方案图。

（3）技术设计阶段　首先进行结构方案设计，包括参数设计（初定材料、尺寸、精度等）和结构设计（粗布局以及构形等），可能有多种可行结构方案，进行优化及评价决策，得出初步结构设计草图。第二步进行总体设计，确定总体布局、构形设计、决定尺寸，进行人机工程设计和外观造型设计，可能有多种总体设计可行方案，进行优化及评价决策，确定总装配图。

（4）施工设计阶段　包括产品部件设计、产品零件设计及编制各种技术文件，完成部件装配图、拆成零件工作图及完成各种技术文档。

（5）试制试验阶段　先进行样机制造并评价考核工艺性，进行进一步改进，再进行小批量生产，然后试销，如果销路好就进行批量投产。投产后再进行调查，根据使用情况再按（3）～（5）步进行，但对具体的机器而言，其设计程序可能各不相同。

2. 设计机械零件时应满足的基本要求

设计机械零件时应满足的基本要求主要有三点：

1）要有一定的工作能力，这一条是设计机械零件时应满足的首要条件。所谓工作能力，是指机械零件要有一定的强度、刚度、耐磨性、可靠性等。

2）经济性好，即机械零件的成本要低。想要实现低成本，就应当从机械零件的选材、确定合理的精度等级、采用标准件等方面综合考虑。

3）具有良好的结构工艺性，即机械零件在既定的生产条件下，能够方便而经济地加工出来，且便于装配，同时还要考虑加工的可能性及难易程度等。

3. 机械零部件设计的一般步骤

1）选择零件的材料，在满足工艺要求的条件下，优先考虑国产材料，尽量选用市场广泛供应、货源充足的材料，并考虑价格、质量等因素综合评价选择。

2）建立零件的受力模型，对零件进行受力分析，确定零件的计算载荷。

3）选择零件的类型与结构，可参考各种图册和手册，或根据实际经验确定。

4）理论计算，包括两部分内容：

① 设计计算：由作用到零件上的力求零件的几何尺寸，即根据零件的主要失效形式确定零件的设计依据和公式，求零件的主要参数、尺寸。例如根据齿面接触疲劳强度求出齿轮的主要参数——分度圆直径。

② 校核计算：已知零件的几何尺寸求零件的工作能力。例如根据齿面接触疲劳强度求出齿轮的主要参数——分度圆直径后，为了保证齿轮的另一种工作能力，即轮齿不被折断，还要再代入弯曲强度的公式进行核算，此计算称为校核计算。

5）零件的结构设计。设计出零件的全部结构形式及具体几何尺寸。

6）绘制零件的工作图并编写计算说明书。即绘制出符合生产要求的零件工作图，包括材料、热处理、形状、尺寸、尺寸公差、几何公差、技术要求等全部内容。

上述设计步骤并非一成不变，有时需要交替进行。

1.3 常用机械零部件结构工艺性概述

机械专业学生或技术人员在进行具体零件机械加工工艺规程编制过程中，往往不重视对机械零件的结构工艺性进行分析，造成机械加工工艺规程的不合理，无形中加大了自己的设计工作量。因此，必须要重视机械零件结构工艺性分析这个环节。

1.3.1 零件结构工艺性相关概念

1. 机械制造工艺

根据 GB/T 4863—2008《机械制造工艺基本术语》，机械制造工艺的定义是各种机械的制造方法和过程的总称，也就是机械零部件在制造过程中，从原料或毛坯，通过各种加工工艺，例如铸造、锻压、冲压、焊接、铆接、切削加工（车削、铣削、磨削、镗削、钻削、刨削、插削、拉削等）、热处理和表面处理等，一直到成品，然后装配成产品，这一整套制造技术的总称。

2. 机械设计工艺性

在机械设计中，综合考虑制造、装配工艺及维修方面各种技术问题称机械设计工艺性。

3. 机械零件工艺性

所谓机械零件的工艺性，是指机械零件加工的难易程度或加工性能的相对优劣。机械零部件的工艺性主要体现在结构设计中，所以又称机械零件的结构工艺性。

4. 其他相关概念

根据 GB/T 4863—2008《机械制造工艺基本术语》，产品结构工艺性和零件结构工艺性的相关概念如下：

（1）产品结构工艺性 产品在能满足设计功能和精度要求的前提下，制造、维修的可行性和经济性。

（2）零件结构工艺性 零件在能满足设计功能和精度要求的前提下，制造的可行性和经济性。

（3）工艺性分析 在产品技术设计阶段，工艺人员对产品结构工艺性进行分析和评价的过程。

（4）工艺性审查　在产品工作图设计阶段，工艺人员对产品和零件结构工艺性进行全面审查并提出意见或建议的过程。

（5）可加工性　在一定生产条件下，材料加工的难易程度。

1.3.2　对零件的结构应进行认真分析

设计计算完机械零件的几何尺寸后，应该对机械零件进行结构设计，即定出零件的合理外形和具体尺寸，再画出零件的工作图。零件工作图应按国家机械制图有关标准选好比例，选好视图，绘制零件，并标出该零件的尺寸及尺寸公差、几何公差以及技术要求等加工零件及检测零件所必需的全部内容。

设计机械零件图时应对结构进行认真分析及推敲，尤其是对于复杂的零件，例如箱体、连杆等零件的结构，首先要详细分析零件图样和产品装配图，搞清楚该零件在产品中的装配关系和作用，对该零件尺寸、形状、精度、表面粗糙度进行详细分析。因为设计时往往看不到产品装配图，所以就更应该对零件图样进行认真分析，即对零件图样中哪些是加工面、哪些是非加工面，要将零件图中各加工表面拆分成若干个几何单元，对各几何单元的尺寸、形状、精度、表面粗糙度进行详细分析，弄清各几何尺寸的设计基准，才能编制出正确的加工工艺。本书后面章节常用机械零件设计实例对于零件图都给出了具体的加工工艺，供读者参考。

1.3.3　机械零件结构工艺性的基本内容

设计的机械零件必须考虑加工的可能性及合理性，因此设计者必须了解评价机械零部件的工艺性的优劣标准。目前评价机械零部件的工艺性很难量化，因此，通常用零部件生产的可行性和经济性来衡量，即在保证产品使用性能和精度要求的前提下，用生产率高低、劳动量大小、成本高低来衡量。

在机械零件进行工艺规程的编制过程中，首先必须认真对零件结构工艺性进行分析。

常见机械零件结构工艺性分析评价的基本内容见表1-1。

表1-1　机械零件结构工艺性评价的基本内容

工艺性类型	基本内容
零件结构的铸造工艺性	1. 铸件结构壁厚应合适，尽量均匀，不得有突然变化 2. 不同尺寸截面的过渡应合理，铸件壁间不能锐角连接 3. 铸件圆角要合理，不能有尖角。铸造最小孔径应合理 4. 铸件结构应尽量简化。有合理的起模斜度，减少分型面、型芯 5. 加强肋的厚度和分布要合理；突耳、凸台、悬臂支架和其他带有凸出部分的铸件应设计成从铸型中自由取出模型，其厚度也应合理

（续）

工艺性类型		基 本 内 容
零件结构的压力加工工艺性	锻压件	1. 分型线应合理 2. 模锻件应有合理的锻造斜度和圆角半径 3. 结构应力要简单、对称；截面、筋、凸部应设计合理 4. 复杂锻件可考虑分拆与合成
	冲裁件	1. 形状结构应简单、对称，并考虑节约材料 2. 结构上不能有过窄的部分，孔径与孔的位置设计合理 3. 外形和内孔尽量避免尖角，圆角半径大小应有利于成形
	弯曲件	1. 合理确定弯曲圆角半径 2. 形状要求对称，弯曲的两边弯曲数尽量相等 3. 工艺孔、工艺槽和缺口的增加应合理
	拉深件	1. 形状应简单、对称；拉深各部分尺寸比例应恰当 2. 矩形工件的圆角半径、法兰宽度、高度应合理 3. 内壁应有合适的斜度，圆角半径应设计合理 4. 孔的位置不能离拉深件底边太近
	精冲件	1. 棱角处一定要有圆角过渡，圆角半径合理 2. 孔径和槽宽设计正确，壁厚尺寸、孔口倒角和沉孔设计合理
	冷挤压件	1. 避免挤压内锥体；尽量采用轴对称形状 2. 避免设计辐板、十字筋；避免锐角、壁上的环形槽 3. 避免挤小的深孔；避免侧壁上有径向孔
零件结构的焊接工艺性		1. 焊缝的位置应便于操作，有利于减小焊接应力和变形，应避开最大应力和应力集中处，避开加工表面 2. 焊接接头的形式、位置和尺寸应能满足焊接质量的要求
零件结构的热处理工艺性		1. 热处理件的结构应尽量避免尖角、锐边和不通孔 2. 形状力求简单、对称；应有足够的刚度 3. 尽量使截面均匀、质量均衡，避免结构尺寸厚薄悬殊、断面突变 4. 对大件、长件，设计时应考虑便于热处理装卡、吊挂 5. 热处理技术要求应合理、明确和完整
零件结构的切削加工工艺性		1. 精度、表面粗糙度的要求应经济合理 2. 加工面的形状应尽量简单，便于加工 3. 零件结构应便于装夹、加工和检查 4. 有相互位置要求的表面，最好能在一次装夹中完成加工 5. 零件应有合理的工艺基准，并尽量与设计基准一致

（续）

工艺性类型	基本内容
零件结构的装配与维修工艺性	1. 零部件应有正确的装配基面；尽量组成单独的部件或装配单元 2. 考虑零部件装配和拆卸的方便性 3. 避免装配时的应力集中，考虑装配的零部件之间结构的合理性 4. 考虑螺纹连接的工艺性，密封的可靠性 5. 避免装配时的切削加工，减少外观修整的工作量

1.4　零件结构工艺与机械产品质量的关系

1. 机械零部件的结构工艺性问题是确保产品质量的关键

在进行工业生产过程中，零部件的设计工作是第一步。机械零部件加工各阶段的工艺内容主要是根据设计阶段早已确定的结构设计方案进行。机械产品零部件的结构设计在很大程度上决定了采用何种工艺手段及其工艺性。所以零部件的结构设计除满足其使用功能的要求外，还必须满足其在制造、维修全过程中符合科学性、可行性和经济性的要求，即零部件的结构设计应具有良好的结构工艺性。机械零部件的结构工艺性问题是现代工业生产中提高效益、确保产品质量的关键。结构工艺性是机械零部件设计的基准之一，设计人员必须高度重视。在进行机械零部件设计时，必须将结构设计与加工工艺设计有机地结合起来，系统、全面、综合地分析和解决零部件结构工艺性问题，才能确保产品质量。

2. 零件结构工艺是降低生产成本、提高生产率和经济效益的关键因素

在进行机械零件结构工艺性设计时，需要考虑诸多因素，只有将材料选择、方法设计、工艺流程、设计工艺综合起来统筹设计，才能合理确定各道工序的具体方案，减小方案设计误差，保证方案的可行性与经济性，最终确保机械零部件使用功能和质量达标，节省时间，提高工作效率，实现良好的经济效益。

在设计机械零部件时，只有满足机械结构设计的工艺性，才能保障生产顺利地进行；只有选择好的工艺路线，才能降低成本，提高生产率和经济效益，才能使产品在市场竞争中处于优势地位，因此机器零件的结构工艺性永远是影响产品的制造性、生产率和经济性的关键因素。

第 2 章 常用机械零部件加工方法简介

2.1 车削加工

车削加工是机械加工中最基本、最常见的切削加工方法，在一般的机械加工车间中，车床的数量往往占机床总数的 50% 左右或更多，因此车削加工在机械工业生产中占有十分重要的地位。

2.1.1 车削加工的原理及特点

车削加工就是在车床上利用工件的旋转运动和刀具的直线运动或曲线运动来改变毛坯的形状和尺寸，将其加工成图样要求的外形的一种切削加工方法。工件的旋转运动称为主运动。车刀在水平面内的移动（纵向移动、横向移动、斜向移动）称为进给运动。通过车刀和工件的相对运动，使毛坯被切削成一定的几何形状、尺寸和表面质量的零件，以达到图样上所规定的要求。

车削加工的工艺特点：

1）应用范围广泛，几乎所有绕定轴心旋转的内外回转体表面及端面，均可以用车削方法达到要求。

2）车削的加工精度范围为 IT10 ~ IT8，能达到的表面粗糙度 Ra 值为 $1.6 ~ 3.2 \mu m$。

3）刀具简单，制造、刃磨和安装方便，容易选用合理的几何形状和角度，有利于提高生产率。

4）易于保证相互位置精度要求。一次装夹可加工几个不同的表面，避免安装误差。

5）车削对工件的结构、材料、生产批量等有较强的适应性，除可车削各种钢材、铸铁、有色金属外，还可以车削玻璃钢、夹布胶木、尼龙等非金属。可以用精细车削的办法实现有色金属零件的高精度加工和很小的表面粗糙度值（有色金属的高精度零件不适合采用磨削）。

6）除毛坯表面余量不均匀外，绝大多数车削为等切削横截面的连续切削，因此，切削力变化小，切削过程平稳，有利于高速切削和强力切削，生产效率高。

2.1.2 车削加工适用的零部件

车削以加工回转体为主要加工对象，在车床上可以加工外圆、端面、锥度、钻孔、钻中心孔、镗孔、铰孔、切断、切槽、滚花、车螺纹、车成形面、绕弹簧等。常用的车削加工用途如图 2-1 所示。

常见的能进行车削加工的机械零件有：

1）轴类零件，包括各种直轴、曲轴、阶梯轴等。

2）盘类零件，例如大型盘类零件（火车轮、大型齿轮等）和一般盘类零件（如普通带轮、齿轮和蜗轮等）可加工端面、外圆、中心孔等。

3）轴套类零件，例如各种内外圆柱面、内外圆锥面的加工。

4）各种螺栓、螺钉、螺母、管接头内外螺纹的加工。

5）如采用相应的刀具和附件，还可进行零件的钻孔、扩孔、车螺纹和滚花等。

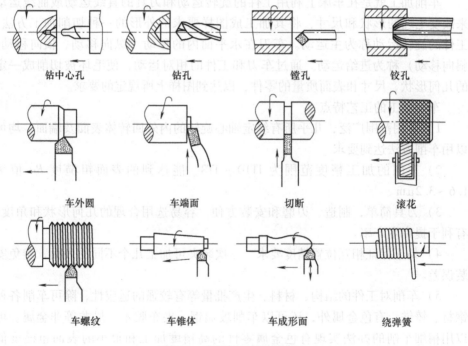

钻中心孔　　　　　钻孔　　　　　镗孔　　　　　铰孔

车外圆　　　　　车端面　　　　　切断　　　　　滚花

车螺纹　　　　　车锥体　　　　　车成形面　　　　　绕弹簧

图 2-1　车削加工用途举例

2.1.3　典型车削加工设备简介

车床是车削加工的主要设备，按形式可分为卧式和立式两种。卧式车床因其主轴以水平方式放置故称为卧式车床，是车床中应用最广泛的一种，约占车

床类总数的 65% 。卧式车床的结构如图 2-2 所示；立式车床的结构示意图如图
2-3 所示。

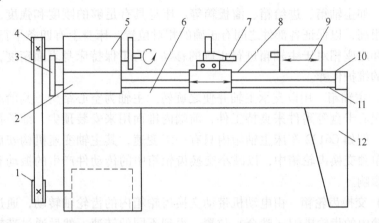

图 2-2　卧式车床的结构

1、4—带轮　2—进给箱　3—交换齿轮箱　5—主轴箱　6—床身

7—刀架　8—溜板箱　9—尾座　10—丝杠　11—光杠　12—床腿

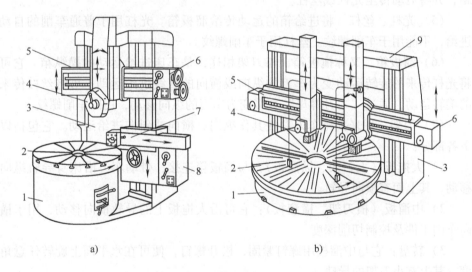

a)　　　　　　　　　　　　　　　　　b)

图 2-3　立式车床的结构示意图

a）单柱式　b）双柱式

1—底座　2—工作台　3—立柱　4—垂直刀架　5—横梁　6—垂直刀架进给箱

7—侧刀架　8—侧刀架进给箱　9—顶梁

1. 车床组成部分及功能

以图 2-2 所示的卧式车床为例，车床是由床身、主轴箱、交换齿轮箱、进给

箱、光杠、丝杠、溜板箱、刀架、床腿和尾座等部分组成。

（1）床身　是车床的基础零件，用来支承和安装车床的各部件，保证其相对位置，如主轴箱、进给箱、溜板箱等。床身具有足够的刚度和强度，床身表面精度很高，以保证各部件之间有正确的相对位置。床身上有四条平行的导轨，供刀架和尾座相对于主轴箱进行正确的移动，为了保持床身表面精度，应注意对车床的维护保养。

（2）主轴箱　用以支承主轴并使之旋转。主轴为空心结构。其前端外锥面安装自定心卡盘等附件来夹持工件，前端内锥面用来安装顶尖，细长孔可穿入长棒料。例如 C6132 车床主轴箱内只有一级变速，其主轴变速机构安放在远离主轴的单独交换齿轮箱中，以减小交换齿轮箱中的传动件产生的振动和热量对主轴的影响。

（3）交换齿轮箱　由电动机带动交换齿轮箱内的齿轮轴转动，通过改变交换齿轮箱内的齿轮搭配（啮合）位置，得到不同的转速，然后通过带轮传动把运动传给主轴。

（4）进给箱　又称走刀箱，内装进给运动的变速齿轮，可调整进给量和螺距，并将运动传至光杠或丝杠。

（5）光杠、丝杠　将进给箱的运动传给溜板箱。光杠用于普通车削的自动进给，不能用于车削螺纹。丝杠用于车削螺纹。

（6）溜板箱　又称拖板箱，与刀架相连，是车床进给运动的操纵箱。它可将光杠传来的旋转运动变为车刀的纵向或横向的直线进给运动；可将丝杠传来的旋转运动，通过"对开螺母"直接变为车刀的纵向移动，用以车削螺纹。

（7）刀架　用来夹持车刀并使其作纵向、横向或斜向进给运动。它包括以下各部分：

1）大拖板（大刀架、纵溜板）：与溜板箱连接，带动车刀沿床身导轨纵向移动，其上面有横向导轨。

2）中溜板（横刀架、横溜板）：它可沿大拖板上的导轨横向移动，用于横向车削工件及控制切削深度。

3）转盘：它与中溜板用螺钉紧固，松开螺钉，便可在水平面上旋转任意角度，其上有小刀架的导轨。

4）小刀架（小拖板、小溜板）：它控制长度方向的微量切削，可沿转盘上面的导轨作短距离移动，将转盘偏转若干角度后，小刀架作斜向进给，可以车削圆锥体。

5）方刀架：它固定在小刀架上，可同时安装四把车刀，松开手柄即可转动方刀架，把所需要的车刀转到工作位置上。

（8）尾座　安装在床身导轨上。在尾座的套筒内安装顶尖，支承工件；也可安装钻头、铰刀等刀具，在工件上进行孔加工；将尾座偏移，还可用来车削圆锥体，使用尾座时注意：

1）用顶尖装夹工件时，必须将固定位置的长手柄扳紧，尾座套筒锁紧。

2）尾座套筒伸出长度一般不超过100mm。

3）一般情况下尾座的位置与床身端部平齐，在摇动拖板时严防尾座从床身上落下，造成事故。

2. 车床的型号

（1）切削机床型号编制方法简介　按照 GB/T 15375—2008 金属切削机床型号编制方法规定：机床均用汉语拼音字母和数字按一定规律组合进行编号，以表示机床的类型和主要规格。金属切削机床型号构成如图2-4所示。

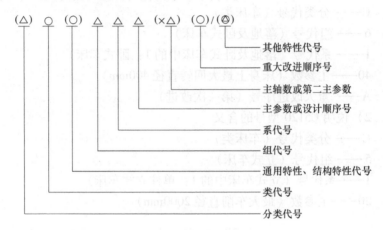

注：1. 有"（ ）"的代号或数字，当无内容时，则不表示。若有内容则不带括号。

2. 有"♂"符号的，为大写的汉语拼音字母。

3. 有"△"符号的，为阿拉伯数字。

4. 有"⊘"符号的，为大写的汉语拼音字母，或阿拉伯数字，或两者兼有之。

图2-4　金属切削机床型号构成

机床分类和代号如表2-1所示。

表2-1　机床分类和代号（摘自 GB/T 15375—2008）

类别	车床	钻床	镗床	磨床			齿轮加工机床	螺纹加工机床	铣床	刨插床	拉床	锯床	其他机床
代号	C	Z	T	M	2M	3M	Y	S	X	B	L	G	Q
读音	车	钻	镗	磨	二磨	三磨	牙	丝	铣	刨	拉	割	其

注：对于具有两类特性的机床编制时，主要特性应放在后面，次要特性应放在前面。例如铣镗床是以镗为主、以铣为辅。

机床的通用特性代号如表 2-2 所示，其余代号规定请参照 GB/T 15375—2008。

表 2-2 机床的通用特性代号（摘自 GB/T 15375—2008）

通用特性	高精度	精密	自动	半自动	数控	加工中心（自动换刀）	仿形	轻型	加重型	柔性加工单元	数显	高速
代号	G	M	Z	B	K	H	F	Q	C	R	X	S
读音	高	密	自	半	控	换	仿	轻	重	柔	显	速

（2）车床型号表示法举例

1）说明 C6140A 型号的含义

C—— 分类代号（车床类）

6—— 组代号（落地及卧式车床）

1—— 系代号（落地及卧式车床中的 1：卧式车床）

40——主参数（床身上最大回转直径 400mm）

A—— 重大改进序号（第一次改进）

2）说明 C5120 型号的含义

C—— 分类代号（车床类）

5—— 组代号（立式车床）

1——系代号（立式车床中的 1：单柱立式车床）

20——主参数（最大车削直径 2000mm）

2.2 铣削加工

2.2.1 铣削加工的原理

铣削加工是依靠刀具旋转、工件在工作台上移动或旋转而进行机械加工的一种方法。铣削是一种常见的金属冷加工方式，和车削不同之处在于铣削加工中刀具在主轴驱动下高速旋转，而被加工工件处于相对静止。

铣床在工作时，工件装在工作台上或分度头等附件上，铣刀旋转为主运动，辅以工作台或铣头的进给运动，工件即可获得所需的加工表面。由于是多刀断续切削，因而铣床的生产率较高。

传统铣削较多地用于铣轮廓和槽等简单外形特征。数控铣床可以进行复杂外形和特征的加工。铣镗加工中心可进行三轴或多轴铣镗加工，用于加工模具、检具、胎具、薄壁复杂曲面、人工假体、叶片等。在选择数控铣削加工内容时，应充分发挥数控铣床的优势和关键作用。

铣削加工的特点：

1）采用多刃刀具加工，刀刃轮替切削，刀具冷却效果好，耐用度高。

2）铣削加工生产效率高，加工范围广，在普通铣床上使用各种不同的铣刀可以完成加工平面（平行面、垂直面、斜面）、台阶、沟槽（直角沟槽、V 形槽、T 形槽、燕尾槽等）、特形面等加工任务。加上分度头等铣床附件的配合运用，还可以完成花键轴、螺旋轴、齿形离合器等工件的铣削。

3）铣削加工具有较高的加工精度，其经济加工精度一般为 IT9～IT7，表面粗糙度 Ra 值一般为 12.5～1.6μm。精细铣削精度可达 IT5，表面粗糙度 Ra 值可达到 0.20μm。

4）正因为铣削加工具有以上特点，它特别适合模具等形状复杂的组合体零件的加工，在模具制造等行业中占有非常重要的地位。随着数控技术的快速发展，铣削加工在机械加工中的作用越来越重要，尤其是在各种特形曲面的加工中，有着其他加工方法无法比拟的优势。目前在五轴数控铣削加工中心上，甚至可以高效率地连续完成整件艺术品的复制加工。

2.2.2　铣削加工适用的机械零部件

铣床除能铣削平面（包括水平面、垂直面和斜面）、沟槽、切断、轮齿、螺纹和花键轴外，还能加工比较复杂的型面，效率比刨床高，在机械制造和修理部门得到广泛应用。

1. 铣削的主要加工范围

铣削可加工平面、台阶面、垂直面、斜面、齿轮、齿条、各种沟槽（直槽，T 形槽，燕尾槽，V 形槽）成形面、切断、铣六方、铣刀具、镗孔等，如图 2-5 所示。

铣削（数控铣）的加工范围是：

1）工件上的曲线轮廓，直线、圆弧、螺纹或螺旋曲线，特别是由数学表达式给出的非圆曲线与列表曲线等曲线轮廓。

2）已给出数学模型的空间曲线或曲面。

3）形状虽然简单，但尺寸繁多、检测困难的部位。

4）用普通机床加工时难以观察、控制及检测的内腔、箱体内部等。

5）有严格尺寸要求的孔或平面。

6）能够在一次装夹中顺带加工出来的简单表面或形状。

7）采用数控铣削加工能有效提高生产率、减轻劳动强度。

2. 铣削加工适用的零部件

适合数控铣削的主要加工对象有以下几类：平面轮廓零件、变斜角类零件、空间曲面轮廓各种零件、孔和螺纹等。

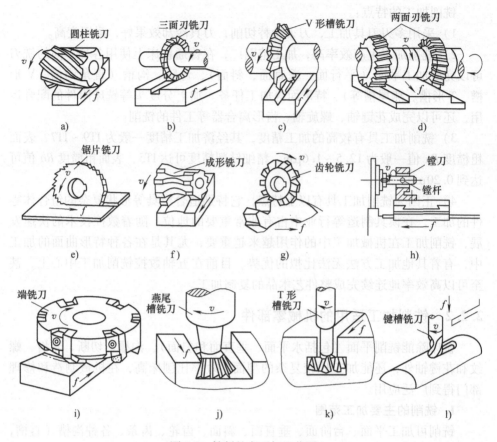

图 2-5　铣削的主要加工范围

a）铣平面　b）铣直槽　c）铣 V 形槽　d）用组合铣刀铣台阶面　e）铣槽或切断　f）铣成形面
g）铣齿轮　h）镗支架孔　i）铣平面　j）铣燕尾槽　k）铣 T 形槽　l）铣键槽

2.2.3　典型铣削加工设备简介

1. 铣床的分类

铣床主要分为以下几种：

（1）升降台式铣床　升降台铣床主要用于加工中小型零件，应用最广，主要分为立式铣床、卧式铣床和万能式铣床。立式铣床、卧式铣床的主要区别为：

1）结构不同。卧式铣床的主轴与地面平行，立式铣床的主轴与地面垂直。

2）加工范围不同。除了主轴位置不同以外，它们的加工范围也不同，卧式铣床多用盘式铣刀，可用辅助支撑，刚度相对好些。立式铣床用的刀相对灵活一些，适用范围较广，可使用立铣刀、机夹刀盘、钻头等，可铣键槽、铣平面、镗孔等。卧式铣床也可使用上面各种刀具，但不如立铣方便，主要是可使用挂

架增强刀具（主要是三面刃铣刀、片状
铣刀等）强度。

（2）工具铣床　用于模具和工具制
造，配有立铣头、万能角度工作台和插
头等多种附件，还可进行钻削、镗削和
插削等加工。

（3）工作台不升降铣床　有矩形工
作台式和圆工作台式两种，是介于升降
台铣床和龙门铣床之间的一种中等规格
的铣床。其垂直方向的运动由铣头在立
柱上升降来完成。

（4）龙门铣床　包括龙门铣镗床、
龙门铣刨床和双柱铣床，具有足够的刚
度，适用于强力铣削，加工大型零件的
平面、沟槽等。机床装有二轴、三轴甚
至更多主轴以进行多刀、多工位的铣削
加工，生产效率很高，均用于加工大型
零件。

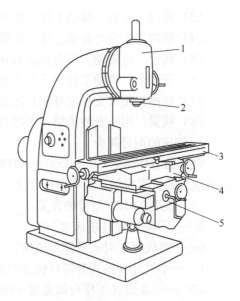

图 2-6　立式铣床的主要结构
1—铣头　2—主轴　3—工作台
4—床鞍　5—升降台

（5）单柱铣床和单臂铣床　前者的水平铣头可沿立柱导轨移动，工作台作
纵向进给；后者的立铣头可沿悬臂导轨水平移动，悬臂也可沿立柱导轨调整高
度。两者均用于加工大型零件。

（6）仪表铣床　一种小型的升降台铣床，用于加工仪器仪表和其他小型
零件。

（7）其他铣床　如键槽铣床、凸轮铣床、曲轴铣床、轧辊轴颈铣床和方钢
锭铣床等，是为加工相应的工件而制造的专用铣床。按控制方式，铣床又分为
仿形铣床、程序控制铣床和数字控制铣床。

2. 立式铣床简介

立式铣床是一种通用金属切削机床，主轴锥孔可直接或通过附件安装各种
圆柱铣刀、成形铣刀、端面铣刀、角度铣刀等刀具，立式铣床铣头可在垂直平
面内顺、逆时针调整 ±45°；X、Y、Z 三方向机动进给；主轴采用能耗制动，制
动转矩大，停止迅速、可靠。立式铣床的结构如图 2-6 所示，主要由工作台、主
轴、升降台、铣头等组成。立式铣床的组成名称及作用如下：

（1）床身　用来固定和支承铣床所有部件，内装电动机、主轴变速机构等。

（2）主轴　空心轴前端有 7:24 的锥孔，用于安装铣刀或铣刀刀杆，并带动
铣刀旋转，是铣床的主运动。

（3）纵向工作台 带动工件，作纵向进给运动。

（4）横向工作台 带动工件，作横向进给运动。

（5）转台 可带动工作台作左右0°~45°的转动。

（6）升降台 带动工件作垂直进给运动。

（7）底座 用来支承床身和升降台，内装切削液。

（8）横梁 用于安装吊架，支撑力杆，增强力杆强度。

3. 铣床的型号简介

铣床的型号详见GB/T 15375—2008金属切削机床型号编制方法，现以常用的万能立式铣床为例，说明型号含义。

（1）说明X6132型号的含义

X——分类代号（铣床类）

6——组代号（卧式升降台铣床）

1——系代号（卧式升降台铣床中的1：万能升降台铣床）

32——主参数（工作台面宽度320mm）

（2）说明X5032型号的含义

X——分类代号（铣床类）

5——组代号（立式升降台铣床）

0——系代号（立式升降台铣床中的0：立式升降台铣床）

32——主参数（工作台面宽度320mm）

2.3 磨削加工

现代各种机械零部件的精加工几乎都用到磨削，磨削是一种比较精密的金属加工方法，经过磨削的零件有很高的精度和很小的表面粗糙度值。目前用高精度外圆磨床磨削的外圆表面，其圆度误差可达到0.001mm左右，相当于一个人头发丝直径的1/70或更小；其表面粗糙度值达到$Ra0.025\mu m$，表面光滑似镜。在现代制造业中，磨削技术占有重要的地位，一个国家的磨削水平，在一定程度上反映了该国的机械制造工艺水平，在工业发达国家中，磨床占机床总数的30%~40%，而且今后还要继续增加。随着机械产品质量的不断提高，磨削工艺也不断发展和完善。

2.3.1 磨削加工的原理及特点

磨削加工指利用砂轮或其他磨具对工件进行切削的加工方法，磨削是一种常用的半精加工和精加工方法，砂轮是磨削的切削工具，磨削是由砂轮表面大量随机分布的磨粒在工件表面进行滑移、刻划和切削三种作用的综合结果。

磨削加工与切削加工相比，具有以下特点：

1. 磨削的切削速度高，导致磨削温度高

普通外圆磨削时 $v = 35\text{m/s}$，高速磨削 $v > 50\text{m/s}$。加工效率极好的砂轮圆周速度可达 80m/s，比切削工具的速度高数倍到数十倍。磨削点的温度高，是导致磨裂的原因，因为磨削产生的切削热 80% ~ 90% 传入工件（10% ~ 15% 传入砂轮，1% ~ 10% 由磨屑带走），加上砂轮的导热性很差，易造成工件表面烧伤和微裂纹。磨削作业中，磨削点的温度很容易超过 1000℃，这是磨削加工的一大缺点。因此，为了不产生磨裂现象，需要使用性能良好的切削液进行充分的冷却，并且磨削时应采用大量的切削液以降低磨削温度。

2. 能获得高的加工精度和小的表面粗糙度值

磨削能够很容易地得到要求的加工面表面粗糙度以及精度。构成砂轮的一个个切刃很小，并在高速旋转下使用，切屑极小。因此比使用切削工具得到的加工表面的表面粗糙度好，尺寸精度也好。加工精度可达 IT6 ~ IT4，表面粗糙度值可达 $Ra0.8 ~ 0.02\mu\text{m}$。

3. 磨削的背向磨削力大

因磨粒负前角很大，且切削刃钝圆半径较大，导致背向磨削力大于切向磨削力，造成砂轮与工件的接触宽度较大，会引起工件、夹具及机床产生弹性变形，影响加工精度。因此，在加工刚性较差的工件时（如磨削细长轴），应采取相应的措施，防止因工件变形而影响加工精度。

4. 砂轮有自锐作用

在磨削过程中，磨粒有破碎产生较锋利的新棱角，及磨粒的脱落而露出一层新的锋利磨粒，能够部分地恢复砂轮的切削能力，这种现象叫作砂轮的自锐作用，有利于磨削加工。

5. 能加工高硬度材料

磨削除可以加工铸铁、碳钢、合金钢等常用材料外，还能加工一般刀具难以切削的高硬度材料，如淬火钢、硬质合金、陶瓷和玻璃等。但不宜精加工塑性较大的有色金属工件。

2.3.2　磨削加工适用的机械零部件

磨削加工是机械零部件制造中最常用的加工方法之一，它的应用范围很广，如图 2-7 所示。

磨削加工范围很广，不同类型的磨床可加工不同的型面。它通常可精加工各种平面、内外圆柱面（外圆、内孔等）、内外圆锥面、沟槽、成形面、螺纹、齿轮齿形以及各种各样的表面，还常用于各种刀具和工具的刃磨；此外，还可用于毛坯的预加工和清理等粗加工。

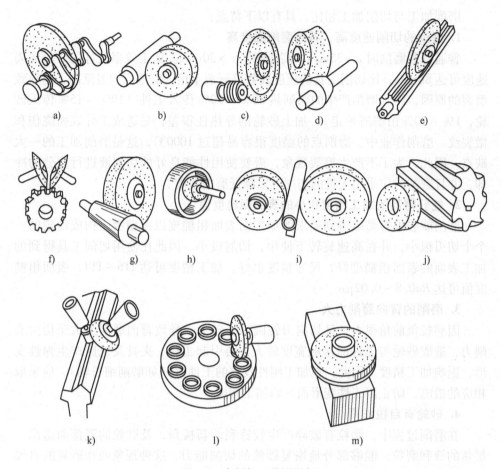

图 2-7　磨削加工范围举例

a）曲轴磨削　b）外圆磨削　c）螺纹磨削　d）成形磨削　e）花键磨削　f）齿轮磨削
g）圆锥磨削　h）内圆磨削　i）无心外圆磨削　j）刀具刃磨　k）导轨磨削　l）、m）平面磨削

　　高精度的机械零部件，例如 6 级、5 级、4 级精度的齿轮、滚动轴承、滑动轴承、高精度的轴以及各种复杂而精密度要求高的工件等，都必须进行磨削加工。表 2-3 列出了部分专用磨床用于加工高精度零件的实例。

表 2-3　部分专用磨床加工高精度零件的实例

磨床名称	应用实例
齿轮磨床	用于高精度齿轮（例如 3～6 级）的精密加工
数控磨床	属精密磨床，用于各种复杂回转型工件的精密加工
坐标磨床	加工有极高加工精度的工件，最小磨削孔径可达 ϕ0.3mm
数控坐标磨床	主要用于淬火钢、硬质合金等硬材料的各种复杂模具型面、高精度坐标孔距的孔系、各种凸凹轮廓和任意曲面组成的平面图形等

（续）

磨床名称	应用实例
光学曲线磨床	利用光谱跟踪原理实现二维型面的精密加工
精密磨床	用于高精度（IT5 以下）和镜面磨削，可磨削外圆、内孔、平面等
螺纹磨床	用于螺纹的精密加工
工具磨床	主要用来磨削各种工具或刀具

2.3.3　典型磨削加工设备简介

1. 万能外圆磨床简介

以常用的万能外圆磨床为例，磨床主要由床身、工作台、头架、尾架、砂轮架和内圆磨具等部件组成，见图 2-8，磨床还包括液压系统。

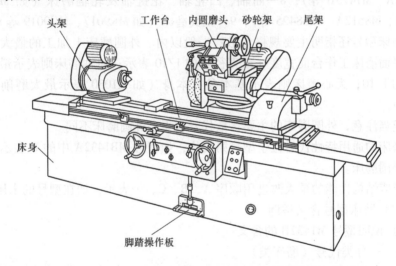

图 2-8　万能外圆磨床简图

万能外圆磨床各部件简介如下：

1）床身　起支承整个磨床的作用。

2）头架　安装与夹持工件，带动工件旋转，可在水平面内转 90°。

3）内圆磨头　支承磨内孔的砂轮主轴。

4）砂轮架　支承并传动砂轮主轴旋转，可在水平面内进行 ±30° 范围的转动。

5）尾架　与头架一起支承工件。

6）滑鞍与横进给机构　通过进给机构带动滑鞍上的砂轮架实现横向进给。

7）工作台　分为上下工作台，上工作台装有头架与尾架，可绕下工作台在

19

水平面转 ±10°。

2. 磨床的型号

（1）磨床型号规定概述　磨床的种类很多，按 GB/T 15375—2008 金属切削机床型号编制方法，磨床的类、组、系划分表，将我国的磨床品种分为三个分类。一般磨床为第一类，用字母 M 表示，读作"磨"。超精加工机床、抛光机床、砂带抛光机为第二类，用 2M 表示。轴承套圈、滚球、叶片磨床为第三类，用 3M 表示。齿轮磨床和螺纹磨床分别用 Y 和 S 表示，读作"牙"和"丝"。第一类磨床按加工特点不同分为以下几组：0—仪表磨床；1—外圆磨床（如 M1432A、MBS1332A、MM1420、M1020、MG10200 等）；2—内圆磨床（如 M2110A、MGD2110 等）；3—砂轮机；4—坐标磨床；5—导轨磨床；6—刀具刃磨床（M6025A、M6110 等）；7—平面及端面磨床（如 M7120A、MG7132、M7332A、M7475B 等）；8—曲轴、凸轮轴、花键轴及轧辊磨床（如 M8240A、M8312、M8612A、MG8425 等）；9—工具磨床（如 MK9017、MG9019 等）。

磨床型号还指明主要规格参数：一般以内、外圆磨床上加工的最大直径尺寸或平面磨床工作台面宽度（或直径）的 1/10 表示；曲轴磨床则表示最大回转直径的 1/10；无心磨床则表示基本参数本身（如 M1080 表示最大磨削直径为 80mm）。

应当注意，外圆磨床的主要参数代号与无心外圆磨床不同。

磨床的通用特性代号位于型号第二位，如型号 MB1432A 中的 B 表示半自动万能外圆磨床。

磨床结构性能的重大改进用顺序 A、B、C、…表示，加在型号的末尾。

（2）磨床型号含义举例

1）说明型号 M1432B 的含义

M——分类代号（磨床类）

1——组代号（外圆磨床）

4——系代号（外圆磨床中的 4：万能外圆磨床）

32——主参数（最大磨削直径为 320mm）

B——重大改进序号（第二次改进）

2）说明型号 M2110 的含义

M——分类代号（磨床类）

2——组代号（内圆磨床）

1——系代号（内圆磨床中的 1：内圆磨床）

10——主参数（最大磨削直径为 100mm）

3）说明型号 M7475B 的含义

M——分类代号（磨床类）

7——组代号（平面及端面磨床）

4——系代号（平面及端面磨床中的 4：立轴圆台平面磨床）

75——主参数（工作台面直径为 750mm）

B——重大改进序号（第二次改进）

2.4　镗削加工

2.4.1　镗削加工的原理及特点

镗削加工主要是指用镗刀在工件上对已有的孔进行扩大加工的方法，镗孔是一种应用非常广泛的孔加工方法，可以用于孔的粗加工、半精加工、精加工；可以加工通孔和不通孔；可以加工各种材料的工件。对于直径较大的孔（$D >$ 80mm）、内成形面或孔内环槽等，镗削是唯一适宜的加工方法。

镗削加工过程中工件不动，让刀具移动，将刀具中心对正孔中心，并使刀具转动（主运动）。通常，镗刀旋转为主运动，镗刀或工件的移动为进给运动。它的加工精度和表面质量要高于钻床，主要用于加工高精度孔或一次定位完成多个孔的精加工，此外还可以从事与孔精加工有关的其他加工面的加工，镗床是大型箱体零件加工的主要设备。

镗削加工有以下特点：

1）因为镗床的多个部件都能作进给运动，所以在工艺方面显示出多功能性和较强的适应性，不仅能加工圆柱孔、平面、V 形槽、螺纹以及中心孔等零件表面，还能加工多种零件，方便实现孔系的加工。

2）镗削加工以刀具的旋转作为主运动，与以工件的旋转作为主运动的结构方式相比，特别适合加工箱体、机架等结构复杂的大型零件。

3）可以修正上一工序所造成的孔的轴线偏移、歪斜等缺陷。

4）生产率低，适合于单件和中、小批量生产的场合。

5）镗孔加工精度一般为 IT9～IT7，表面粗糙度 Ra 为 0.8～6.3μm；高精度镗床可达到精度 IT6，表面粗糙度 Ra 为 0.8～1.6μm，甚至达到 Ra0.2μm。

2.4.2　镗削加工适用的机械零部件

镗削主要适用于以下几类零件：

（1）平面类零件　加工面平行或垂直于水平面或加工面与水平面的夹角为一定值的零件，这类加工面可展开为平面。

（2）箱体类零件　一般是指具有孔系和平面、内部有一定型腔，在长、宽、高方向有一定比例的零件。

（3）直纹曲面类零件　由直线依某种规律移动所产生的曲面类零件。

（4）立体曲面类零件　加工面为空间曲面的零件称立体曲面零件。这类加工面不能展成平面。

（5）异形件　外形不规则的零件，大多要点、线、面多工位混合进行加工。

总之，镗削加工适用于大尺寸、大重量的工件上的大直径孔加工，或形状复杂工件上的孔和孔系的加工，例如变速器、发动机缸体等。除能镗孔外，还能进行钻孔、扩孔、铰孔、车螺纹、铣平面等加工。镗削加工能完成的主要工作如图 2-9 所示。

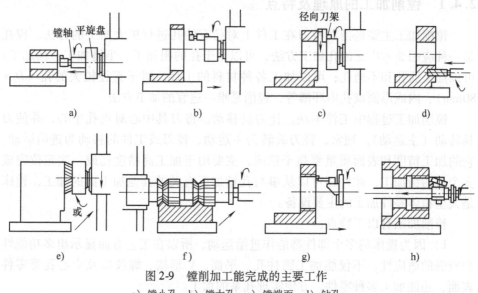

图 2-9　镗削加工能完成的主要工作

a）镗小孔　b）镗大孔　c）镗端面　d）钻孔

e）铣平面　f）铣组合面　g）镗螺纹　h）镗深孔螺纹

2.4.3　镗削加工设备简介

1. 镗床分类

镗床分为卧式镗床、落地镗铣床、金刚镗床和坐标镗床等类型。

（1）卧式镗床　工程中应用最广泛的一种镗床，适用于单件小批生产以及修理车间使用。

（2）落地镗床和落地镗铣床　特点是工件固定在落地平台上，适宜于加工尺寸和重量较大的工件，用于重型机械制造厂。

（3）金刚镗床　使用金刚石或硬质合金刀具，以很小的进给量和很高的切削速度镗削精度较高、表面粗糙度值较小的孔，主要用于大批量生产中。

（4）坐标镗床　具有精密的坐标定位装置，适于加工形状、尺寸和孔距精度要求都很高的孔，还可进行划线、坐标测量和刻度等工作，用于工具车间和中小批量生产中。

镗削加工设备主要类型有卧式铣镗床、精镗床和坐标镗床，其中卧式铣镗床应用最为广泛，型号有 T611 等。卧式铣镗床结构简图如图 2-10 所示。

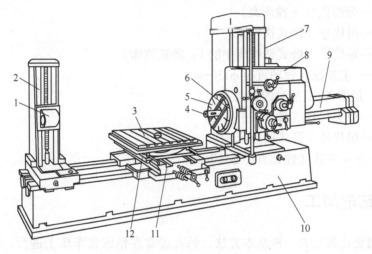

图 2-10　卧式铣镗床结构简图

1—后支架　2—后立柱　3—工作台　4—镗轴　5—平旋盘　6—径向刀具溜板
7—前立柱　8—主轴箱　9—后尾筒　10—床身　11—下滑座　12—上滑座

2. 卧式铣镗床简介

图 2-10 所示的卧式铣镗床主要由后支架、后立柱、工作台、镗轴、平旋盘、刀具溜板箱、前立柱、主轴箱、床身、滑座等组成。后立柱、工作台可沿导轨作纵向移动（Y 轴）；主轴箱、主轴沿前立柱导轨作垂直移动（Z 轴）；工作台在下滑座上作横向移动（X 轴）和 360°回转；后支架在后立柱上还能作垂直移动（Z 轴）。

主轴箱内有主运动和进给运动的变速机构和操纵机构。

卧式铣镗床的主运动有镗轴和平旋盘的回转运动。

卧式铣镗床的进给运动有镗轴的轴向进给运动、平旋盘溜板的径向进给运动、主轴箱的垂直进给运动、工作台的纵向和横向进给运动。

卧式铣镗床的辅助运动有工作台的转位，后立柱纵向调位，后支架的垂直方向调位，主轴箱沿垂直方向和工作台沿纵、横方向的快速调位运动。

3. 镗床型号简介

镗床的种类很多，详见 GB/T 15375—2008 金属切削机床型号编制方法，常用镗床型号举例说明如下：

（1）说明 T610 型号的含义

T——分类代号（镗床类）

6——组代号（卧式铣镗床）

10——主参数（镗轴直径 ϕ100 mm）

（2）说明 T6113 型号的含义

T——分类代号（镗床类）

6——组代号（卧式铣镗床）

1——系代号（卧式铣镗床中的 1：卧式镗床）

13——主参数（镗轴直径 ϕ130mm）

（3）说明 T611 型号的含义

T——分类代号（镗床类）

6——组代号（卧式铣镗床）

11——主参数（镗轴直径 ϕ110mm）

2.5 钻削加工

钻削是孔加工的一种基本方法，钻孔经常在钻床和车床上进行，也可以在镗床或铣床上进行。

2.5.1 钻削加工的原理及特点

用钻头在实体工件上加工出孔的方法称为钻孔。在钻床上加工时，工件固定不动，刀具做旋转运动（主运动）的同时沿轴向移动（进给运动），如图 2-11 所示。

钻削加工的特点：

1）单纯的钻孔只能加工精度要求不高的孔或进行孔的粗加工，公差等级一般为 IT11～IT10 级，表面粗糙度值 Ra 一般为 100～25μm。

2）钳工钻孔多在钻床上进行，其加工特点是钻削力大，切削温度高，摩擦严重，传热散热困难，钻头易产生振动和易磨损，加工精度低等。

3）孔加工时，刀具一般是在封闭或半封闭状态下进行工作，对加工质量和刀具耐用度都会产生不利的影响。

4）部分孔加工刀具为定尺寸刀具，刀

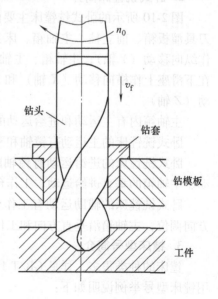

图 2-11　钻削加工的原理

具本身精度会影响孔的加工精度。孔加工刀具的切削和夹持部分的有关尺寸受被加工孔尺寸的限制，会使刀具的刚性变差。

　　基于以上原因，在机械设计过程中选用孔和轴配合的公差等级时，经常把孔的公差等级定得比轴低一级。

　　可采用多种加工孔的方法来提高加工精度和扩大加工尺寸，例如扩孔、锪孔、铰孔、镗孔、拉孔、磨孔等，或者金刚镗、珩磨、研磨、挤压及特种加工孔等方法，加工精度可达到 IT13 ~ IT5，表面粗糙度 Ra 为 12.5 ~ 0.006μm；可在金属或非金属材料上加工，也可在普通材料或高硬度材料上加工。

　　在加工中可根据不同要求，选择最佳的加工方案，使加工质量符合要求。

2.5.2　钻削加工适用的机械零部件

1. 钻削加工工艺范围

　　钻削加工主要用于钻孔、扩孔和铰孔，也可用来攻螺纹、锪沉孔及锪凸台端面。钻削加工工艺范围举例如图 2-12 所示。

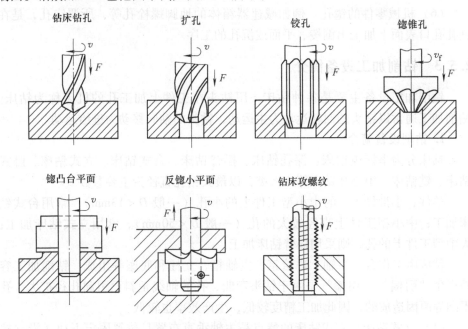

图 2-12　钻削加工工艺范围举例

2. 钻削加工适用的机械零件

　　孔是各种机器零件上出现最多的几何表面之一。孔表面的加工方法很多，其中钻削加工和镗削加工是加工孔的重要方法。除此之外，还有拉孔、磨孔及珩磨孔、研磨孔、滚压孔等精密加工方法。

（1）箱体类零件　箱体类零件上孔表面很多，其中有一系列具有相互位置精度要求的孔系。由于箱体功用及结构需要，这些孔往往本身精度要求较高，而且孔距精度和相互位置精度要求也较高，所以孔系加工是箱体类零件加工的关键。

（2）机械零件要求不高的孔或孔的粗加工　因为钻孔工艺简单，是在实体材料上用钻头一次加工孔的工序，所以钻孔加工的孔精度低，表面较粗糙，公差等级一般为 IT11～IT10 级，表面粗糙度值 Ra 一般为 12.5μm。对于精度和表面粗糙度要求不高的螺钉孔、油孔和螺纹底孔等可作为终加工方法。

（3）机械零件要求较高的孔　如轴承孔和定位孔等，钻削后还要采取扩孔和铰孔（铰孔是利用铰刀对孔进行半精加工和精加工的工序），可以达到要求的精度和表面粗糙度。

（4）成批和大量生产的机械零件的钻孔　广泛使用钻模、多轴钻孔或利用组合机床等方法进行钻孔，以提高钻削孔的加工精度、提高效率和降低成本。

（5）机械零件的扩孔　对已有的孔（铸孔、锻孔、预钻孔等）用扩孔钻头进行扩大，以提高其精度，减小表面粗糙度值，称为扩孔。

（6）机械零件的锪孔　例如减速器箱体的地脚螺栓孔等，所谓锪孔，是在钻孔孔口表面上加工出倒棱、平面或沉孔的工序。

2.5.3　钻削加工设备简介

钻削加工设备主要是各种钻床，用钻头在工件上加工孔的机床称为钻床。钻削加工通常以钻头的回转运动为主运动，钻头的轴向移动为进给运动。

1. 钻削设备简介

钻床分为坐标镗钻床、深孔钻床、摇臂钻床、台式钻床、立式钻床、卧式钻床、铣钻床、中心孔钻床等八大类，以最大钻孔直径为主要参数。

单件、小批量生产的中小型工件上的小孔（一般 $D < 13\text{mm}$），常用台式钻床加工；中小型工件上直径较大的孔（一般 $D < 50\text{mm}$），常用立式钻床加工；大中型工件上的孔，则采用摇臂钻床加工。

钻床由工作台、主轴、进给箱、主轴箱、立柱和底座等组成，钻削加工容易产生"引偏"，"引偏"是由于钻头弯曲、孔的轴线歪斜而引起孔径扩大、孔不圆等原因造成的，因此加工精度较低，生产效率也较低。

（1）立式钻床　立式钻床的特点是主轴垂直布置且位置固定不动（沿立柱轴线回转）。主轴箱和工作台可沿立柱作上下移动以调整工作高度；工件安放于工作台上，通过工件的位置移动来找正；利用主轴箱的功能，可以变换主轴转速、主轴进给量等加工参数，主轴的上下移动可实现自动进给或手动进给。

（2）摇臂钻床　摇臂钻床的特点是主轴能沿立柱的中心轴线进行回转，将工件放置于工作台上，主轴绕立柱可上下移动和旋转，主轴箱可在摇臂上作横向移动，利用主轴箱的功能，可以变换主轴转速、主轴进给量等加工参数，主轴的上下移动可实现自动进给或手动进给。

常用的立式钻床、摇臂钻床的结构如图 2-13 所示。

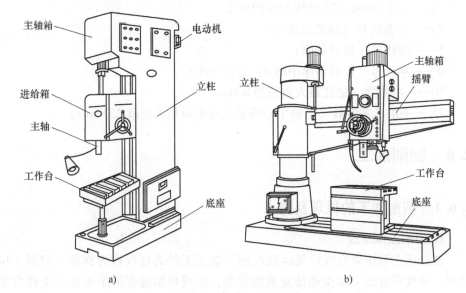

图 2-13 常用的立式钻床、摇臂钻床的结构

a）立式钻床 b）摇臂钻床

2. 钻床型号简介

钻床的种类很多，详见 GB/T 15375—2008 金属切削机床型号编制方法，常用钻床型号举例说明如下：

（1）说明 Z5140A 钻床型号的含义

Z——分类代号（钻类机床）

5——组代号（立式钻床）。如果是其他代号，例如：2 代表深孔钻床、3 代表摇臂钻床、4 代表台式钻床、5 代表立式钻床、6 代表卧式钻床

140——主参数（钻孔最大直径为 140mm）

A——重大改进序号（第一次改进）

（2）说明 Z516 钻床型号的含义

Z——类别代号（钻类机床）

5——组别代号（立式钻床）

16——主参数（钻孔最大直径为 16mm）

（3）说明 Z3035B 钻床型号的含义

Z——分类代号（钻类机床）

3——组代号（摇臂钻床）

27

0——系代号（摇臂钻床中的0：摇臂钻床）

35——主参数（钻孔最大直径为35mm）

B ——重大改进序号（第二次改进）

（4）说明 Z3080×25 钻床型号的含义

Z——分类代号（钻类机床）

3——组代号（摇臂钻床）

0——系代号（摇臂钻床中的0：摇臂钻床）

80——主参数（钻孔最大直径为80mm）

25 ——第二主参数（主轴中心线至底座表面最大距离2500mm）

2.6　刨削加工

2.6.1　刨削加工的原理及特点

1. 刨削工作原理

在刨床上利用做直线往复运动的刨刀加工工件的过程称为刨削。如图 2-14 所示，滑枕带着刨刀做变速往复直线运动，实现切削过程的主运动；工作台带着工件做间歇的横向进给运动，刀具和工件之间产生相对的直线往复运动，从而达到刨削工件表面的目的。

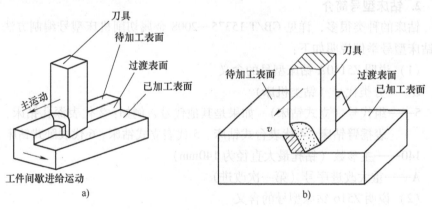

图 2-14　刨削工作原理示意图

a) 工件作进给运动　b) 刀具作往复直线运动

2. 刨削工作的特点

优点：

1）刨削的通用性好，可加工垂直、水平的平面，还可加工 T 形槽、V 形槽、燕尾槽等零件，生产准备容易。

2）刨床结构简单，操作方便，有时一人可操作几台刨床。

3）刨刀与车刀基本相同，制造和刃磨简单。

4）刨削的生产成本较低，尤其对窄而长的工件或大型工件的毛坯或半成品可采用多刀、多件加工，有较高的经济效益。

缺点：

1）生产效率低。由于刨刀在切入和切出时会产生冲击和振动，需要缓冲惯性；刨削为单刀单刃断续切削，回程不切削且前后有空行程；往复运动，惯性大，限制速度；但加工狭长表面的工件时生产效率不比铣削低。

2）加工精度不高。刨削加工工件的尺寸精度一般为 IT10 ~ IT8，表面粗糙度值 Ra 一般为 6.3 ~ 1.6μm，直线度一般为 0.04 ~ 0.12mm/m，因此刨削加工一般用于毛坯、半成品、质量要求不高及形状较简单零件的加工。

2.6.2　刨削加工适用的机械零部件

1. 刨削加工的范围

刨削加工范围很广，可刨平面，包括水平面、垂直面、斜面；刨沟槽，包括直角槽、V 形槽、燕尾槽；刨成形面等，刨削常用的加工范围如图 2-15 所示。

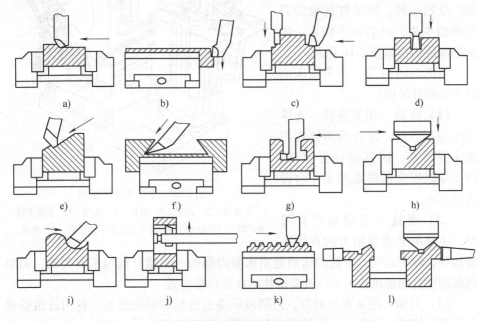

图 2-15　刨削常用的加工的范围

a）刨平面　b）刨垂直面　c）刨凸阶面　d）刨直角沟槽　e）刨斜面　f）刨燕尾槽
g）刨 T 形槽　h）刨 V 形槽　i）刨曲面　j）刨孔内键槽　k）刨齿条　l）刨复合表面

2. 刨削加工适用的机械零件

（1）需要加工各种平面的机械零件　刨削是单件小批量生产的平面加工最常用的加工方法，刨削加工能加工各种各样的平面，例如水平面、垂直面、斜面、直线曲面、台阶面等。因此需要加工各种平面的机械零件离不开刨削加工。

（2）需要加工各种槽面的机械零件　例如直角槽、燕尾槽、T 形槽和 V 形槽等零件必须采用刨削加工来实现。

（3）齿条、齿轮、花键和母线为直线的成形面　如果进行适当的调整和增加某些附件，还可以用来加工齿条、齿轮、花键和母线为直线的成形面等。

2.6.3　刨削加工设备简介

1. 牛头刨床简介

常见的刨削类机床按其结构特征可分为牛头刨床、龙门刨床和插床等。牛头刨床主要应用于单件、小批量生产的中、小型零件加工，最大刨削长度不超过 1000mm，它是刨削类机床中应用最广泛的一种。因滑枕前端的刀架形似牛头，故名牛头刨床。牛头刨床的结构如图 2-16 所示。

从图 2-16 可知，牛头刨床由以下几部分组成：

（1）床身　用来连接、支撑刨床的各部件。床身顶面导轨用来支撑滑枕，供其做往复运动；侧面导轨用来供横梁和工作台做升降运动。

（2）滑枕　其前端装有刀架，主要用来实现刨刀的直线往复运动，即主运动。滑枕的运动是由床身内部的一套摆杆机构来实现的，调节内部的丝杠螺母机构，可以改变滑枕的往复行程位置。

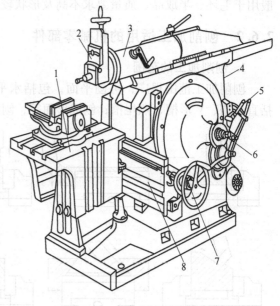

图 2-16　牛头刨床的结构

1—工作台　2—刀架　3—滑枕　4—床身　5—变速手柄
6—调节行程长度手柄　7—工作台手动手柄　8—横梁

（3）刀架　用来夹持刨刀，刀架可做垂直进给和斜向进给，斜向进给需要先将刀架偏转一定角度，再转动刀架手柄。刀架还可做抬刀运动，这样可以保证在回程时，刨刀能顺势向上抬刀减小刨刀后刀面与工件的摩擦。

（4）横梁　可沿床身导轨做升降运动。端部装有棘轮机构，可带动工作台横向进给。

（5）工作台　用来安装工件，可随横梁上下调整，沿横梁做水平进给运动。

2. 龙门刨床简介

如图 2-17 所示，因它有一个"龙门"式框架而得名。龙门刨床的工作台带着工件通过门式框架做直线往复运动，空行程速度大于工作行程速度。横梁上一般装有两个垂直刀架，刀架滑座可在垂直面内回转一个角度，并可沿横梁做横向进给运动。

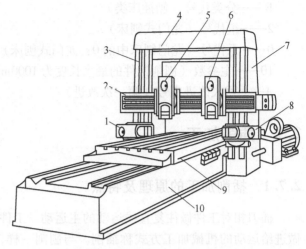

图 2-17　龙门刨床结构示意图
1、8—侧刀架　2—横梁　3、7—立柱　4—顶梁
5、6—立刀架　9—工作台　10—床身

龙门刨床工作时，工件装夹在工作台 9 上，随工作台沿床身导轨做直线往复运动以实现切削过程的主运动。装在横梁 2 上的立刀架 5、6 可沿横梁导轨做间歇的横向进给运动，用以刨削工件的水平面，立刀架上的溜板还可使刨刀上下移动，做切入运动或刨竖直平面。此外，刀架溜板还能绕水平轴调整至一定的角度位置，以加工斜面。装在左、右立柱上的侧刀架 1 和 8 可沿立柱导轨做垂直方向的间歇进给运动，以刨削工件的竖直平面。横梁还可沿立柱导轨升降，以便根据工件的高度调整刀具的位置。另外，各个刀架都有自动抬刀装置，在工作台回程时，自动将刀板抬起，避免刀具擦伤已加工表面。龙门刨床的主参数是最大刨削宽度。

与牛头刨床相比，龙门刨床形体大，结构复杂，刚性好，传动平稳，工作行程长，主要用来加工大型零件的平面，或同时加工数个中、小型零件，加工精度和生产率都比牛头刨床高。

3. 刨床型号简介

刨床的型号表示法详见 GB/T 15375—2008 金属切削机床型号编制方法，常用刨床型号举例说明如下：

（1）说明 B6035 刨床型号的含义

B——分类代号（刨插床类）

6——组代号（牛头刨床）

0——系代号（牛头刨床中的 0：牛头刨床）

35——主参数（刨削工件的最大长度为 350mm）

（2）说明 B2010A 刨床型号的含义

B——分类代号（刨插床类）

2——组代号（龙门式刨床）

0——系代号（龙门刨床中的 0：龙门式刨床）

10——主参数（刨削工件的最大长度为 1000mm）

A——重大改进序号（第一次改进）

2.7 插削加工

2.7.1 插削加工的原理及特点

插刀相对工件做往复直线运动的主运动，工件做进给运动的机械加工方式称插削。与刨削一样，插削也是使用单刃刀具（插刀）来切削工件，但刨床是卧式布局，插床是立式布局。插床又称立式牛头刨床，插刀装夹在插床滑枕下部的刀杆上，可以伸入工件的孔中做竖向往复运动，如图 2-18 所示。向下是工作行程，向上是回程。安装在插床工作台上的工件在插刀每次回程后做间歇的进给运动。

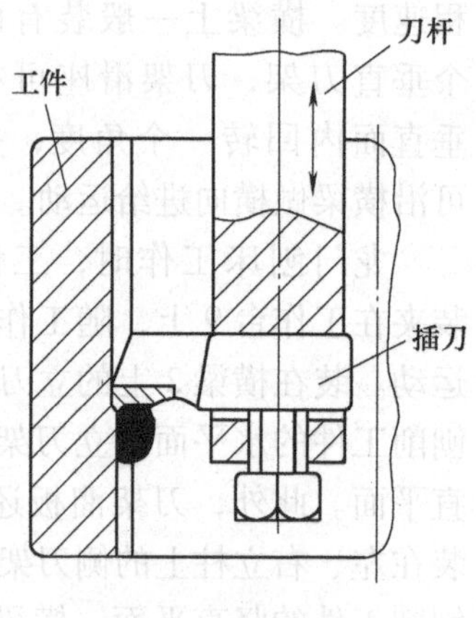

插削加工的特点：

（1）通用性好 可加工垂直、水平的平面，还可加工 T 形槽、V 形槽、燕尾槽等。

（2）加工精度不高 因为插削加工是使用单刃

图 2-18 插削示意图

刀具（插刀）进行切削，加工精度为 IT8~IT7，加工表面粗糙度 Ra 只能达到 $6.3~1.6\mu m$，加工面的垂直度为 0.025/300mm，因此在批量生产中常用铣削或拉削代替插削。

（3）生产效率低 插削加工为往复运动，惯性大，限制了刀具的速度；插削加工是使用单刃刀具（插刀）来切削工件，所以插床的生产率较低。

（4）插刀制造简单 生产准备时间短，故插削适于在单件或小批生产中使用。

（5）刀具寿命较低 在插削钢和铸铁时的切削速度一般为 15~25m/min。在回程中，插刀后刀面与工件容易发生剧烈摩擦而损伤已加工表面，并降低刀具寿命。

2.7.2 插削加工适用的机械零部件

插削加工机床是各种插床，能加工的主要机械零件有：

1）机械零件的结构有不通孔的内孔键槽，或有障碍台肩的内孔键槽时，唯一的加工方法就是利用插床进行加工。

2）单件或小批量生产的机械零件加工内孔键槽或花键孔。

3）加工机械零件的平面、方孔或多边形孔等，一般用于单件及小批量生产，在大批量生产中，常被铣床或拉床代替。

4）大型机械零件（如螺旋桨等）孔中的键槽加工。键槽插床的工作台与床身连成一体，从床身穿过工件孔向上伸出的刀杆带着插刀边做上下往复运动，边做断续的进给运动，工件安装不像普通插床那样受到立柱的限制，因此可用于加工大型零件（如螺旋桨等）孔中的键槽。

2.7.3 插削加工设备简介

插削加工机床是各种插床，主要有普通插床、键槽插床、龙门插床和移动式插床等。

1. 普通插床结构简介

插床结构如图 2-19 所示。

插床实质上是立式刨床，如图 2-19 所示。加工时，滑枕 5 带动刀具沿立柱导轨做直线往复运动，实现切削过程的主运动。工件安装在工作台 4 上，工作台可实现纵向、横向和圆周方向的间歇进给运动。工作台的旋转运动，除了做圆周进给外，还可进行圆周分度。滑枕还可以在垂直平面内相对立柱倾斜 0°~8°，以便加工斜槽和斜面。

2. 插床型号表示法简介

插床的型号表示法详见 GB/T 15375—2008 金属切削机床型号编制方法，常用插床型号举例说明如下：

（1）说明 B5020 型号的含义

B——分类代号（刨插床类）

5——组代号（插床）

0——系代号（插床中的 0：插床）

20——主参数（最大插削长度为 200mm）

（2）说明 B5032 型号的含义

B——分类代号（刨插床类）

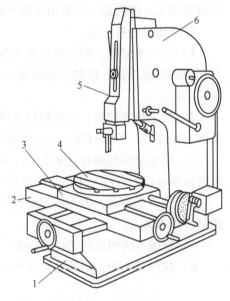

图 2-19 插床结构
1—床身 2—横滑板 3—纵滑板
4—圆工作台 5—滑枕 6—立柱

5——组代号（插床）

0——系代号（插床中的0：插床）

32——主参数（最大插削长度为320mm）

2.8 拉削加工

2.8.1 拉削加工的原理

拉削加工就是用各种不同的拉刀在相应的拉床上切削出各种内、外几何表面的一种加工方式。拉削时，拉刀与工件的相对运动为主运动，一般为直线运动。拉刀是多齿刀具，后一刀齿比前一刀齿高，其齿形与工件的加工表面形状吻合，进给运动靠后一刀齿的齿升量（前后刀齿高度差）来实现，如图2-20所示为拉削过程示意图。

当刀具在切削时不是受拉力而是受压力，这时刀具叫推刀，这种加工方法叫推削加工，推削加工主要用于修光孔和校正孔的变形。

拉削加工的特点是：

1）生产率较高，因为拉刀是多齿刀具，同时参与切削的刀齿数多，同时参与切削的切削刃长，被加工表面在一次走刀中成形，大大缩短了基本工艺时间和辅助时间。

2）加工精度较高，表面粗糙度值小。拉刀有校准部分，可校准尺寸，修光表面。精度可达IT8~IT6，表面粗糙度值Ra可达0.8~0.4μm。

3）拉床结构和操作比较简单。拉削只有一个主运动，即拉刀的直线运动。进给运动靠拉刀的后一个刀齿高出前一个刀齿来实现。

4）拉刀成本高。因为拉刀结构和形状复杂，精度和表面质量要求较高，因此制造成本高。

5）拉削不能纠正孔的位置误差。

6）拉削只能加工贯通的等截面表面，特别适用于成形内表面的加工，不能

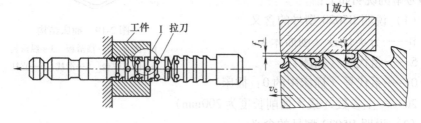

图2-20 拉削过程示意图

拉削加工不通孔、阶梯孔及有障碍的外表面。

2.8.2　拉削加工适用的机械零部件

拉削加工适用的机械零部件的加工范围主要有：

1）拉削加工适用于机械零部件成批、大量生产的场合，尤其适用于大批量生产中加工比较大的复合型面，如发动机的气缸体等，或者用于大批量生产中加工小型零件的外表面，如汽车、拖拉机连杆的连接平面及半圆凹面等。

2）机械零部件中各种形状的通孔、平面及成形表面等。

3）机械零部件中成形内表面的加工。

4）拉削加工只能加工机械零部件贯通的等截面表面。

图 2-21 列举了适于拉削加工的一些典型表面形状的实例。

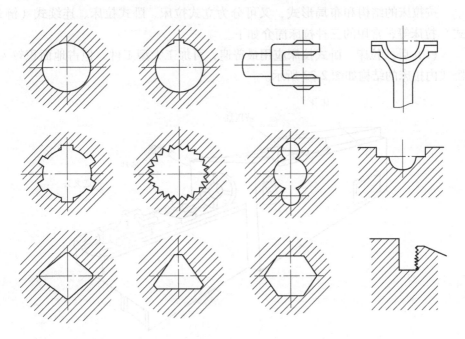

图 2-21　拉削加工的典型表面形状

2.8.3　拉削加工设备简介

1. 拉削设备分类简介

拉床按其加工表面所处的位置，可分为内拉床和外拉床。

内拉床用于拉削内表面，如花键孔、方孔等。内拉床有卧式和立式之分，卧式应用较普遍，可加工大型工件，占地面积较大；立式占地面积较小，但拉刀行程受到限制。

外拉床用于外表面拉削，主要分为下列几种：

（1）立式外拉床　工件固定在工作台上，垂直设置的主溜板带着拉刀自上而下地拉削工件，占地面积较小。

（2）侧拉床　卧式布局，拉刀固定在侧立的溜板上，在传动装置带动下拉削工件，便于排屑，适用于拉削大平面、大余量的外表面，如气缸体的大平面和叶轮盘榫槽等。

（3）连续拉床。较多采用卧式布局，分为工件固定和拉刀固定两类。工件固定由链条带动一组拉刀进行连续拉削，适用于大型工件；拉刀固定由链条带动多个装有工件的随行夹具通过拉刀进行连续拉削，适用于中小型工件。

2. 拉床结构简介

按拉床的结构和布局形式，又可分为立式拉床、卧式拉床、连续式（链条式）拉床等，常用的三种拉床简介如下。

（1）卧式拉床　卧式拉床应用最普遍，可加工大型工件，但占地面积较大。卧式内拉床的结构如图 2-22 所示。

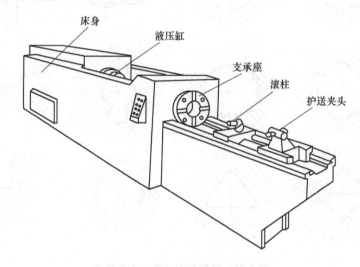

图 2-22　卧式内拉床的结构

（2）立式拉床　立式内拉床可以用拉刀或推刀加工工件的内表面。立式外拉床结构如图 2-23 所示。

（3）连续式拉床　连续式拉床由于连续进行加工，因而生产率较高，常用于大批量生产中加工小型零件的外表面，如汽车、拖拉机连杆的连接平面及半圆凹面等。图 2-24 所示为连续式拉床的工作原理。

3. 拉床型号表示简介

拉床的型号表示法详见 GB/T 15375—2008 金属切削机床型号编制方法，常用拉床型号举例说明如下：

（1）说明 L6130C 型号的含义

L——分类代号（拉床类）

6——组代号（卧式内拉床）

1——系代号（卧式内拉床中的 1：卧式内拉床）

30——主参数（额定拉力为 300kN）

C——重大改进序号（第三次改进）

（2）说明 L5120D 型号的含义

L——分类代号（拉床类）

5——组代号（立式内拉床）

1——系代号（立式内拉床中的 1：立式内拉床）

20——主参数（额定拉力为 200kN）

D——重大改进序号（第四次改进）

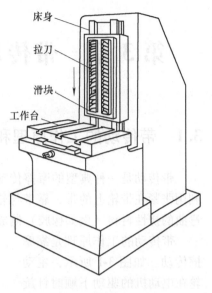

图 2-23　立式外拉床的结构

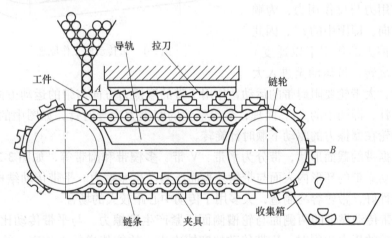

图 2-24　连续式拉床的工作原理

第3章 带传动设计与工艺性分析

3.1 带传动的工作原理和分类

带传动是一种典型的摩擦传动，是工程中常用的传动方式之一。带传动是利用张紧在带轮上的带，靠带与轮之间的摩擦传递运动或动力，带通常采用易弯曲的挠性材料（例如橡胶）制成。

带传动的工作原理是靠摩擦传动。如图 3-1 所示，主动轮在电动机的驱动下顺时针旋转，带要阻碍带轮的运动，作用于带轮的摩擦力为逆时针方向，如图中的 f_1；而带轮给带的摩擦力与带给带轮的摩擦力互为作用力与反作用力，为顺时针方向，即图中的 f'_1，因此带在摩擦力的作用下以速度 v 顺时针旋转。带运动至进入大

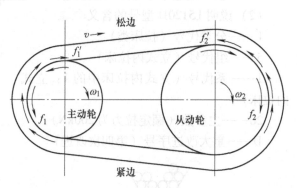

图 3-1 带传动的工作原理

带轮时，大带轮要阻碍带的运动，作用于带的摩擦力方向与带的运动方向相反，为逆时针，即图中的 f'_2。同理，带给带轮的摩擦力为顺时针，如图中的 f_2。因此从动轮在摩擦力的驱动下顺时针旋转。

根据带的截面形状，带分为平带、V 带、多楔带和圆带等，如图 3-2 所示。平带传动靠带的环形内表面与带轮外表面压紧产生摩擦力。平带传动结构简单，带的挠性好，带轮容易制造，大多用于传动中心距较大的场合。

V 带传动靠带的两侧面与轮槽侧面压紧产生摩擦力。与平带传动比较，当带对带轮的压力相同时，V 带传动的摩擦力大，故能传递较大功率，结构也较紧凑，且 V 带无接头，传动较平稳，因此 V 带传动应用最广。

多楔带又称复合 V 带，靠带和带轮间的楔面之间产生的摩擦力工作，兼有平带和 V 带的优点，适宜于要求结构紧凑且传递功率较大的场合，特别适用于要求 V 带根数较多或轮轴线垂直于地面的传动。

圆带传动靠带与轮槽压紧产生摩擦力，常用于低速小功率传动，如缝纫机、

磁带卷芯的传动等。

为了综合摩擦传动与啮合传动的优点，制成了齿形带，如图 3-2e 所示，也称啮合带。带上的齿与轮上的齿相互啮合，以传递运动和动力。同步齿形带传动常用于数控机床、纺织机械、烟草机械、打印机、收录机等。

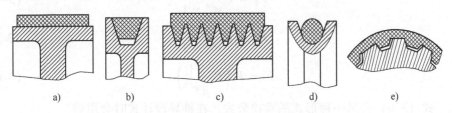

图 3-2　带的不同截面形状

a）平带　b）V 带　c）多楔带　d）圆形带　e）齿形带

3.2　带传动的受力分析

带工作前两边拉力相等（即初拉力 F_0）。工作时，由于带所受摩擦力的方向在主动轮和从动轮的带与轮接触部分皆向上（图 3-1），因此使下边带的拉力由初拉力 F_0 增大至 F_1，即紧边拉力；带的上边（另一边）的拉力由 F_0 减小至 F_2，即为松边拉力。带的两边拉力差为 $F_1 - F_2$，即为有效拉力 F，其数值等于沿带轮接触弧上摩擦力的总和，即：

$$F = F_1 - F_2 = \sum F_\mu \tag{3-1}$$

若带的总长不变，紧边拉力的增量应等于松边拉力的减量，即

$$F_1 - F_0 = F_0 - F_2$$

所以 $$F_1 + F_2 = 2F_0 \tag{3-2}$$

带在即将打滑但还没打滑时紧边拉力与松边拉力之比的关系应符合弹性体的欧拉公式（推导略），即

$$\frac{F_1}{F_2} = c^{\mu\alpha} \tag{3-3}$$

如果考虑离心力，则式（3-3）变为

$$\frac{F_1 - qv^2}{F_2 - qv^2} = e^{\mu\alpha}$$

式中　e——自然对数的底，e = 2.7182…；

　　μ——带和带轮之间的摩擦因数（对 V 带用当量摩擦因数 μ_v）；

　　α——带在小带轮上的包角（rad）；

　　q——带的线质量（kg/m）；

v——带速（m/s）。

联立式（3-1）、式（3-3），可得紧边拉力 F_1、松边拉力 F_2 和有效拉力 F 之间的关系式为

$$F_1 = F\frac{e^{\mu\alpha}}{e^{\mu\alpha} - 1} \tag{3-4}$$

$$F_2 = F\frac{1}{e^{\mu\alpha} - 1} \tag{3-5}$$

$$F = F_1\left(1 - \frac{1}{e^{\mu\alpha}}\right) \tag{3-6}$$

式（3-6）是另一种形式的欧拉公式，在推导设计式时会用到。

3.3 带传动的应力分析

带在工作时不仅受由拉力产生的拉应力，还受由离心力产生的拉应力和弯曲应力。

1. 由紧边和松边拉力产生的拉应力

紧边拉应力 σ_1：$\sigma_1 = F_1/A$

松边拉应力 σ_2：$\sigma_2 = F_2/A$

式中 A——传动带的横截面积（mm²）。

2. 由离心力产生的拉应力 σ_c

当带在带轮上做圆周运动时，带将受到带轮对它的离心力作用。虽然带的离心力只产生在带做圆周运动的圆弧部分，但由于带是一个整体，所以带由离心力产生的拉力 F_c 将作用到带的全长上，其大小按下式计算：

$$F_c = qv^2$$

带由离心力产生的拉应力 σ_c 为

$$\sigma_c = F_c/A = qv^2/A$$

式中 q——传动带的线质量（kg/m）；

v——带速（m/s）。

3. 弯曲应力 σ_b

带绕过带轮处会产生弯曲应力，其值为

$$\sigma_b = E\frac{y}{r}$$

式中 E——带的弹性模量（MPa）；

y——带的最外层到节面（中性层）的距离（mm）；

r——带的基准半径，$r = d/2$，d 分别为小带轮或大带轮的基准直径。

4. 带传动的疲劳强度条件

带传动的应力分布如图 3-3 所示，从图中可看出，带受变应力作用，因此带将产生疲劳破坏，表现为脱层、撕裂、拉断，限制了带的使用寿命。从图 3-3 可见，带的最大应力发生在紧边绕入小带轮的截面，该截面的应力值为紧边拉应力 σ_1、离心力产生的拉应力 σ_c 及小带轮的弯曲应力 σ_{b1} 之和，即

$$\sigma_{max} = \sigma_1 + \sigma_c + \sigma_{b1}$$

如果带的许用应力是 $[\sigma]$，则带不发生疲劳破坏的强度条件是

$$\sigma_{max} = \sigma_1 + \sigma_c + \sigma_{b1} \leqslant [\sigma]$$

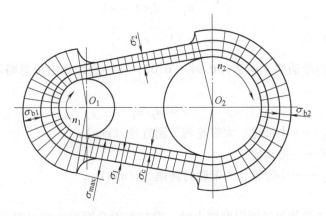

图 3-3 带传动的应力分布

3.4 带传动的弹性滑动和打滑

1. 弹性滑动

由于带是弹性体，受力不同时，带的变形量也不相同。如图 3-4 所示，在主动轮上，当带从紧边 a 点转到松边 b 点时，拉力由 F_1 逐渐降至 F_2，带因弹性变形渐小而回缩，带的运动滞后于带轮。也就是说，带与带轮之间产生了相对滑动。同样发生在从动轮上，但带的运动超前于带轮。这种由于带的弹性变形而引起的带与带轮之间的相对滑动，称为弹性滑动，又称丢转。

弹性滑动将引起下列后果：

1）从动轮的圆周速度低于主动轮的圆周速度。

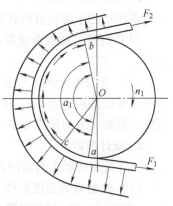

图 3-4 带的弹性滑动

2）降低了传动效率。

3）引起带的磨损。

4）使带的温度升高。

由弹性滑动引起从动轮轮缘的圆周速度相对于主动轮轮缘圆周速度的减小率称为滑动率（或滑动系数），用 ε 表示，可以表示为

$$\varepsilon = \frac{v_1 - v_2}{v_1} = 1 - \frac{n_2 d_2}{n_1 d_1}$$

传动比 $$i = \frac{n_1}{n_2} = \frac{d_2}{d_1(1 - \varepsilon)}$$

从动轮转速 $$n_2 = (1 - \varepsilon) n_1 \frac{d_1}{d_2}$$

带传动的滑动率 ε 通常为 $0.01 \sim 0.02$，在一般计算中可忽略不计，传动比近似为

$$i \approx d_2/d_1$$

式中 d_1、d_2 ——小带轮、大带轮的节圆直径（mm）；

i ——传动比；

n_1、n_2 ——小带轮、大带轮的转速（r/min）。

2. 打滑

当带传递载荷超过极限摩擦力时，带与带轮全面发生相对滑动，称为打滑，这是由于超载引起的，是应该避免的。

3.5 带的失效形式及设计准则

1. 带的失效形式

带传动的主要失效形式有：

（1）打滑 过载造成带与轮的全面滑动，一旦打滑，带传动失效，带剧烈磨损。

（2）带的疲劳破坏 由于交变应力的作用，当最大应力 $\sigma_{\max} = \sigma_1 + \sigma_c + \sigma_{b1}$ 超过了带的许用应力 $[\sigma]$ 时，将引起带的疲劳破坏而失效，表现为脱层、撕裂、拉断。限制了带的使用寿命。

2. 设计准则

在保证带传动不打滑的前提下，带具有一定的疲劳强度和寿命。

（1）带的疲劳强度条件 满足带不被疲劳拉断的强度条件是：$\sigma_{\max} = \sigma_1 + \sigma_c + \sigma_{b1} \leq [\sigma]$，或带的紧边拉应力为：$\sigma_1 \leq [\sigma] - \sigma_c - \sigma_{b1}$。

式中 $[\sigma]$ ——在特定条件下由带的疲劳强度决定的许用应力（MPa）。

（2）带不打滑条件　带的最大有效圆周力 $F_{\max} = F_1 - F_2$，带在不打滑时的最大有效圆周力见式（3-6）

3. V 带传动设计流程框图

工程上最常用的是 V 带传动，V 带传动设计流程框图如图 3-5 所示。

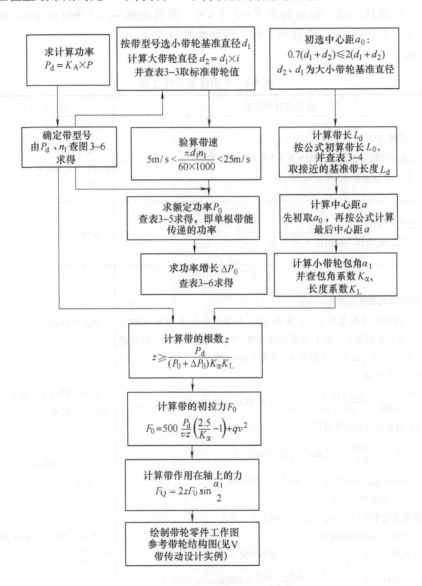

图 3-5　V 带传动设计流程框图

3.6 V带传动设计计算实例

设计一带式输送机中的高速级普通 V 带传动。已知该传动系统由 Y 系列三相异步电动机驱动,输出功率 $P = 5.5\ kW$,满载转速 $n_1 = 1\,440\ r/min$,从动轮转速 $n_2 = 550\ r/min$,单班制工作,传动水平布置。

解:设计过程见表 3-1。

表 3-1 V 带传动设计过程

设计项目及依据	设 计 结 果
1. 求计算功率 P_d 带式输送机载荷变动小,故由表 3-2 查得工况系数 $K_A = 1.1$ $$P_d = K_A P = 1.1 \times 5.5 = 6.05\ kW$$	$K_A = 1.1$ $P_d = 6.05 kW$
2. 选取 V 带型号 根据 P_d,n_1 由图 3-6 初选 A 型 V 带	A 型
3. 确定带轮基准直径 d_{d1}、d_{d2} (1)选小 V 带轮直径 d_{d1}:查表 3-3,A 型带最小 V 带轮直径为 75mm,可见 A 型带有多种 V 带轮直径可选,V 带轮直径越小,结构越紧凑,但弯曲应力过大,本题取 $d_{d1} = 112\ mm$(也可取其他值) (2)验算带速 v $$v = \frac{\pi d_{d1} n_1}{60 \times 1000} = \frac{\pi \times 112 \times 1440}{60 \times 1000}\ m/s \approx 8.45 m/s,在 5 \sim 25 m/s 之间。$$ (3)确定从动轮基准直径 d_{d2} $$d_{d2} = \frac{n_1}{n_2} d_{d1} = \frac{1440}{550} \times 112 mm \approx 293.24 mm$$ 按表 3-3 取接近的标准值,即取 $d_{d2} = 280 mm$ (4)计算实际传动比 i 当忽略滑动率时:$i = d_{d2}/d_{d1} = 280/112 = 2.5$ (5)验算传动比相对误差 题目的理论传动比:$i_0 = n_1/n_2 = 1440/550 = 2.62$ 传动比相对误差:$\left| \frac{i_0 - i}{i_0} \right| = \frac{2.62 - 2.5}{2.62} \times 100\% = 4.58\% < 5\%$	$d_{d1} = 112 mm$ $v \approx 8.45 m/s$,在 $5 \sim 25 m/s$ 之间,满足要求 取 $d_{d2} = 280 mm$ $i = 2.5$ 传动比相对误差 4.58% < 5%,合格

（续）

设计项目及依据	设计结果
4. 确定中心距 a 和基准带长 L_d （1）初定中心距 a_0 $$0.7(d_{d1} + d_{d2}) \leqslant a_0 \leqslant 2(d_{d1} + d_{d2})$$ 代入数据： $$0.7(112 + 280) \leqslant a_0 \leqslant 2(112 + 280)$$ 即：$274.4\text{mm} \leqslant a_0 \leqslant 784\text{mm}$，本题取 $a_0 = 500\text{mm}$	取 $a_0 = 500\text{mm}$
（2）初算 V 带的基准长度 L_{d0} $$L_{d0} \approx 2a_0 + \frac{\pi}{2}(d_{d1} + d_{d2}) + \frac{(d_{d2} - d_{d1})^2}{4a_0}$$ $$\approx 2 \times 500\text{mm} + \frac{\pi}{2}(112 + 280)\text{mm} + \frac{(280 - 112)^2}{4 \times 500}\text{mm}$$ $$\approx 1630\text{mm}$$	$L_{d0} = 1630\text{mm}$
（3）计算 V 带的最终基准长度 L_d V 带长必须是标准长度（否则买不到），查表 3-4 取与 1630mm 接近的标准值为 1600mm，即选 $L_d = 1600\text{mm}$	$L_d = 1600\text{mm}$
（4）计算实际中心距 a 因为 V 带长取了标准值，因此必须重新计算中心距 a，即 $$a \approx a_0 + \frac{L_d - L_{d0}}{2} \approx 500\text{mm} + \frac{1600 - 1630}{2}\text{mm} = 485\text{mm}$$	$a = 485\text{mm}$
（5）确定中心距调整范围 $$a_{max} = a + 0.03L_d = 485\text{mm} + 0.03 \times 1600\text{mm} = 533\text{mm}$$ $$a_{min} = a - 0.015L_d = 485\text{mm} - 0.015 \times 1600\text{mm} = 461\text{mm}$$	$a_{max} = 533\text{mm}$ $a_{min} = 461\text{mm}$
5. 验算包角 α_1 $$\alpha_1 = 180° - \frac{d_{d2} - d_{d1}}{a} \times 57.3° = 180° - \frac{280 - 112}{485} \times 57.3°$$ $$\approx 160° > 120°$$	$\alpha_1 \approx 160° > 120°$ 合格
6. 确定 V 带根数 z （1）确定额定功率 P_0 由 d_{d1} 及 n_1 查表 3-5，并用线性插值法求得 $P_0 = 1.6\text{kW}$	$P_0 = 1.6\text{kW}$
（2）确定各修正系数 功率增量 ΔP_0：查表 3-6，并用线性插值法求得 $\Delta P_0 = 0.17\text{kW}$ 包角系数 K_α：查表 3-7，并用线性插值法求得 $K_\alpha = 0.95$ 长度系数 K_L：查表 3-8，得 $K_L = 0.99$	$\Delta P_0 = 0.17\text{kW}$ $K_\alpha = 0.95$ $K_L = 0.99$
（3）确定 V 带根数 z $$z \geqslant \frac{P_d}{(P_0 + \Delta P_0)K_\alpha K_L} \geqslant \frac{6.05}{(1.60 + 0.17) \times 0.95 \times 0.99} \geqslant 3.63,$$ 取 $z = 4$ 根	取 $z = 4$ 根

（续）

设 计 项 目 及 依 据	设 计 结 果
7. 确定单根 V 带初拉力 F_0 查 GB/T11544，得 A 型 V 带单位长度质量 $q = 0.10$ kg/m，则 $$F_0 = 500 \frac{P_d}{vz} \left(\frac{2.5}{K_\alpha} - 1 \right) + qv^2$$ $$= 500 \times \frac{6.05}{8.45 \times 4} \left(\frac{2.5}{0.95} - 1 \right) N + 0.1 \times 8.45^2 N \approx 153 N$$	$q = 0.10$ kg/m $F_0 = 153$ N
8. 计算压轴力 F_Q $$F_Q = 2zF_0 \sin \frac{\alpha_1}{2} = 2 \times 4 \times 153 N \times \sin \frac{160°}{2} \approx 1205 N$$	$F_Q = 1205$ N
9. V 带轮设计 （1）V 带轮材料 因带速 $v \le 30$m/s，则大、小 V 带轮皆选灰铸铁 HT150 （2）结构设计 小 V 带轮：已知 Y 系列三相异步电动机功率 $P = 5.5$ kW，满载转速 $n_1 = 1440$ r/min，可查出电动机的型号为：Y132S - 4。该电动机伸出轴的直径 $D = 38$mm，伸出轴的长度 $L = 80$mm 参考图 3-7：$d_{d1} = 112$ mm，采用实心式结构，结构尺寸参考图 3-7 的经验公式，但应圆整为整数 大 V 带轮：$d_{d2} = 280$ mm，由图 3-7，采用孔板式结构（也可腹板式）。假设与之配合的轴头直径为 40mm（实际设计是由轴的结构而定），结构尺寸参考图 3-7 的经验公式，但应圆整为整数 （3）V 带轮工作图设计 V 带轮工作图是加工 V 带轮和检测 V 带轮的基本技术文件，要求设计成用于生产加工的图样。在结构设计的基础上，应该标出加工 V 带轮所必需的尺寸，还应标出公差及检测所必需的内容等。 小 V 带轮及大 V 带轮的零件工作图分别见图 3-8 和图 3-9 V 带轮零件工作图可有多种形式，本题给出的 V 带轮零件工作图只是其中一种，仅供参考	铸铁 HT150 小 V 带轮零件工作图见图 3-8 大 V 带轮零件工作图见图 3-9

表 3-2　工况系数 K_A

工作载荷性质	动力机					
	I 类（每天工作小时）			II 类（每天工作小时）		
	≤10	10 ~ 16	>16	≤10	10 ~ 16	>16
工作平稳	1	1.1	1.2	1.1	1.2	1.3

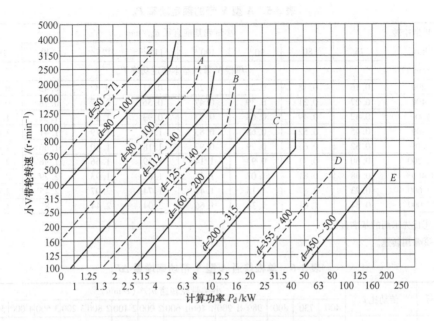

图 3-6　普通 V 带选型图

表 3-3　A 型 V 带带轮基准直径系列

V 带型号	V 带轮基准直径
A, SPA	75*, 80*, 85*, 90, 95, 100, 106, 112, 118, 125, 132, 140, 150, 160, 180, 200, 224, 250, 280, 315, 355, 400, 450, 500, 560, 630, 710, 800

表 3-4　V 带的基准长度

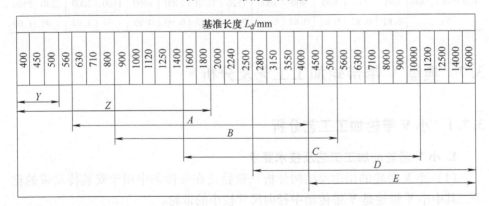

注：此表所列为 R20 优先数系，应优先选用。

表 3-5　A 型 V 带的额定功率 P_0

小 V 带轮转速 n_1/（r/min）	小带轮基准直径 d_{d1}/mm							
	75	80	90①	100①	112①	125①	140	160
	单根 V 带的基本额定功率 P_u							
200	0.16	0.18	0.22	0.26	0.31	0.37	0.43	0.51
400	0.27	0.31	0.39	0.47	0.56	0.67	0.78	0.94
730②	0.42	0.49	0.63	0.77	0.93	1.11	1.31	1.56
800	0.45	0.52	0.68	0.83	1.00	1.19	1.41	1.69
980②	0.52	0.61	0.79	0.97	1.18	1.40	1.66	2.00
1 200	0.60	0.71	0.93	1.14	1.39	1.66	1.96	2.36
1 460②	0.68	0.81	1.07	1.32	1.62	1.93	2.29	2.74
1 600	0.73	0.87	1.15	1.42	1.74	2.07	2.45	2.94
2 000	0.84	1.01	1.34	1.66	2.04	2.44	2.87	3.42

①优先采用的基准直径。

②常用转速。

表 3-6　单根普通 A 型 V 带功率增量 ΔP_0

型号	传动比 i	小 V 带轮转速 n_1/（r/min）												
		400	730	800	980	1 200	1 460	1 600	2 000	2 400	2 800	3 200	3 600	4 000	5 000
A	1.35 ~ 1.51	0.04	0.07	0.08	0.08	0.11	0.13	0.15	0.19	0.23	0.26	0.30	0.34	0.38	0.47
	≥2	0.05	0.09	0.10	0.11	0.15	0.17	0.19	0.24	0.29	0.34	0.39	0.44	0.48	0.60

表 3-7　包角系数 K_α

包角 α_1/（°）	180	175	170	165	160	155	150	145	140	135	130	125	120	110	100	90
K_α	1	0.99	0.98	0.96	0.95	0.93	0.92	0.91	0.89	0.88	0.86	0.84	0.82	0.78	0.74	0.69

表 3-8　A 型 V 带的长度系数 K_L

基准长度 L_d/mm	630	710	800	900	1000	1120	1250	1400	1600	1800	2000	2240	2500
K_L	0.81	0.82	0.85	0.87	0.89	0.91	0.93	0.96	0.99	1.01	1.03	1.06	1.09

3.7　典型 V 带带轮加工工艺及分析

3.7.1　小 V 带轮加工工艺分析

1. 小 V 带轮的加工工艺及技术要求

（1）小 V 带轮的用途及结构分析　带轮是在带传动中用于安装传动带的轮子，其中小 V 带轮是 V 带传动中径向尺寸较小的带轮。

图 3-8 中小 V 带轮零件的结构由轮槽、内孔及毂槽组成。其中轮槽用于安装 V 带，齿槽相应尺寸如图 3-8 所示，内孔与轴配合，可将带轮套装在轴上，

孔径为 $\phi38H7$，毂槽用于安装键以实现轴与 V 带的同步传动。带轮最大直径为 $\phi118mm$，带轮宽为 $82mm$。

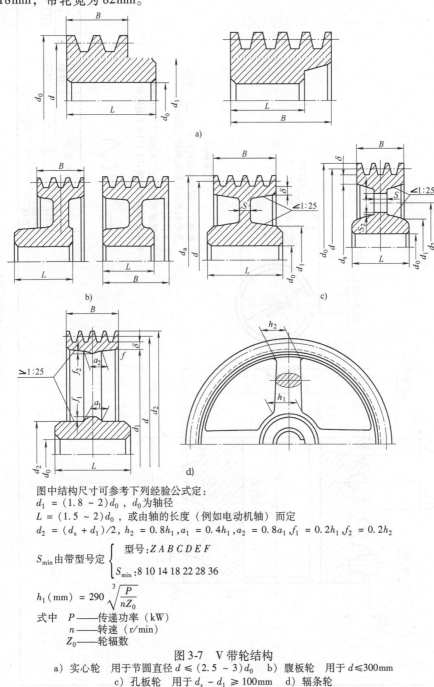

图中结构尺寸可参考下列经验公式定：

$d_1 = (1.8 \sim 2)d_0$，d_0 为轴径

$L = (1.5 \sim 2)d_0$，或由轴的长度（例如电动机轴）而定

$d_2 = (d_s + d_1)/2$，$h_2 = 0.8h_1$，$a_1 = 0.4a_1$，$a_2 = 0.8a_1$，$f_1 = 0.2h_1$，$f_2 = 0.2h_2$

S_{min} 由带型号定 $\begin{cases} 型号：Z A B C D E F \\ S_{min}：8\ 10\ 14\ 18\ 22\ 28\ 36 \end{cases}$

$$h_1(mm) = 290\sqrt[3]{\frac{P}{nZ_0}}$$

式中　P——传递功率（kW）

　　　n——转速（r/min）

　　　Z_0——轮辐数

图 3-7　V 带轮结构

a）实心轮　用于节圆直径 $d \leqslant (2.5 \sim 3)d_0$　b）腹板轮　用于 $d \leqslant 300mm$

c）孔板轮　用于 $d_s - d_1 \geqslant 100mm$　d）辐条轮

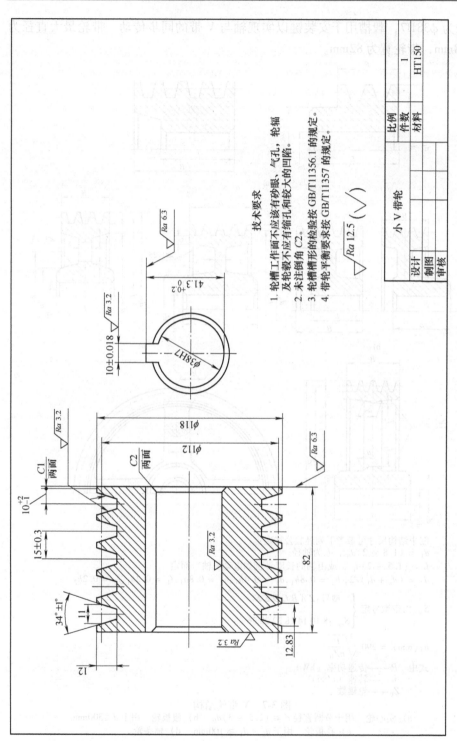

技术要求

1. 轮槽工作面不应该有砂眼、气孔, 轮辐及轮毂不应有缩孔和较大的凹陷。
2. 未注倒角 C2。
3. 轮槽槽形的检验按 GB/T11356.1 的规定。
4. 带轮平衡要求按 GB/T11357 的规定。

$\sqrt{Ra\,12.5}$ $(\sqrt{})$

					HT150	
			比例	件数		1
			材料			
小 V 带轮						
设计		制图		审核		

图3-8 小V带轮零件图

50

（2）小 V 带轮的技术要求分析

从图 3-8 所示的小 V 带轮零件图可分析总结其主要加工技术要求，见表 3-9。

表 3-9　小 V 带轮零件的技术要求

加工表面	加工尺寸/mm	主要尺寸公差等级	表面粗糙度 $Ra/\mu m$
$\phi118mm$ 外圆	$\phi118mm$，左右端倒角 C1	自由公差	12.5
端面	两端面距离 82mm	自由公差	6.3
轮槽	轮槽角 34°，节宽为 11mm，顶宽 12.83mm，齿槽中心距离（15 ± 0.03）mm，槽深 12mm，端面与槽中心距离 10mm	自由公差	3.2
$\phi38H7$ 孔	$\phi38H7$	IT7	3.2
轮毂槽	毂槽宽 10 ± 0.018mm，毂槽深 $41.3^{+0.2}_{0}mm$	IT9	侧面 3.2，顶面 6.3

2. 热处理要求分析

小 V 带轮采用人工时效热处理。人工时效处理是将铸件加热到 550 ~ 650℃进行去应力退火，它比自然时效节省时间，残余应力去除较为彻底。

3. 确定小 V 带轮的加工毛坯

V 带轮的毛坯选用圆柱形铸铁毛坯料，小 V 带轮外径为 $\phi118mm$，经计算零件的长度与公称尺寸之比，参考机械加工手册，确定选用 $\phi125mm$ 的毛坯直径。再由小 V 带轮的宽度为 82mm，取单端面加工余量为 4mm，故零件毛坯尺寸为 $\phi125mm \times (82 + 2 \times 2)mm$。

4. 小 V 带轮机加工工艺路线

（1）确定小 V 带轮加工方案　小 V 带轮由轮槽、内孔及轮毂槽组成，加工方案的选择就是针对这三个组成部分进行的。选择加工方案时，依据相应的技术要求，查阅外圆柱表面加工的经济精度、端面加工的经济精度等作为参考，综合考虑。

小 V 带轮的加工方案见表 3-10。

表 3-10　小 V 带轮加工方案

加工面	加工方案	
	尺寸公差等级及表面粗糙度要求	加工方法
轮槽	轮槽角 34°，节宽为 11mm，顶宽 12.83mm，齿槽中心距离（15 ± 0.03）mm，槽深 12mm，端面与槽中心距离 10mm，表面粗糙度 $Ra3.2\mu m$	粗车—半精车—精车
内孔	$\phi38H7$，精度 IT7 级，表面粗糙度 $Ra3.2\mu m$	粗车—半精车—精车
轮毂槽	轮毂槽宽 10 ± 0.018mm，精度 IT9，表面粗糙度 $Ra3.2\mu m$，轮毂槽深 $41.3^{+0.2}_{0}mm$，表面粗糙度 $Ra6.3\mu m$	插铣

（2）安排小 V 带轮加工顺序　安排小 V 带轮的机加工顺序，先需要划分加工阶段。按加工性质和作用不同，工艺过程一般可以划分为三个阶段，即粗加工、半精加工、精加工。

对于小 V 带轮零件的加工表面，基本上分为三个加工阶段，已经在加工方案中做了分析；对于小 V 带轮的整体加工，也基本上分这三个加工阶段。

小 V 带轮的加工顺序：粗车外圆、端面、齿槽、内孔→半精车外圆、端面、齿槽、内孔→插铣键槽→精车齿槽、内孔。

（3）设计小 V 带轮加工工艺路线。小 V 带轮的加工工艺路线见表 3-11。

表 3-11　小 V 带轮加工工艺路线

工序号	工序名称	工序内容	工艺装备
1	铸	铸造	
2	清砂	清砂	
3	热处理	人工时效处理	
4	涂漆	非加工表面涂防锈漆	
5	粗车	夹工件右端面，粗车左端各部及内孔，切轮槽，各部留加工余量 2mm	车床 C6140A 34°样板
6	粗车	掉头，夹工件左端外圆，以已加工内孔校正，车右端面，切轮槽，留加工余量 2mm	车床 C6140A 34°样板
7	精车	夹工件右端面，车左端面，保证端面与槽中心距离为 10mm，车内孔至图样尺寸 $\phi38$mmH7	车床 C6140A
8	精车	掉头，夹工件左端，车右端面至图样尺寸 82mm	车床 C6140A
9	划线	划（10±0.018）mm 键槽中心线	
10	插	以外圆及右端面定位夹紧工件，插键槽（10±0.018）mm	组合夹具
11	精车	以 $\phi38$mmH7 及右端面定位夹紧工件，精车轮槽，保证槽间距 15±0.03mm，轮楔角 34°±1°	车床 C6140A 专用心轴 34°样板
12	检验	按图样检查工件各部尺寸及精度	

3.7.2　大 V 带轮加工工艺分析

1. 分析大 V 带轮加工工艺技术要求

（1）大 V 带轮的作用及结构分析　带轮是在带传动中用于安装传动带的轮子，其中大 V 带轮是带传动中径向尺寸较大的带轮。

图 3-9 中 V 带轮的结构由轮槽、内孔、轮毂槽和孔板组成。其中齿槽用于安装 V 带，齿槽相应尺寸如图 3-9 所示，内孔与轴相配合，可将 V 带轮套装在轴上，孔径为 $\phi40^{+0.025}_{0}$mm，毂槽用于安装键以实现轴与带的同步传动。根据 V 带

轮的尺寸大小，为了减轻重量及考虑工艺运输等要求，当 $(2.5 \sim 3)d_s \leqslant d \leqslant$ 300mm，且单侧辐板长度大于 100mm 时，为了方便吊装和减轻重量，可在辐板上开口，所以大 V 带轮采用孔板式结构，d_s 为轴径。大 V 带轮最大直径为 $\phi286mm$，大 V 带轮宽为 75mm。

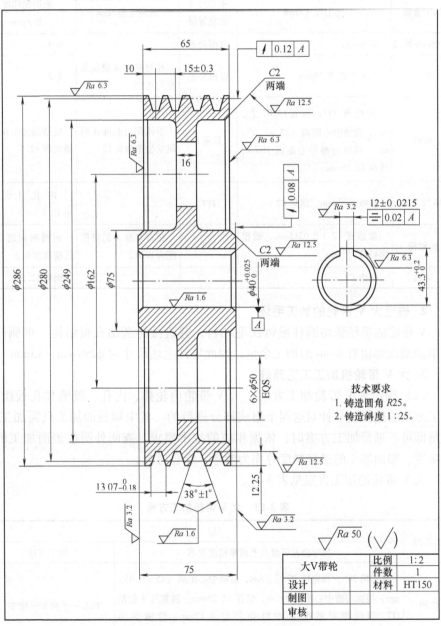

图 3-9　大 V 带轮零件工作图

（2）大 V 带轮加工技术要求分析　根据图 3-9，分析大 V 带轮零件的主要加工技术要求，见表 3-12 所示。

表 3-12　大 V 带轮零件的技术要求

加工表面	加工尺寸/mm	主要尺寸公差等级	几何公差/mm	表面粗糙度 $Ra/\mu m$
$\phi 286mm$ 外圆	$\phi 286mm$	自由公差		6.3
端面	两端面距离 75mm	自由公差	相对基准 A 跳动公差为 0.08	3.2
轮槽	轮槽角 38°，顶宽 $13.07_{-0.18}^{0}$ mm，齿槽中心距离（15±0.03）mm，端面与槽中心距离 10mm，槽深 12.25mm	顶宽 IT7	节线相对基准 A 的跳动公差为 0.12	轮槽侧面 1.6，轮槽底部 12.5
$\phi 40_{0}^{+0.025}mm$	$\phi 40_{0}^{+0.025}mm$，倒角 $C2$	IT7		内孔 1.6，倒角 12.5
轮毂槽	毂槽宽 12±0.0215mm，毂槽深 $43.3_{0}^{+0.2}$mm	IT9	相对基准 A 的对称度为 0.012	毂槽两侧面 3.2，毂槽顶面 6.3
辐板	倒角 $C2$			倒角 12.5

2. 确定大 V 带轮的加工毛坯

V 带轮的毛坯选用圆柱形铸铁毛坯料，并直接铸造出孔板结构。单侧径向和单侧端面都留有 4mm 的加工余量，因此零件毛坯尺寸为 $\phi 294mm \times 83mm$。

3. 大 V 带轮机加工工艺路线

（1）确定大 V 带轮加工方案　大 V 带轮由轮槽、内孔、毂槽和孔板组成，加工方案的选择就是针对这四个组成部分进行的，其中辐板的加工只需加工 $C2$ 倒角即可。选择加工方案时，依据相应的技术要求，查阅外圆柱表面加工的经济精度、端面加工的经济精度等作为参考，综合考虑。

大 V 带轮的加工方案见表 3-13。

表 3-13　大 V 带轮加工方案

加工面	加工方案	
	尺寸公差等级及表面粗糙度要求	加工方法
轮槽	轮槽角 38°，顶宽 $13.07_{-0.18}^{0}$ mm，齿槽中心距离（15±0.03）mm，端面与槽中心距离 10mm，槽深 12.25mm，顶宽尺寸公差 IT7，节线相对基准 A 的跳动公差 0.12mm，轮槽侧面 $Ra1.6\mu m$，轮槽底部 $Ra12.5\mu m$	粗车—半精车—精车

（续）

加工面	加工方案		加工方法
	尺寸公差等级及表面粗糙度要求		
内孔	$\phi\,40^{+0.025}_{0}$ mm，倒角 $C2$，IT7 级，内孔 $Ra1.6\mu m$，倒角 $Ra12.5\mu m$		粗车—半精车—精车
键槽	轮毂槽宽 12mm ± 0.0215mm		插铣
	轮毂槽深 $43.3^{+0.2}_{0}$mm，精度 IT9		
	轮毂槽两侧面 $Ra3.2\mu m$，毂槽顶面 $Ra6.3\mu m$		
辐板	$C2$ 倒角		车

（2）安排大 V 带轮加工顺序 对于大 V 带轮零件的加工表面基本按粗加工、半精加工和精加工三个加工阶段进行，已经在表 3-13 加工方案中做了分析。对于大 V 带轮的整体加工，基本也按粗加工、半精加工和精加工三个加工阶段进行。

大 V 带轮的加工顺序：粗车外圆、端面、齿槽、内孔、倒角→半精车外圆、端面、齿槽、内孔→插铣键槽→精车齿槽、内孔。

（3）设计大 V 带轮加工工艺路线 大 V 带轮加工工艺路线见表 3-14。

表 3-14 大 V 带轮加工工艺路线

工序号	工序名称	工序内容	工艺装备
1	铸	铸造	
2	清砂	清砂	
3	热处理	人工时效处理	
4	涂漆	非加工表面涂防锈漆	
5	粗车	夹工件右端面，粗车左端各部及内孔，切轮槽，倒角，各部留加工余量 2mm	车床 C6140A 34°样板
6	粗车	掉头，夹工件左端外圆，以已加工内孔校正，车右端面，切轮槽，留加工余量 2mm	车床 C6140A 34°样板
7	精车	夹工件右端面，车左端面，保证端面与槽中心距离为 10mm，车内孔至图样尺寸 $\phi\,40^{+0.025}_{0}$ mm	车床 C6140A
8	精车	掉头，夹工件左端，车右端面至图样尺寸 75mm	车床 C6140A
9	划线	划（12 ± 0.0215）mm 键槽中心线	
10	插	以外圆及右端面定位夹紧工件，插键槽（12 ± 0.0215）mm	组合夹具
11	精车	以 $\phi\,40^{+0.025}_{0}$ mm 及右端面定位夹紧工件，精车轮槽，保证槽间距（15 ± 0.3）mm，轮楔角轮槽角38°	车床 C6140A 专用心轴 34°样板
12	检验	按图样检查工件各部尺寸及精度	

第4章 齿轮传动设计与工艺性分析

4.1 概述

齿轮传动是一种典型的啮合传动，是机械传动的主要形式之一，广泛应用到各类机器中。齿轮传动的主要特点是：

1）效率高。在常用的机械传动中，齿轮的传动效率最高，可达99%以上。

2）工作可靠。因为是啮合传动，因此工作可靠，可用于航天及井下工作的机器。

3）寿命长。一般可达8～10年以上。

4）传动比稳定，传动平稳。

5）适用的圆周速度和功率范围广。例如超精度齿轮速度可达200m/s；功率可达5×10^4 kW以上。

6）可以实现平行轴、同一平面的相交轴和空间交错轴之间的传动。

但是齿轮传动要求较高的制造和安装精度，成本较高；不适于相距较远的两轴间传动。

4.2 齿轮传动的失效形式及设计准则

1. 失效形式

（1）轮齿折断 轮齿折断是指轮齿啮合时齿根受弯曲应力而使轮齿折断的现象。轮齿折断又分为过载折断和疲劳折断。过载折断是由于轮齿因短时严重过载而引起的突然折断。一般发生于脆性材料。多数齿轮发生疲劳折断，把轮齿看作悬臂梁，在载荷的多次重复作用下，弯曲应力超过弯曲疲劳极限时，齿根部分将产生疲劳裂纹，然后逐渐扩展，最终将引起轮齿折断，称为疲劳折断。

（2）齿面失效

1）齿面疲劳点蚀。齿面在脉动循环的接触应力作用下，齿面材料由于疲劳而产生的剥蚀损伤现象称为齿面疲劳点蚀，又称疲劳磨损。齿面上最初出现的点蚀仅为针尖大小的麻点，后逐渐扩散，甚至数点连成一片，最后形成了明显的齿面损伤，使轮齿丧失原有的渐开线曲面形状，产生冲击和噪声，精度下降。齿面点蚀是闭式软齿传动的主要失效形式，在开式齿轮传动中，由于齿面磨损较快，点蚀还来不及出现或扩展即被磨掉，所以看不到点蚀出现。

2）齿面磨损。齿面磨损分为两齿轮表面直接摩擦磨损和磨粒磨损。摩擦磨损很容易理解，磨粒磨损是指当啮合齿面间落入磨料性物质时，轮齿工作表面被逐渐磨损，磨损的结果使齿轮失去原有的渐开线曲面形状，同时轮齿变薄而导致传动失效。

3）齿面胶合。在高速重载传动中，常因啮合区温度升高而引起润滑失效，致使两齿面金属直接接触并发生瞬时焊接现象。当两齿面相对运动时，较软的齿面沿滑动方向被撕下而形成沟纹，这种现象称为齿面胶合。在低速重载传动中，由于齿面间的润滑油膜不易形成也可能产生胶合破坏。

4）齿面塑性变形。在速度很低、载荷很重的条件下，由于摩擦力过大，使较软的齿面上可能沿摩擦力方向产生局部的塑性变形，使齿轮失去正确的齿廓，而使瞬时传动比发生变化，造成附加的动载荷。这种损坏常出现在过载严重和起动频繁的传动中。

2. 设计准则

设计一般工作条件使用的齿轮传动时，通常只按保证齿根弯曲疲劳强度及保证齿面接触疲劳强度两个准则进行计算。对于高速、大功率的齿轮传动，还要按保证齿面抗胶合能力的准则进行计算。至于抵抗其他失效的能力一般不进行计算，但应采取相应的措施，以增强齿轮抵抗这些失效的能力。主要设计准则如下：

（1）闭式齿轮传动的设计准则

1）闭式软齿面（硬度≤350HBW）的齿轮传动，因其主要失效形式为齿面疲劳点蚀，故按齿面接触疲劳强度设计，还有断齿的可能性，因此校核齿根弯曲疲劳强度校核。

2）闭式硬齿面（硬度＞350HBW）的齿轮传动，齿面硬度很大不易发生齿面疲劳点蚀，其主要失效形式为轮齿疲劳折断，故按弯曲疲劳强度设计以防止断齿，但还有齿面疲劳点蚀的可能性，因此校核齿面疲劳接触强度。

3）大功率闭式齿轮传动的设计准则。当输入功率超过 75 kW 时，由于发热量大，易导致润滑不良及轮齿胶合损伤等，还需作热平衡计算。

（2）开式或半开式齿轮传动　对于开式（半开式）齿轮传动，由于润滑不良齿面磨损较快，齿面疲劳点蚀还来不及出现或扩展即被磨掉，所以看不到点蚀出现。针对主要失效形式是磨损和轮齿折断，应根据保证齿面抗磨损及齿根抗折断能力分别进行计算，但鉴于目前对齿面抗磨损的能力尚无完善的计算方法，因此，仅以保证齿根弯曲疲劳强度作为设计准则。为了延长开式（半开式）齿轮传动的寿命，应适当降低开式传动的许用弯曲应力（如将闭式传动的许用弯曲应力乘以 0.7 ~ 0.8），以使计算的模数值适当增大；或将计算出的模数增大

10% ~15%, 以考虑磨损对齿厚的影响。

4.3 齿轮传动的受力分析

1. 直齿圆柱齿轮传动的受力分析

当齿轮的齿廓在节点 P 接触时, 受力如图 4-1 所示, 可将沿啮合线作用在齿面上的法向力 F_n 分解为两个相互垂直的分力: 切于分度圆的圆周力 F_t 与指向轮心的径向力 F_r。

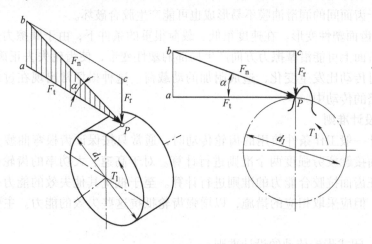

图 4-1 直齿圆柱齿轮传动的受力分析

（1）计算公式

圆周力 $F_t = 2T_1/d_1$

径向力 $F_r = F_t \tan\alpha$

法向力 $F_n = F_t/\cos\alpha$

式中 T_1 ——小齿轮所受的转矩 (N·mm), $T_1 = 9.55 \times 10^6 \dfrac{P}{n_1}$;

  P ——传递的功率 (kW);

  n_1 ——小齿轮的转速 (r/min);

  d_1 ——小齿轮的分度直径 (mm);

  α ——压力角, 标准齿轮 $\alpha = 20°$。

（2）力的方向 主动轮所受圆周力的方向与运动方向相反, 从动轮所受圆周力方向与运动方向相同, 且互为作用力与反作用力, 即 $F_{t1} = -F_{t2}$。

径向力 F_r 的方向分别指向各自的轮心, 且互为作用力与反作用力, 即 $F_{r1} = -F_{r2}$。

2. 斜齿圆柱齿轮传动的受力分析

图 4-2 为斜齿轮齿廓在节点 P 接触的受力情况，在忽略摩擦力时法向力 F_n 可分解为圆周力 F_t、径向力 F_r 和轴向力 F_a 三个分力。

（1）计算公式

圆周力 $\quad F_t = 2T_1/d_1$

径向力 $\quad F_r = F_t \tan\alpha_n/\cos\beta$

轴向力 $\quad F_a = F_t \tan\beta$

法向力 $\quad F_n = F_t/(\cos\alpha_n \cos\beta)$

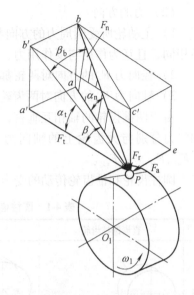

式中 $\quad \beta$——螺旋角；

$\quad\quad \alpha_n$——法面压力角，标准齿轮 $\alpha_n = 20°$。

（2）力的方向 主动轮所受圆周力的方向与运动方向相反，从动轮所受圆周力与运动方向相同，且互为作用与反作用力，即

$F_{t1} = -F_{t2}$。

图 4-2 斜齿圆柱齿轮传动的受力分析

径向力 F_r 的方向对两轮都是指向各自的轮心，且互为作用与反作用力，即

$F_{r1} = -F_{r2}$。

轴向力 F_a 的方向需根据螺旋线方向和轮齿工作面而定，也可用主动轮右（左）手螺旋法则判断。当主动轮的螺旋线方向为右（左）旋时也可用右（左）手螺旋定则判断，即伸出右（左）手，四个指头代表主动轮的转动方向，则拇指的指向代表该轮的轴向力的方向，从动轮的轴向力方向与主动轮的轴向力方向相反，互为作用与反作用力，即 $F_{a1} = -F_{a2}$。

3. 直齿锥齿轮传动的受力分析

当两轴正交（$\delta_1 + \delta_2 = 90°$）时，直齿锥齿轮齿廓在节点 P 接触的受力情况如图 4-3 所示。在忽略摩擦力时法向力 F_n 可分解为圆周力 F_t、径向力 F_r 和轴向力 F_a 三个分力。

（1）计算公式

圆周力 $\quad F_{t1} = 2T_1/d_{m1}$

径向力 $\quad F_{r1} = F_{t1} \tan\alpha \cos\delta_1$

轴向力 $\quad F_{a1} = F_{t1} \tan\alpha \sin\delta_1$

法向力 $\quad F_n = F_t/\cos\alpha$

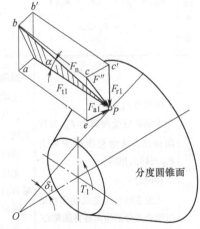

分度圆锥面

图 4-3 直齿锥齿轮传动的受力分析

式中 $\quad d_{m1}$——小齿轮齿宽中点的分度圆直

径，$d_{m1} = d_1 - b\sin\delta_1$（$b$ 为轮齿宽度，d_1 为大端面分度圆直径）。

（2）力的方向

1）主动轮所受圆周力的方向与运动方向相反，从动轮所受圆周力与运动方向相同，且互为作用与反作用力，即 $F_{t1} = -F_{t2}$。

2）径向力 F_r 的方向对两轮都是垂直指向各自齿轮的轴线。

3）轴向力 F_a 的方向对两齿轮均指向各自齿轮的大端。

由于两锥齿轮的轴相互垂直，即 $\delta_1 + \delta_2 = 90°$，因此，小齿轮上的径向力和轴向力分别与大齿轮上的轴向力和径向力互为作用力与反作用力，即 $F_{r1} = -F_{a2}$，$F_{a1} = -F_{r2}$。

圆柱齿轮和锥齿轮传动的受力分析总结见表4-1。

表4-1 圆柱齿轮和锥齿轮传动的受力分析

	直齿圆柱齿轮	斜齿圆柱齿轮	直齿锥齿轮
受力分析图			
力的大小	$F_{t1} = \dfrac{2T_1}{d_1}$　（$d_1 = mz_1$） $F_{r1} = F_{t1}\tan\alpha$	$F_{t1} = \dfrac{2T_1}{d_{m1}}$　（$d_1 = \dfrac{m_n z_1}{\cos\beta}$） $F_{r1} = \dfrac{F_{t1}\tan\alpha_n}{\cos\beta}$ $F_a = F_{t1}\tan\beta$	$F_{t1} = \dfrac{2T_1}{(1-0.5\psi_R)d_1} = -F_{t2}$ $F_{r1} = F_{t1}\tan\alpha\cos\delta_1 = -F_{a2}$ $F_{a1} = F_{t1}\tan\alpha\sin\delta_1 = -F_{r2}$
力的方向	圆周力 F_t： 主动轮所受圆周力 F_{t1} 与转向相反，从动轮所受圆周力 F_{t2} 与转向相同 径向力 F_r： 无论主动轮还是从动轮都是过啮合点分别指向各自的轮心	圆周力 F_t： 主动轮所受圆周力 F_{t1} 与转向相反，从动轮所受圆周力 F_{t2} 与转向相同 径向力 F_r： 无论主动轮还是从动轮都是过啮合点分别指向各自的轮心 轴向力 F_a： 主动轮用左、右手法则判断，从动轮与主动轮轴向力方向相反	圆周力 F_t： 主动轮所受圆周力 F_{t1} 与转向相反，从动轮所受圆周力 F_{t2} 与转向相同 径向力 F_r： 无论主动轮还是从动轮都是过啮合点分别指向各自的轮心 轴向力 F_a： 无论主动轮还是从动轮都是过啮合点指向各自大端

4.4　圆柱齿轮传动的强度计算方法简介

4.4.1　圆柱齿轮传动强度概述

圆柱齿轮的强度计算通常指两个强度：一个是齿面接触疲劳强度，一个是齿根弯曲疲劳强度。齿面接触疲劳强度的理论基础是利用弹性力学中两个圆柱体的赫兹公式，将赫兹公式中的参数转化为齿轮的参数，并进行简化处理，引进若干系数，即得出一对齿轮相啮合节点处的接触应力的计算式，代入强度公式进而推出齿面接触疲劳强度的校核式（已知几何尺寸校核强度）及设计式（已知力求几何尺寸）。齿面接触疲劳强度是针对齿面疲劳点蚀失效形式的强度公式。齿根弯曲疲劳强度的理论基础是将一个齿视为悬臂梁，利用材料力学公式推导出齿根弯曲应力的计算式，代入强度公式进而推出齿根弯曲疲劳强度的校核公式及设计式。齿根弯曲疲劳强度是针对轮齿折断失效形式的强度公式。

如何应用两个强度公式是学习的难点，要分析齿轮的工作条件、主要失效形式，从而确定用哪个强度公式设计，如还有另外的失效形式那就用相应的强度校核。具体设计准则见 4.2 节。

圆柱齿轮的两个强度计算公式非常复杂，应用过程中应掌握以下几点：

1) 弄清建立公式的力学模型、理论依据。

2) 看懂公式的推导过程。

3) 掌握公式中各系数的物理意义；例如：齿形系数 Y_{Fa}、寿命系数 Z_N、Y_N 等。

4) 能在齿轮强度分析或设计中正确运用齿面接触疲劳强度和齿根弯曲疲劳强度的公式。

4.4.2　直齿圆柱齿轮传动的强度计算

1. 计算载荷

按名义功率或转矩计算得到的法向载荷 F_n 称为名义载荷，由于原动机性能及齿轮制造与安装误差、齿轮及支承件变形等因素的影响，实际传动中作用于齿轮上的载荷要比名义载荷大，因此，计算齿轮强度时，通常用计算载荷 P_c 代替名义载荷 $P(P_c = KP)$，以考虑影响载荷的各种因素。计算齿轮强度用的载荷系数 K 包括使用系数 K_A、动载系数 K_v、齿间载荷分配系数 K_α 和齿向载荷分布系数 K_β，即：$K = K_A K_v K_\alpha K_\beta$。

（1）使用系数 K_A　考虑原动机和工作机的运转特性、联轴器的缓冲性能等外部因素引起的动载荷而引入的修正系数，可按表 4-2 选取。

表 4-2　使用系数 K_A

原　动　机	工作机的载荷特性			
	均匀平稳	轻微冲击	中等冲击	严重冲击
电　动　机	1.00	1.25	1.50	1.75
多缸内燃机	1.10	1.35	1.60	1.85
单缸内燃机	1.25	1.50	1.75	2.0

注：对于增速传动可取表中值的 1.1 倍；当外部机械与齿轮装置之间挠性连接时，其值可适当降低。

（2）动载系数 K_v　考虑齿轮副在啮合过程中因啮合误差，包括基节误差、齿形误差及轮齿变形等，以及运转速度而引起的内部附加动载荷的影响系数。另外，齿轮在啮合过程中单对齿啮合、双对齿啮合交替进行，造成轮齿啮合刚度的变化，也要引起动载荷。动载系数 K_v 值可根据圆周速度及齿轮的制造精度，按图 4-4 查取。

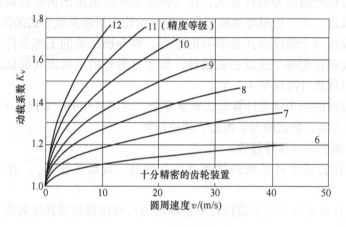

图 4-4　动载系数 K_v

（3）齿间载荷分配系数 K_α　齿轮的重合度总是大于 1，即在一对轮齿的一次啮合过程中，部分时间内为两对轮齿啮合，所以理想状态下应该由各啮合齿对均等承载。但齿轮传动实际情况并非如此，受制造精度、轮齿刚度、齿轮啮合刚度等多方面因素的影响。齿间载荷分配系数 K_α 是用于考虑制造误差和轮齿弹性变形等原因使两对同时啮合的轮齿上载荷分配不均的影响系数。对一般不需作精确计算的直齿轮传动，可假设为单对齿啮合，故取 $K_\alpha = 1$；对斜齿圆柱齿轮传动，可取 $K_\alpha = 1 \sim 1.4$，精度低、齿面硬度高时取大值，反之取小值。

（4）齿向载荷分布系数 K_β　由制造误差引起的齿向误差、齿轮及轴的弯曲和扭转变形、轴承和支座的变形及装配误差等，会导致轮齿接触线上各接触点间载荷分布不均匀。为此引入齿向载荷分布系数 K_β，用于考虑实际载荷沿轮齿接触线分布不均的影响。其值的大小主要受齿轮相对轴承配置形式、齿宽系数（b/d_1）及齿面硬度的影响，可按图 4-5 查取。

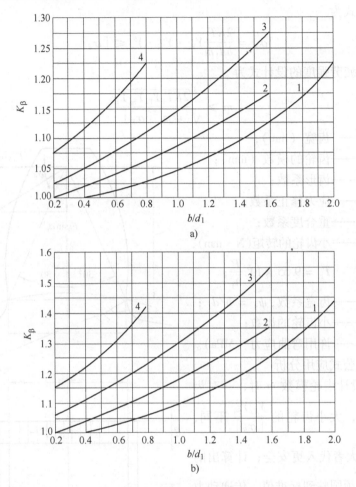

图 4-5 齿向载荷分布系数 K_β

a) 两齿轮都是软齿面（齿面硬度 ≤350HBW）或其中之一是软齿面

b) 两齿轮都是硬齿面（齿面硬度 >350HBW）

1—齿轮在两轴承间对称布置 2—齿轮在两轴承间非对称布置，轴的刚度较大

3—齿轮在两轴承间非对称布置，轴的刚度较小 4—一齿轮悬臂布置

2. 标准直齿圆柱齿轮齿根弯曲疲劳强度计算

（1）强度公式 将轮齿看成如图 4-6 所示的悬臂梁，作用到齿顶的法向力 F_n 可分解为相互垂直的两个力：$F_n\cos\alpha_F$ 和 $F_n\sin\alpha_F$，$F_n\cos\alpha_F$ 移到齿根危险截面是一个剪切力和弯矩，使齿根危险截面受剪和受弯，产生切应力和弯曲应力 σ_b；

$F_n \sin \alpha_F$ 使齿根危险截面受压而产生压应力 σ_c。切应力和压应力之和不足弯曲应力 σ_b 的5%，因此忽略不计（在应力修正系数中考虑），经推导齿根弯曲疲劳强度的校核式为

$$\sigma_F = \frac{2KT_1}{bd_1 m} Y_{Fa} \cdot Y_{Sa} \cdot Y_\varepsilon \leqslant [\sigma_F]$$

齿根弯曲疲劳强度的设计式为

$$m \geqslant \sqrt[3]{\frac{2KT_1 Y_{Fa} Y_{Sa} Y_\varepsilon}{\psi_d z_1{}^2 [\sigma_F]}}$$

式中　　b ——齿宽（mm）；

　　　　m ——齿轮的模数（mm）；

　　　　Y_{Fa} ——齿形系数；

　　　　Y_{Sa} ——应力修正系数；

　　　　Y_ε ——重合度系数；

　　　　T_1 ——小齿轮的转矩(N·mm)，

　　　　$T_1 = 9.55 \times 10^6 \dfrac{P}{n_1}$；

　　　　ψ_d ——齿宽系数，$\psi_d = b/d_1$；

　　　　z_1 ——小齿轮的齿数；

　　　　$[\sigma_F]$ ——许用弯曲应力（MPa）。

（2）公式应用分析

1）设计齿轮模数 m 时，一对齿轮相啮合，大小齿轮的 $\dfrac{Y_{Fa} Y_{Sa}}{[\sigma_F]}$ 不同，取 $\dfrac{Y_{Fa} Y_{Sa}}{[\sigma_F]}$ 大者代入更安全；计算出的模数 m 必须圆整到标准值，传递动力时 $m \geqslant 1.5 \sim 2$ mm。

2）齿形系数 $Y_{Fa} = \dfrac{6\left(\dfrac{l}{m}\right)\cos \alpha_F}{\left(\dfrac{S}{m}\right)^2 \cos \alpha}$

式中　　l ——法向力 F_n 与齿廓对称线的交点到齿根危险截面的距离（见图4-6）；

　　　　S ——齿根危险截面的宽度（见图4-6）。

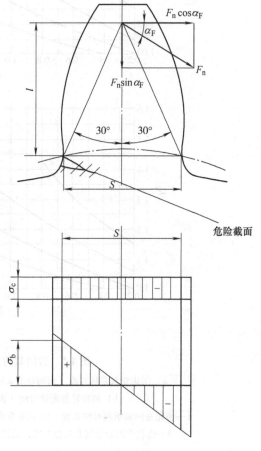

图4-6　齿根弯曲应力

Y_{Fa}是量纲一的量，表示轮齿的几何形状对抗弯能力的影响系数，只取决于齿形（齿数 z 及变位系数 x 影响齿形），与模数 m 无关。Y_{Fa}越小，抗弯强度越高。随着齿数的增加，Y_{Fa}减小，如图 4-7 所示。

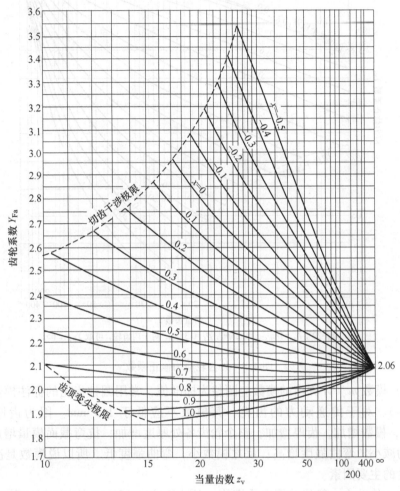

$\alpha_n=20°$, $h_{an}=1m_n$, $c_n=0.25m_n$, $\rho_f=0.38m_n$，对于内齿轮，可取 $Y_{Fa}=2.053$

图 4-7 外齿轮齿形系数

3）应力修正系数 Y_{Sa} 综合考虑齿根圆角处应力集中和除弯曲应力以外其余应力对齿根应力的影响，与齿数 z、变位系数 x 有关，按图 4-8 查取。

4）重合度系数 $Y_{\varepsilon} = 0.25 + \dfrac{0.75}{\varepsilon_\alpha}$，$\varepsilon_\alpha$ 为端面重合度。

5）齿宽系数 $\psi_d = b/d_1$，通常轮齿越宽，承载能力也越高，因而轮齿不宜过窄；但增大齿宽又会使齿面上的载荷分布更趋不均匀，故应适当选取齿宽系数。

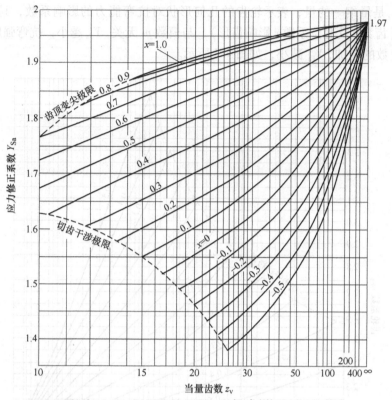

$\alpha_n=20°$, $h_{an}=1m_n$, $c_n=0.25m_n$, $\rho_f=0.38m_n$, 对于内齿轮, 可取 $Y_{Sa}=2.65$

图 4-8　外齿轮应力修正系数

6）模数 m。计算出的模数应圆整为标准值，常用圆柱齿轮的标注模数系列见表 4-3。对于传递动力的齿轮，其模数不应低于 1.5 mm。因为齿厚 $S = \pi m/2$，模数增加，齿厚增加，整个轮齿各处厚度增加，抗弯截面模量增加，工作应力减小，弯曲强度增高；反之模数小，弯曲强度低。所以说模数是决定弯曲强度的主要因素。

开式传动中一般将计算出的模数 m 增大 10% ~ 15% 以考虑磨损的影响。

表 4-3　常用圆柱齿轮模数系列　　　　　　　　　（单位：mm）

第一系列	1	1.25	1.5	2	2.5	3		4	5	6	8	10	12	16	20	25	32	40	50
第二系列	1.75	2.25	2.75	(45)	3.5	(3.75)	4.5	5.5	(6.5)	7		9	(11)	14	18	22	28	36	45	

注：1. 本表适用于渐开线圆柱齿轮，对斜齿轮是指法向模数。

　　2. 选用模数时，应优先选用第一系列，其次是第二系列，括号内的模数值尽可能不用。

7）小齿轮齿数 z_1 的选择。对于闭式软齿面齿轮尽量选用小模数、多齿数，通常选 $z_1 = 20 ~ 40$；开式、硬齿面的齿轮为了防止意外断齿，可选大一些的模数，齿数只要不根切即可，$z_1 \geqslant 17$。

8）许用弯曲应力 $[\sigma_F] = \dfrac{\sigma_{Flim}}{S_{Fmin}} Y_N Y_X$

式中　Y_N——寿命系数，齿轮为有限寿命时许用弯曲应力提高的系数，其值取决于工作应力循环次数 N_L，如图4-9所示；

Y_X——尺寸系数，当 $m \leqslant 5$ 时取1，其值取决于齿轮的模数和材料，可查图4-10；

S_{Fmin}——弯曲强度的最小安全系数，可查表4-4；

σ_{Flim}——失效率为1%时，实验齿轮的齿根弯曲疲劳强度极限，可查图4-11。

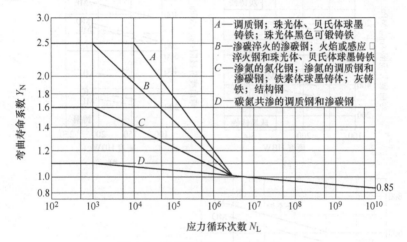

图4-9　弯曲强度的寿命系数 Y_N

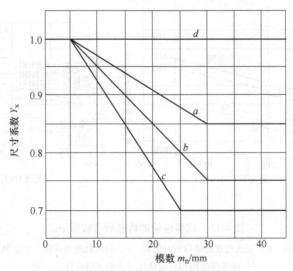

图4-10　弯曲强度的尺寸系数 Y_X

表 4-4　最小安全系数参考值

使 用 要 求	S_{Fmin}	S_{Hmin}
高可靠度（失效率不大于 1/10 000）	2.00	1.50 ~ 1.60
较高可靠度（失效率不大于 1/1 000）	1.60	1.25 ~ 1.30
一般可靠度（失效率不大于 1/100）	1.25	1.00 ~ 1.10
低可靠度（失效率不大于 1/10）	1.00	0.85

注：1. 在经过使用验证或材料强度、载荷工况及制造精度拥有较准确的数据时，S_{Hmin} 可取下限。

　　2. 建议对一般齿轮传动不采用低可靠度。

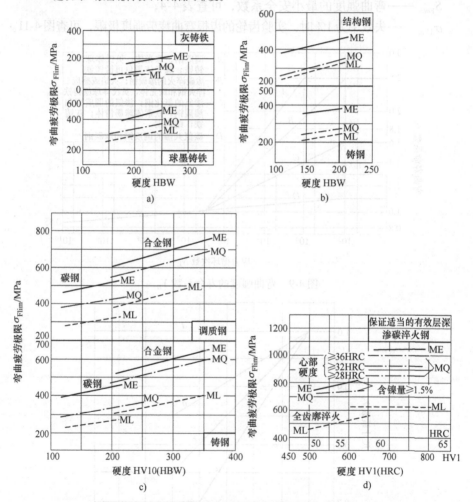

图 4-11　试验齿轮的弯曲疲劳极限 σ_{Flim}

a）铸铁　b）正火处理的结构钢和铸钢　c）调质处理的碳钢、合金钢及铸钢

d）渗碳淬火钢和表面硬化（火焰或感应淬火）钢

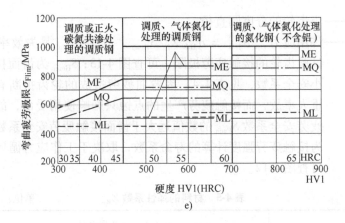

图 4-11　试验齿轮的弯曲疲劳极限 σ_{Flim} （续）

e）氮化钢和碳氮共渗钢

3. 标准直齿圆柱齿轮传动齿面接触疲劳强度计算

齿面疲劳点蚀与齿面接触应力的大小有关，最易发生在齿根部分靠近节线处，为计算方便，通常取节点处的接触应力作为计算依据。利用两圆柱赫兹公式，代入齿轮的参数，并进行简化处理；引进若干系数，得出节点处的接触应力，进而得出齿面接触疲劳强度的校核公式为

$$\sigma_{\mathrm{H}} = Z_{\mathrm{E}}Z_{\mathrm{H}}Z_{\varepsilon}\sqrt{\frac{2KT_1}{bd_1^2}\frac{u \pm 1}{u}} \leqslant [\sigma_{\mathrm{H}}]$$

设计式为

$$d_1 \geqslant \sqrt[3]{\frac{2KT_1}{\psi_{\mathrm{d}}}\frac{u \pm 1}{u}\left(\frac{Z_{\mathrm{E}}Z_{\mathrm{H}}Z_{\varepsilon}}{[\sigma_{\mathrm{H}}]}\right)^2}$$

正号用于外啮合，负号用于内啮合。

式中　Z_{E}——材料的弹性系数，与大小齿轮的材料有关，可查表 4-5。

Z_{ε}——重合度系数，代表重合度对接触应力的影响系数，$Z_{\varepsilon} = \sqrt{\dfrac{4 - \varepsilon_{\alpha}}{3}}$；

ε_{α}——端面重合度，$\varepsilon_{\alpha} = \left[1.88 - 3.2\left(\dfrac{1}{z_1} \pm \dfrac{1}{z_2}\right)\right]\cos\beta$，其中"＋"用于外啮合，"－"用于内啮合，若为直齿圆柱齿轮传动，则 $\beta = 0$。

Z_{H}——节点区域系数，$Z_{\mathrm{H}} = \sqrt{\dfrac{2}{\cos^2\alpha\sin\alpha'}}$，考虑节点处齿廓曲率对接触应的影响，对于标准齿轮（$\alpha = 20°$），按标准中心距安装时，节点区域系数 Z_{H} 为 2.5；

d_1 ——小齿轮的分度圆直径；

$[\sigma_H]$ ——许用应力，$[\sigma_H] = \sigma_{Hlim}Z_N/S_{Hmin}$。式中 σ_{Hlim} 是失效率为 1% 时，试验齿轮的接触疲劳极限，可查图 4-13；S_{Hmin} 为齿面接触强度最小安全系数，见表 4-4。因弯曲疲劳造成的轮齿折断有可能引起重大事故，而接触疲劳产生的点蚀只影响使用受命，故轮齿弯曲疲劳安全系数 S_{Fmin} 的数值远大于齿面接触疲劳安全系数 S_{Hmin}；Z_N 为接触疲劳强度计算的寿命系数，取决于工作应力循环次数 N_L，可查图 4-12。

表 4-5 材料的弹性系数 Z_E （单位：$\sqrt{MPa}$）

小齿轮材料		大齿轮材料			
		钢	铸钢	球墨铸铁	灰铸铁
	E/ MPa	206 000	202 000	173 000	126 000
钢	206 000	189.8	188.9	181.4	165.4
铸钢	202 000	—	188.0	180.5	161.4
球墨铸铁	173 000	—	—	173.9	156.6
灰铸铁	126 000	—	—	—	146.0

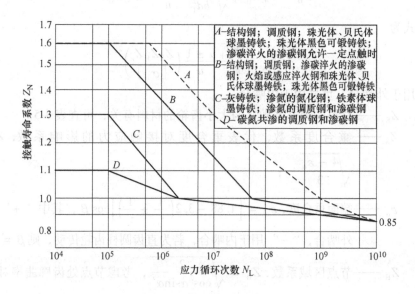

图 4-12 接触寿命系数 Z_N

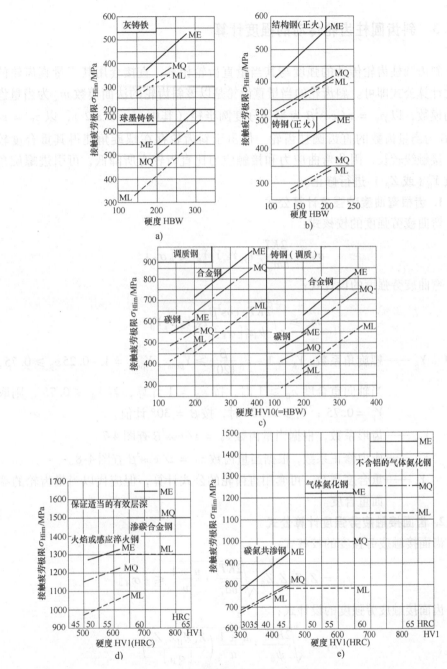

图 4-13　试验齿轮的接触疲劳极限 σ_{Hlim}

a）铸铁　b）正火处理的结构钢和铸钢　c）调质处理的碳钢、合金钢及铸钢

d）渗碳淬火钢和表面硬化（火焰或感应淬火）钢　e）氮化钢和碳氮共渗钢

4.4.3　斜齿圆柱齿轮传动的强度计算

斜齿圆柱齿轮传动的强度与其当量直齿轮相等，直接套用其当量直齿轮的强度计算公式即可。斜齿轮的当量直齿轮是以该斜齿轮的法面模数 m_n 为当量齿轮的模数，以 $\rho_V = r/\cos^2\beta$ 为当量分度圆半径（其中 $r = m_t z/2$），以 $z_v = z/\cos^3\beta$ 为当量齿数的直齿圆柱齿轮。但由于斜齿轮存在螺旋角使得其重合度较大，接触线较长，因此弯曲应力和接触应力比直齿轮有所降低，可引进螺旋角系数 Y_β（或 Z_β）进行修正。

1. 齿根弯曲疲劳强度计算公式

弯曲疲劳强度的校核式：

$$\sigma_F = \frac{2KT_1}{bm_n d_1} Y_{Fa} Y_{Sa} Y_\varepsilon Y_\beta \leqslant [\sigma_F]$$

弯曲疲劳强度的设计式：

$$m_n \geqslant \sqrt[3]{\frac{2KT_1 \cos^2\beta}{\psi_d z_1^2 [\sigma_F]} Y_{Fa} Y_{Sa} Y_\varepsilon Y_\beta}$$

式中　Y_β——螺旋角系数，$Y_\beta = 1 - \varepsilon_\beta \dfrac{\beta}{120°} \geqslant Y_{\beta\min}$，$Y_{\beta\min} = 1 - 0.25\varepsilon_\beta \geqslant 0.75$，

当轴向重合度 $\varepsilon_\beta \geqslant 1$ 时，按 $\varepsilon_\beta = 1$ 计算；若 $Y_\beta \leqslant 0.75$，则取 $Y_\beta = 0.75$；当 $\beta > 30°$ 时，按 $\beta = 30°$ 计值。

Y_{Fa}——齿形系数，根据当量齿数 $z_v = z/\cos^3\beta$ 查图 4-7。

Y_{Sa}——应力修正系数，根据当量齿数 $z_v = z/\cos^3\beta$ 查图 4-8。

Y_ε——重合度系数，可套用直齿轮的公式计算，但应代以当量齿轮的端面重合度。

2. 齿面接触疲劳强度计算公式

齿面接触疲劳强度的校核式：

$$\sigma_H = Z_E Z_H Z_\varepsilon Z_\beta \sqrt{\frac{2KT_1}{bd_1^2} \cdot \frac{u \pm 1}{u}} \leqslant [\sigma_H]$$

齿面接触疲劳强度的设计式：

$$d_1 \geqslant \sqrt[3]{\frac{2KT_1}{\psi_d} \cdot \frac{u \pm 1}{u} \left(\frac{Z_E Z_H Z_\varepsilon Z_\beta}{[\sigma_H]}\right)^2}$$

式中　Z_ε——重合度系数，$Z_\varepsilon = \sqrt{\dfrac{4 - \varepsilon_\alpha}{3}(1 - \varepsilon_\beta) + \dfrac{\varepsilon_\beta}{\varepsilon_\alpha}}$，$\varepsilon_\alpha$ 及 ε_β 分别为端面重合度和轴向重合度；

Z_β——螺旋角系数，$Z_\beta = \sqrt{\cos\beta}$，$\beta$ 为分度圆上的螺旋角。

Z_H——节点区域系数，对于法面压力角 $\alpha_n = 20°$ 的标准齿轮可查图 4-14。
　　　　其余符号同直齿轮。

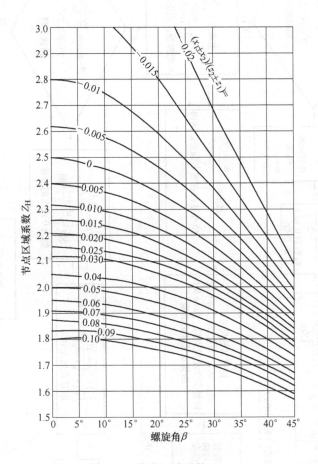

图 4-14　节点区域系数 Z_H

4.4.4　圆柱齿轮传动的强度汇总

　　为了便于读者尽快掌握圆柱齿轮强度的设计思路和设计方法，将强度计算汇总如下：圆柱齿轮传动的设计步骤流程框图如图 4-15 所示；圆柱齿轮传动强度计算公式见表 4-6。

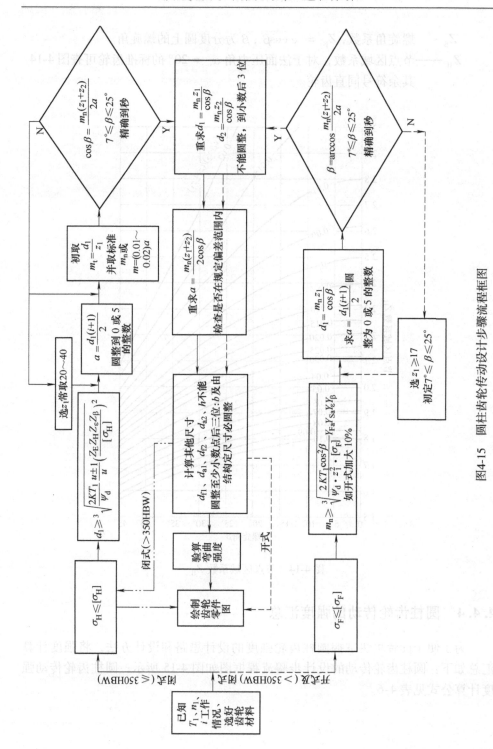

图4-15 圆柱齿轮传动设计步骤流程框图

表 4-6　圆柱齿轮传动强度计算公式

		齿面接触疲劳强度	齿根弯曲疲劳强度
直齿轮	校核公式	$\sigma_H = Z_E Z_H Z_\varepsilon \sqrt{\dfrac{2KT_1}{bd_1^2} \cdot \dfrac{u \pm 1}{u}} \leqslant [\sigma_H]$	$\sigma_F = \dfrac{2KT_1}{bd_1 m} Y_{Fa} Y_{Sa} Y_\varepsilon \leqslant [\sigma_F]$
直齿轮	设计公式	$d_1 \geqslant \sqrt[3]{\dfrac{2KT_1}{\psi_d} \cdot \dfrac{u \pm 1}{u} \left(\dfrac{Z_E Z_H Z_\varepsilon}{[\sigma_H]}\right)^2}$	$m \geqslant \sqrt[3]{\dfrac{2KT_1}{\psi_d Z_1^2 [\sigma]_F} Y_{Fa} Y_{Sa} Y_\varepsilon}$
斜齿轮	校核公式	$\sigma_H = Z_E Z_H Z_\varepsilon Z_\beta \sqrt{\dfrac{2KT_1}{bd_1^2} \cdot \dfrac{u \pm 1}{u}} \leqslant [\sigma_H]$	$\sigma_F = \dfrac{2KT_1}{bd_1 m_n} Y_{Fa} Y_{sa} Y_\varepsilon Y_\beta \leqslant |\sigma_F|$
斜齿轮	设计公式	$d_1 \geqslant \sqrt[3]{\dfrac{2KT_1}{\psi_d} \cdot \dfrac{u \pm 1}{u} \left(\dfrac{Z_E Z_H Z_\varepsilon Z_\beta}{[\sigma_H]}\right)^2}$	$m_n \geqslant \sqrt[3]{\dfrac{2KT_1 \cos^2\beta}{\psi_d Z_1^2 [\sigma_F]} Y_{Fa} Y_{Sa} Y_\beta}$

$$K = K_A K_v K_\alpha K_\beta$$

载荷系数	使用系数 K_A 表 4-2	动载系数 K_v 图 4-4	齿间载荷分配系数 K_α 直齿轮：设单齿对啮合 $K_\alpha \approx 1$ 斜齿轮：$K_\alpha \approx 1 \sim 1.4$		齿向载荷分布系数 K_β 图 4-5
许用应力	许用接触应力 $[\sigma_H] = \dfrac{\sigma_{Hlim} Z_N}{S_H}$			许用弯曲应力 $[\sigma_F] = \dfrac{\sigma_{Flim} Y_N Y_X}{S_F}$	

	σ_{Hlim} 图 4-13	Z_N 图 4-12	S_H 表 4-4	σ_{Flim} 图 4-11	Y_N 图 4-9	Y_X 图 4-10	S_F 表 4-4

齿宽系数 ψ_d 文献[1] 表 5.9	材料系数 Z_E 表 4-5	节点系数 Z_H 直齿轮 2.5；斜齿轮：图 4-14	齿形系数 Y_{Fa} 图 4-7	应力修正系数 Y_{Sa} 图 4-8

其他系数	接触重合度系数 $Z_\varepsilon = \sqrt{\dfrac{4 - \varepsilon_\alpha}{3}(1 - \varepsilon_\beta) + \dfrac{\varepsilon_\beta}{\varepsilon_\alpha}}$ 直齿轮 $\varepsilon_\beta = 0$，斜齿轮当 $\varepsilon_\beta \geqslant 1$ 时取 $\varepsilon_\beta = 1$	螺旋角系数 $Z_\beta = \sqrt{\cos\beta}$	弯曲重合度系数 $Y_\varepsilon = 0.25 + \dfrac{0.75}{\varepsilon_\alpha}$	弯曲螺旋角系数 $Y_\beta = 1 - \varepsilon_\beta \dfrac{\beta}{120°}$ 式中：纵向重合度 $\varepsilon_\beta = \dfrac{b\sin\beta}{\pi m_n}$

4.5　直齿圆柱齿轮传动设计实例及工艺性分析

4.5.1　设计计算过程及分析

设计图 4-16 所示的带式输送机用闭式两级圆柱齿轮减速器中的高速级齿轮

传动。已知：传递功率 $P_1 = 7.5kW$，转速 $n_1 = 960r/min$，高速级传动比 $i = 3.5$；载荷有不大的冲击，折合一班制工作，使用寿命 15 年，设备可靠度要求较高，单件生产。

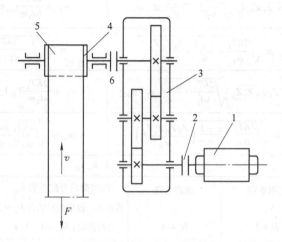

图 4-16　带式输送机运动简图

1—电动机　2—联轴器　3—二级圆柱齿轮减速器

4—卷筒　5—运输带　6—联轴器

本设计实例的详细设计过程及结果见表4-7。

表4-7　直齿圆柱齿轮设计过程及结果

设计项目及依据	设计结果
1. 选定齿轮类型、材料、精度等级及齿数	
（1）齿轮类型选择	
斜齿轮传动平稳，重合度大，本例应该选用斜齿轮传动，但为了熟悉直齿轮的设计方法，本题选用直齿圆柱齿轮传动	选直齿圆柱齿轮
（2）材料选择	
常用的齿轮材料是优质碳素钢、合金结构钢等，闭式软齿面齿轮传动常用的材料是中碳钢或中碳合金钢，例如 35、45、40Cr 和 35SiMn，一般经调质或正火处理。此类材料的特点是制造方便，多用于对强度、速度和精度要求不高的一般机械传动中	小齿轮 40Cr 调质 $HBW_1 = 280HBW$
由于小齿轮轮齿工作次数较多，为使大小齿轮尽量等寿命，应使其小齿轮齿面硬度比大齿轮的硬度高出 30~50HBW，可通过采用不同材料同一热处理，或采用同一材料不同热处理的方法来达到硬度差。本例采用了前一种方法：参考文献［1］表5.6，选择小齿轮材料为40Cr，调质处理，齿面硬度 $HBW_1 = 280HBW$；大齿轮材料为45 钢，调质处理，齿面硬度 $HBW_2 = 240 HBW$	大齿轮 45 钢调质 $HBW_2 = 240HBW$ 合格

（续）

设计项目及依据	设计结果
两齿轮齿面硬度差 $HBW_1 - HBW_2 = 280 - 240 = 40HBW$，在 $30 \sim 50$ HBW 范围内	
（3）精度选择	选用 7 级精度
根据表 4-8，工作机为一般工作机，速度不高，传动装置属于一般用途减速器，精度等级为 $7 \sim 9$ 级，又假设齿轮的圆周速度小于 $10 m/s$，则选 7、8、9 级精度均可，但考虑单件生产选择稍高一点的精度，故选用 7 级精度	
（4）初选齿数	$z_1 = 25$
参考图 4-15：$z_1 = 20 \sim 40$，本题初选小齿轮齿数 $z_1 = 25$；大齿轮齿数 $z_2 = uz_1 = 3.5 \times 25 = 87.5$，取 $z_2 = 88$	$z_2 = 88$
2. 按齿面接触疲劳强度设计	
按表 4-6 的公式：$d_1 \geqslant \sqrt[3]{\dfrac{2KT_1}{\psi_d} \cdot \dfrac{u \pm 1}{u} \left(\dfrac{Z_E Z_H Z_e}{[\sigma_H]} \right)^2}$	
（1）确定设计公式中各参数	$K_t = 1.3$
1）初选载荷系数 $K_t = 1.3$（可初步在 $1.1 \sim 1.5$ 之间选取，最后有修正计算）	
2）小齿轮传递的转矩	
$T_1 = 9.55 \times 10^6 P/n_1 = 9.55 \times 10^6 \times 7.5/960 N \cdot mm = 7.46 \times 10^4 N \cdot mm$	$T_1 = 7.46 \times 10^4 N \cdot mm$
3）选取齿宽系数 ψ_d　查表 4-9，取 $\psi_d = 1$	$\psi_d = 1$
4）弹性系数 Z_E　查表 4-5：$Z_E = 189.8 \sqrt{MPa}$	$Z_E = 189.8 \sqrt{MPa}$
5）小、大齿轮的接触疲劳极限 σ_{Hlim1}、σ_{Hlim2}	$\sigma_{Hlim1} = 750MPa$
查图 4-13c：$\sigma_{Hlim1} = 750$ MPa	$\sigma_{Hlim2} = 580MPa$
$\sigma_{Hlim2} = 580$ MPa	
6）应力循环次数	$N_{L1} = 2.08 \times 10^9$
$N_{L1} = 60\gamma n_1 t_h = 60 \times 1 \times 960 \times (1 \times 8 \times 300 \times 15) = 2.08 \times 10^9$	$N_{L2} = 0.59 \times 10^9$
$N_{L2} = N_1/u = 2.08 \times 10^9/3.5 = 0.59 \times 10^9$	
7）接触寿命系数 Z_{N1}、Z_{N2}	
查图 4-12，齿轮材料为结构钢，因为如果有一定的点蚀，会增加噪声，齿轮传动精度降低，所以不允许有点蚀，故查 B 线（如果允许有一定的点蚀，查线图 A），$Z_{N1} = 0.90$，$Z_{N2} = 0.92$	$Z_{N1} = 0.90$ $Z_{N2} = 0.92$
8）计算许用接触应力 $[\sigma_{H1}]$、$[\sigma_{H2}]$	
取失效率为 1%，查表 4-4，最小安全系数 $S_{Hmin} = 1$，故	$S_{Hmin} = 1$
$[\sigma_{H1}] = \dfrac{\sigma_{Hlim1} Z_{N1}}{S_{Hmin}} = \dfrac{750 \times 0.9}{1} MPa = 675$ MPa	$[\sigma_{H1}] = 675MPa$
$[\sigma_{H2}] = \dfrac{\sigma_{Hlim2} Z_{N2}}{S_{Hmin}} = \dfrac{580 \times 0.92}{1} MPa = 534$ MPa	$[\sigma_{H2}] = 534MPa$

（续）

设计项目及依据	设计结果
9）节点区域系数 Z_H 查图 4-14：按不变位 $x = 0$ 查，$Z_H = 2.43$	$Z_H = 2.43$
10）计算端面重合度 ε_α 参考文献 [1]，因外啮合代入下式计算： $$\varepsilon_\alpha = \left[1.88 - 3.2\left(\frac{1}{z_1} + \frac{1}{z_2}\right)\right]\cos\beta$$ $$= \left[1.88 - 3.2\left(\frac{1}{25} + \frac{1}{88}\right)\right]\cos 0° = 1.72$$	$\varepsilon_\alpha = 1.72$
11）重合度系数 Z_ε 参考表 4-6 的公式：$Z_\varepsilon = \sqrt{\dfrac{4 - \varepsilon_\alpha}{3}} = \sqrt{\dfrac{4 - 1.72}{3}} = 0.87$	$Z_\varepsilon = 0.87$
12）实际齿数比 u $$u = 88/25 = 3.52$$	$u = 3.52$
（2）设计计算 1）试算小齿轮分度圆直径 d_{1t} 取 $[\sigma_H] = [\sigma_{H2}] = 534$ MPa，查图 4-14：直齿轮 $Z_H = 2.5$ $$d_{1t} \geqslant \sqrt[3]{\frac{2 \times 1.3 \times 7.46 \times 10^4}{1} \cdot \frac{3.52 + 1}{3.52} \cdot \left(\frac{189.8 \times 2.5 \times 0.87}{534}\right)^2}\ \text{mm}$$ $\geqslant 53.00$mm 2）计算圆周速度 v $$v = \frac{\pi d_{1t} n_1}{60 \times 1000} = \frac{\pi \times 53.00 \times 960}{60 \times 1000}\text{m/s} = 2.66\ \text{m/s}$$ 因 $v < 10$ m/s，根据表 4-8，选 7 级精度合格 3）计算载荷系数 K 查表 4-2，使用系数 $K_A = 1$；根据 $v = 2.66$ m/s，7 级精度；查图 4-4 得动载系数 $K_v = 1.12$；参考 4-6，假设为单齿对啮合，取齿间载荷分配系数 $K_\alpha = 1$；查图 4-5 曲线 2（齿轮在轴承间非对称布置）得齿向载荷分布系数 $K_\beta = 1.08$ 则 $K = K_A K_v K_\alpha K_\beta = 1 \times 1.12 \times 1 \times 1.08 = 1.21$ 4）校正分度圆直径 d_1 $$d_1 = d_{1t}\sqrt[3]{K/K_t} = 53.00\text{mm} \times \sqrt[3]{1.21/1.3} = 51.75\ \text{mm}$$	$d_{1t} \geqslant 53.00$mm $v = 2.66$ m/s 合格 $K_A = 1$ $K_v = 1.12$ $K_\alpha = 1$ $K_\beta = 1.08$ $K = 1.21$ $d_1 = 51.75$mm
3. 主要几何尺寸计算 1）计算模数 m $m = d_1/z_1 = 51.75\text{mm}/25 = 2.07$ mm，查表 4-3：按标准取 $m = 2$ mm 2）计算分度圆直径 d_1、d_2 代入直齿轮公式：$d_1 = mz_1 = 2\text{mm} \times 25 = 50.00$ mm $d_2 = mz_2 = 2\text{mm} \times 88 = 176.00$ mm	$m = 2$mm $d_1 = 50.00$mm $d_2 = 176.00$mm

（续）

设计项目及依据	设计结果
3）计算顶圆直径 d_{a1}、d_{a2} $d_{a1} = d_1 + 2h_a = d_1 + 2m = 50.00\text{mm} + 2 \times 2\text{mm} = 54.00\text{mm}$ $d_{a2} = d_2 + 2h_a = d_2 + 2m = 176.00\text{mm} + 2 \times 2\text{mm} = 180.00\text{mm}$ 4）计算全齿高 h 代入公式：$h = 2.25m = 2.25 \times 2\text{mm} = 4.5\text{mm}$ 注：以上2）、3）、4）步必须准确计算至少到小数点后2位 5）中心距 a 代入公式：$a = m(z_1 + z_2)/2 = 2\text{mm} \times (25 + 88)/2 = 113\text{mm}$ 6）齿宽 b 由表4-9：齿轮非对称布置，取 $\psi_d = 1.0$ $b = \psi_d d_1 = 1.0 \times 50\text{mm} = 50\text{mm}$（为工作齿宽，即 $b_2 = 50\text{mm}$），为防止安装错动，小齿轮应比大齿轮宽一点：$b_1 = b_2 + (5 \sim 10)\text{mm}$，本题取 $b_1 = 55\text{mm}$ 为了便于加工及测量，齿宽一般圆整到整数	$d_{a1} = 54.00\text{mm}$ $d_{a2} = 180.00\text{mm}$ $h = 4.5\text{mm}$ $a = 113\text{mm}$ 取 $b_1 = 55\text{mm}$ $b_2 = 50\text{mm}$
4. 校核齿根弯曲疲劳强度 代入公式：$\sigma_F = \dfrac{2KT_1}{\psi_d m^3 z_1^2} Y_{Fa} Y_{Sa} Y_\varepsilon \le [\sigma_F] = \dfrac{\sigma_{Flim}}{S_{Fmin}} Y_N Y_X$ （1）确定验算公式中各参数 1）小、大齿轮的齿根弯曲疲劳极限 σ_{Flim1}、σ_{Flim2} 查图4-11c 有 $\sigma_{Flim1} = 620\text{MPa}$， 　　　　$\sigma_{Flim2} = 440\text{MPa}$ 2）弯曲寿命系数 Y_{N1}、Y_{N2} 查图4-9，根据前面计算 $N_{L1} = 2.08 \times 10^9$，$N_{L2} = 0.59 \times 10^9$ 查线 A：$Y_{N1} = 0.9$，$Y_{N2} = 0.92$ 3）尺寸系数 Y_X 查图4-10：因为齿轮模数小于 5mm，因此 $Y_X = 1$ 4）计算许用弯曲应力 $[\sigma_{F1}]$、$[\sigma_{F2}]$ 查表4-4，取失效率不大于1%，最小安全系数 $S_{Fmin} = 1.25$，代入公式有 $[\sigma_{F1}] = \dfrac{\sigma_{Flim1} Y_N Y_X}{S_{Fmin}} = \dfrac{620 \times 0.9 \times 1}{1.25} = 446\text{MPa}$ $[\sigma_{F2}] = \dfrac{\sigma_{Flim2} Y_N Y_X}{S_{Fmin}} = \dfrac{440 \times 0.92 \times 1}{1.25} = 324\text{MPa}$ 5）重合度系数 Y_ε 　由表4-6：代入公式 $Y_\varepsilon = 0.25 + \dfrac{0.75}{\varepsilon_\alpha} = 0.25 + \dfrac{0.75}{1.72}$ 　　　　　　　$= 0.69$	 $\sigma_{Flim1} = 620\text{MPa}$ $\sigma_{Flim2} = 440\text{MPa}$ $Y_{N1} = 0.9$ $Y_{N2} = 0.92$ $Y_X = 1$ $[\sigma_{F1}] = 446\text{MPa}$ $[\sigma_{F2}] = 324\text{MPa}$ $Y_\varepsilon = 0.69$

（续）

设计项目及依据	设计结果
6）齿形系数 Y_{Fa1}、Y_{Fa2} 查图 4-7，按不变位 $x=0$ 分别查得：$Y_{Fa1}=2.62$，$Y_{Fa2}=2.23$ 7）应力修正系数 Y_{Sa1}、Y_{Sa2} 查图 4-8，按不变位 $x=0$ 分别查得：$Y_{Sa1}=1.59$，$Y_{Sa2}=1.79$ （2）校核计算 代入公式分别得小齿轮和大齿轮的齿根弯曲应力为 $$\sigma_{F1}=\frac{2KT_1}{\psi_d m^3 z_1^2}Y_{Fa1}Y_{Sa1}Y_\varepsilon$$ $$=\frac{2\times1.21\times7.46\times10^4}{1.0\times2^3\times25^2}\times2.62\times1.59\times0.69\text{MPa}$$ $$=103.78\text{MPa}\le[\sigma_{F1}]$$ $$\sigma_{F2}=\sigma_{F1}\frac{Y_{Fa2}Y_{Sa2}}{Y_{Fa1}Y_{Sa1}}=103.78\text{MPa}\times\frac{2.23\times1.79}{2.62\times1.59}=99.44\text{MPa}\le[\sigma_{F2}]$$	$Y_{Fa1}=2.62$ $Y_{Fa2}=2.23$ $Y_{Sa1}=1.59$ $Y_{Sa2}=1.79$ $\sigma_{F1}\le[\sigma_{F1}]$ $\sigma_{F2}\le[\sigma_{F2}]$ 弯曲强度满足
5. 静强度校核 传动平稳，无严重过载，故不需静强度校核	

表 4-8　齿轮传动精度等级的选择及应用

精度等级	圆周速度 v（m/s）			应　　用
	直齿轮	斜齿轮	锥齿轮	
6 级	≤15	≤25	≤9	高速重载的齿轮传动，如飞机、汽车和机床中的重要齿轮；分度机构的齿轮
7 级	≤10	≤17	≤6	高速中载或中速重载的齿轮传动，如标准系列减速器、汽车和机床中的齿轮
8 级	≤5	≤10	≤3	机械制造中对精度无特殊要求的齿轮
9 级	≤3	≤3.5	≤2.5	低速及对精度要求低的传动

注：圆周速度指齿轮节圆的圆周速度。

表 4-9　齿宽系数 ψ_d

齿轮相对轴承的位置	齿面硬度	
	软齿面	硬齿面
对称分布	0.8～1.4	0.4～0.9
非对称分布	0.6～1.2	0.3～0.6
悬臂布置	0.3～0.4	0.2～0.25

4.5.2　齿轮结构设计及工艺性分析

1. 结构设计方法概述

强度计算只是计算出齿轮的主要几何尺寸（齿顶圆直径、分度圆直径、齿根圆直径、齿宽），其他尺寸的确定和齿轮采用何种结构是齿轮结构设计的内容。结构设计根据经验设计，表 4-10 给出了常见圆柱齿轮结构形式及尺寸计算的经验公式，考虑方便加工及测量，经验公式计算的数据必须圆整为整数。如果有实际设计经验，也可自行设计，表 4-10 给出的齿轮结构形式及尺寸计算的经验公式仅供参考。

表 4-10　常见圆柱齿轮结构形式

名称	结构形式	使用条件
齿轮轴	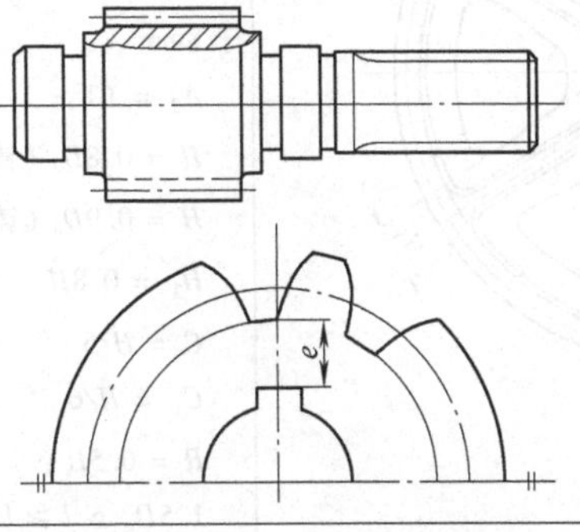	对于直径较小的钢制齿轮，如图所示：若齿根圆到键槽底部的距离 $e < 2m_t$（m_t 为端面模数），可将齿轮和轴做成一体，称为齿轮轴，这时齿轮与轴必须采用同一种材料制造 也可按经验公式即 $d_a < 2d_S$ 时做成齿轮轴，d_a 为齿顶圆直径，d_S 为相邻轴径
实心式	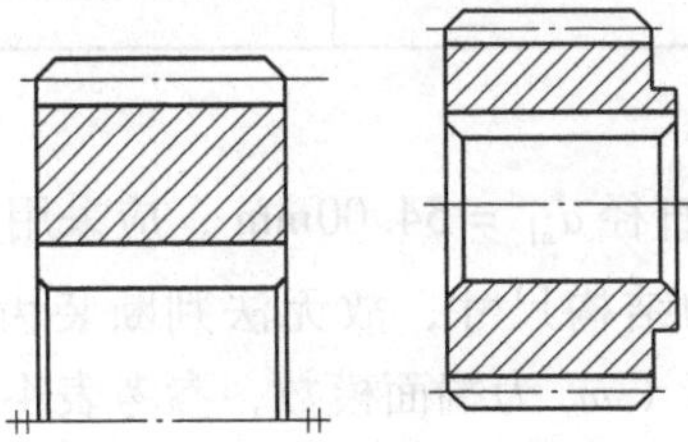	当齿顶圆直径 $d_a \leqslant 160\mathrm{mm}$ 时，齿轮可做成图示的实心结构，或根据实际情况定
孔板式	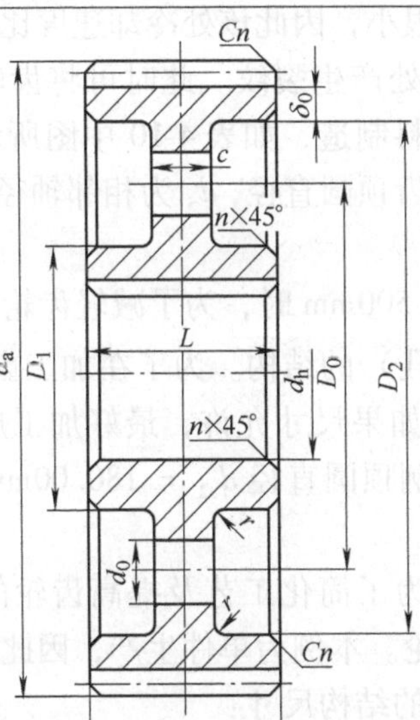	当齿顶圆直径 $d_a \leqslant 500\mathrm{mm}$ 时，通常采用辐板式（没有工艺孔）或如图所示孔板结构的锻造齿轮。尺寸由经验公式计算：$L = (1.2 \sim 1.5)d_F$ 且 $L \geqslant b, D_1 = 1.6d_F$ $\delta_0 > (2.5 \sim 4)m_n$，但不小于 $8 \sim 10\mathrm{mm}$ $D_0 = 0.5(D_1 + D_2)$, $d_0 = (0.25 \sim 0.35)(D_2 - D_1)$, $c \approx (0.2 \sim 0.3)b$ $r \geqslant 5\mathrm{mm}$ $n \approx 0.5m_n$（或自定） 以上经验公式计算的尺寸必须圆整为整数以便于加工与测量

（续）

名称	结构形式	使用条件
轮辐式	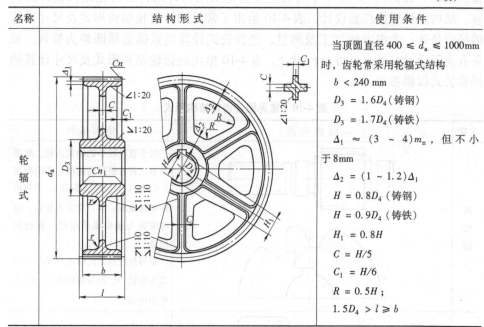	当顶圆直径 $400 \leqslant d_a \leqslant 1000\text{mm}$ 时，齿轮常采用轮辐式结构 $b < 240\text{ mm}$ $D_3 = 1.6D_4$（铸钢） $D_3 = 1.7D_4$（铸铁） $\Delta_1 \approx (3 \sim 4)m_n$，但不小于 8mm $\Delta_2 = (1 \sim 1.2)\Delta_1$ $H = 0.8D_4$（铸钢） $H = 0.9D_4$（铸铁） $H_1 = 0.8H$ $C = H/5$ $C_1 = H/6$ $R = 0.5H$; $1.5D_4 > l \geqslant b$

2. 小齿轮的结构设计及工艺分析

参考表4-10，因小齿轮的齿顶圆直径 $d_{a1} = 54.00\text{mm}$，应采用实心轮，但本例尚未进行轴的设计，因此不知轴的结构尺寸，故无法判断装齿轮处的轴径。如果齿根圆到键槽底部的距离 $e < 2m_t$（m_t 为端面模数，参考表4-10 的图），则齿轮进行热处理工艺时，由于尺寸 e 很小，因此该处冷却速度比齿轮其他部分更快，从而可能造成齿根与轮毂槽顶部处产生裂纹。此时可将齿轮和轴做成齿轮轴，这时齿轮与轴必须采用同一种材料制造，如表4-10 中图所示。也可按经验公式即 $d_a < 2d_S$ 时做成齿轮轴，d_a 为齿顶圆直径，d_S 为相邻轴径。

3. 大齿轮的结构设计及工艺分析

参考表4-10，当齿顶圆直径 $d_a \leqslant 500\text{mm}$ 时，为了减轻齿轮的重量，在制造工艺方面通常采用辐板式（没有工艺孔）的结构。为了在加工齿轮时便于装夹，同时考虑搬运齿轮方便，辐板式齿轮如果尺寸允许，最好加工成工艺孔，如表4-10 的图所示，称孔板式的齿轮。本例顶圆直径 $d_{a2} = 180.00\text{mm}$，故采用孔板式的结构。

如果是单件生产或小批量生产，为了简化工艺及提高齿轮的性能，通常采用锻造的方法加工齿轮，也称锻造齿轮。本例为单件生产，因此采用锻造齿轮。

根据表4-10 的图例可以计算相关的结构尺寸：

齿轮的内孔直径应由轴的直径确定（轴孔为配合尺寸，公称直径应该相同），但是本例没进行轴的强度计算及结构设计（结构设计例如轴长需要知道轴承位置，而轴承位置又必须在设计减速器箱体时才能确定），本例假定装齿轮处的轴径为 $\phi 45$ mm，因此齿轮内孔也为 $\phi 45$ mm。

齿轮具体结构尺寸的确定：参考表 4-10，$D_1 = 1.6 \times 45$mm $= 72$ mm，此处主要考虑使齿轮轮毂槽顶面与直径为 D_1 的圆柱面之间的距离不致太小，以防止工艺过程热处理时出现裂纹。同理，为使齿根圆柱面与直径为 D_2 的圆柱面之间的距离不致太小，本例取 $\delta_0 = 18$mm（也可取其他数，必须大于 10mm，本例此处取较大的值），其他部分的结构尺寸计算如下（参考表 4-10 经验公式）：

$D_2 = 180 - 2h - 2\delta_0 = 180$mm $- 2 \times 4.5$mm $- 18 \times 2$mm $= 135$mm；

$D_0 = 0.5(D_1 + D_2) = 0.5 \times (72 + 135)$mm $= 103.5$mm，取整为偶数 104mm；

$L = b = 50$ mm；

$d_0 = 0.25(D_2 - D_1) = 0.25 \times (135 - 72)$mm $= 15.75$mm，取整为15mm；这里应注意：工艺孔 d_0 尽量取大一点的尺寸，这样既减轻重量，又方便使用，例如：切齿时装夹齿轮更便于操作和搬运。

辐板厚 c：不能太薄，这样一方面强度削弱太厉害，再则切削加工量也大；又不能太厚，太厚起不到减轻重量的目的。通常根据表 4-10 的经验公式进行计算，然后取整，以方便工人测量。表 4-10 的经验公式为：$c \approx 0.3b \approx 0.3 \times 50$mm ≈ 15mm。

圆角 r：为了避免应力集中，r 不能取太小，根据经验按表 4-8 推荐的值 $r \geqslant 5$mm，本例取 $r = 8$ mm。

倒角高度 n：倒角一般为 45°，高度 n 一般根据经验定，按表 4-10 推荐的值，$n \approx 0.5m = 1$ mm，本例齿顶圆柱面与端面处的倒角取 1mm。齿轮轴孔处考虑装配工艺便于装配，因此取大一点的值，取 2mm。

4.5.3　齿轮零件工作图绘制详解

1. 一般零件图的绘制概述

零件图是检验、制造零件的依据。工艺人员根据零件图制订工艺规程；检验人员按照零件图进行成品的检验和验收。因此，一张完整的零件图要求包括下述内容：①清楚而正确地表达出零件各部分的结构、形状和尺寸；②标出零件各部分的尺寸及其精度；③标出零件各部分必要的几何公差；④标出零件各表面的粗糙度；⑤注明对零件的其他技术要求，例如圆角半径、倒角及传动件的主要参数等；⑥画出零件工作图标题栏。

2. 齿轮零件工作图的绘制及工艺分析

齿轮零件工作图应该包括以下主要内容：

（1）视图　因为齿轮属于盘类零件，与带轮、链轮、蜗轮等零件相同，视图选择只需两视图即可表达清楚，零件图按国家标准《机械制图》的规定画出。如果是齿轮轴，则与轴类零件图相似，为了表达齿形的有关特性及参数，必要时应画出局部剖视图。

（2）标注尺寸及工艺分析　齿轮零件图中各径向尺寸以齿轮孔中心线为基准（齿轮轴则以轴心线为基准）；齿宽方向以端面为基准标注尺寸。分度圆直径为设计的基本尺寸，应标注出准确值（至少精确到小数点后面 3 位），齿顶圆直径、全齿高是加工的主要尺寸，也应标注出准确值，至少精确到小数点后面 3 位。齿根圆直径不标注（给出全齿高或齿顶高系数后加工时自然形成），如果标注则说明有特殊要求。

（3）标出尺寸公差及工艺分析　主要尺寸及公差：

1）齿轮的轴孔是加工、测量和装配的重要基准，尺寸精度要求较高，应根据装配图上标定的配合性质和公差精度等级进行标注。本例是一般减速器，采用平键连接，因此轴孔配合多用基孔制、过渡配合，即采用 $\phi 45 \dfrac{H7}{k6}$。因此齿轮零件图孔的公差按 H7 查，标出其极限偏差值为 $\phi 45^{+0.025}_{0}$，如图 4-17 所示。

2）齿顶圆的尺寸偏差值。如按 GB/T10095.1—2001 标准规定，齿顶圆不作测量基准时（一般为 $m(m_n) \leqslant 5mm$ 的情况）按 11 级标准公差取，即 IT11。本题 $m = 2mm$，因此查出齿顶圆直径 $d_{a2} = 180.00mm$ 时，IT11 为 0.25mm，但标准规定不大于 $0.1m_n$，即 0.2mm，因此本例取 0.2mm，即齿顶圆上偏差为零、下偏差为 $-0.2mm$，如图 4-17 所示的标注 $\phi 180.00^{0}_{-0.2}$。也可由用户与齿轮生产厂家具体商定尺顶圆尺寸偏差值。

3）轮毂槽宽度尺寸 b、$(d + t_1)$ 以及它们的极限偏差值可按 GB/T 1095—2003、GB/T 1096—2003 选取。普通平键：轴孔直径为 $\phi 45 mm$ 时，键宽 $b = 14mm$；毂槽深 $t_1 = 3.8mm$，因此 $d + t_1 = 45mm + 3.8mm = 48.8mm$。按公差值 $^{+0.2}_{0}$ 标注，即 $48.8^{+0.2}_{0}$，如图 4-17 所示。

（4）几何公差及工艺分析　轮坯的几何公差对齿轮类零件的传动精度要求有很大影响，故需按工作要求标注出必要的项目。轮坯几何公差主要包括：

1）齿轮齿顶圆的径向跳动公差。根据 7 级精度以及分度圆直径 $d_2 = 176.00mm$，查表 4-11，得齿坯径向跳动公差值为 0.022mm。标注如图 4-17 所示。

2）齿轮端面的端面跳动公差。根据 7 级精度以及分度圆直径 $d_2 = 176.00mm$，查表 4-11，得齿坯端面跳动公差值为 0.022mm，标注如图 4-17 所示。

表4-11　齿坯径向和端面跳动公差　　　　　　　　　（单位：μm）

分度圆直径		齿轮精度等级			
大于	至	3、4	5、6	7、8	9～12
≤125		7	11	18	28
125	400	9	14	22	36
400	800	12	20	32	50
800	1600	18	28	45	71

虽然查出的齿顶圆的径向跳动公差值与齿轮端面的端面跳动公差值相同，但测量要素不同，一个是顶圆，一个是端面。

3）轮毂槽的对称度公差。根据轮毂槽宽14mm及7级精度齿轮，查GB/T 1182—2008，得对称度公差为0.008mm，标注如图4-17所示。

（5）表面粗糙度及工艺性分析　圆柱齿轮各表面粗糙度值根据其功能并结合加工工艺方法确定，因为不同的加工方法得到不同的表面粗糙度 Ra 值。

由于配合表面装配工艺的要求，表面粗糙度要求较高，本例齿轮与轴配合的孔即是配合表面。前面已分析过：轴孔用平键连接，采用过渡配合 $\phi45\dfrac{\text{H7}}{\text{k6}}$。因此孔的表面粗糙度通常取 Ra 为 $1.6～3.2\mu m$。齿轮的齿面粗糙度根据精度等级确定，精度等级越高要求表面越光滑，一般7～8级精度的齿轮齿面粗糙度取 Ra 为 $1.6～3.2\mu m$。齿轮端面通常做定位端面（轴肩、轴环、套筒等），因此要求较高，通常要求粗糙度 Ra 为 $1.6～3.2\mu m$。再就是键槽两个侧面是与键配合的工作面，因此对表面粗糙度要求较高，通常要求粗糙度 Ra 为 $3.2\mu m$。其余非配合面、非工作面不需要很高的光洁度，为了降低成本、减少工时，通常粗糙度在 Ra 为 $6.3～25\mu m$ 即可。

所有加工面必须标注表面粗糙度，本例大齿轮各表面的粗糙度标注如图4-17所示。

（6）编写啮合特性表　啮合特性表是齿轮零件工作图中不可缺少的重要内容，包括加工齿轮和检测齿轮所必需的参数，主要包括：

1）加工齿轮的基本参数。加工齿轮时用到的基本参数包括：模数 $m(m_\text{n})$、齿数 z、压力角 α、齿顶高系数 h_a、变位系数 x，这些参数都是在加工齿轮时用来选刀具或调整机床的位置所用，例如常用的加工齿轮的机床为滚齿机。

2）中心距及偏差。中心距不仅是设计齿轮的重要参数，也是安装和检测齿轮的重要参数。

根据计算的中心距为 $a = 113mm$，极限偏差根据精度等级查表4-12为 $±0.027mm$，标在图样上为 $113±0.027$，如图4-17所示。

表 4-12　中心距极限偏差 $\pm f_a$（供参考）　　　　　　（单位：μm）

中心距 a/mm		齿轮精度等级	5、6	7、8
大于	至			
6	10		7.5	11
10	18		9	13.5
18	30		10.5	16.5
30	50		12.5	19.5
50	80		15	23
80	120		17.5	27
120	180		20	31.5
180	250		23	36
250	315		26	40.5
315	400		28.5	44.5
400	500		31.5	48.5

3）检测齿轮的主要参数。设计齿轮的精度等级必须通过一定的检测手段进行检测，才能确保达到规定的精度等级。齿轮的精度等级一般包括运动精度、工作平稳性精度和接触精度，圆柱齿轮检验项目可参考文献 ［2］ 表 D.2 ~ 表 D.5 进行设计。

此外为了补偿制造、安装误差及热变形，保证齿侧存有一定的润滑油，以保证齿轮转动灵活，还应检测齿侧间隙，齿轮传动的最小侧隙可按参考文献 ［2］ 表 D.6 的推荐数据查取；在中心距一定的情况下，齿侧间隙是用减薄轮齿齿厚的方法获得。控制齿厚的方法有两种：控制齿厚极限偏差（一般用于模数大于 5mm，此时齿比较大，能够便于测量）或控制公法线平均长度极限偏差（通常用于模数小于或等于 5mm，此时齿比较小，不容易测量齿厚，因此用测量公法线的方法便于测量）。其检测方法可参考文献 ［2］ 表 D.8 ~ 表 D.11 进行设计。

本例因为模数小于 5mm，因此控制公法线平均长度的极限偏差，具体标注如图 4-17 所示。

（7）编写技术要求　技术要求是齿轮零件工作图的重要组成部分，内容是图中没表现出来，而在齿轮加工时又必须用到的内容，例如通常有以下内容：

1）对材料表面性能的要求，如热处理方法，热处理后应达到的硬度值。

2）对图中未标明的圆角、倒角尺寸及其他特殊要求的说明等。

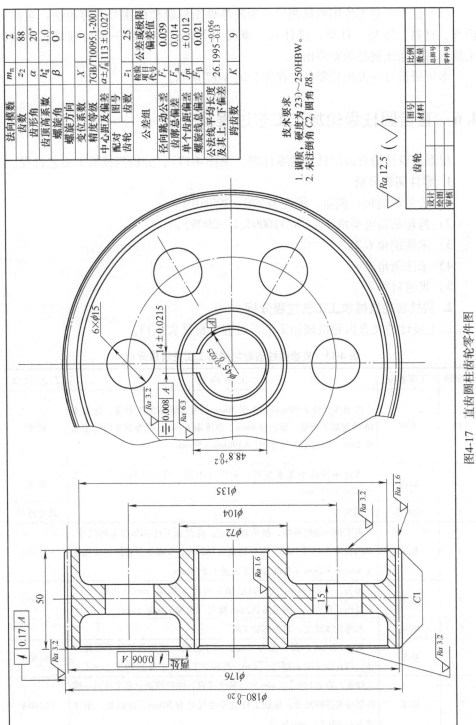

法向模数	m_n	2
齿数	z_2	88
齿形角	α	20°
齿顶高系数	h_a^*	1.0
螺旋方向	β	0°
变位系数	X	0
精度等级	7GB/T10095.1-2001	
中心距及偏差	$a \pm f_a$	113±0.027
配对齿轮	图号	
	齿数	z_1	25

公差组	检验项目代号	公差或极限偏差值
径向跳动公差	F_r	0.039
齿廓总公差	F_a	0.014
单个齿距偏差	f_{pt}	±0.012
螺旋线总偏差	F_β	0.021
公法线平均长度及其上、下偏差		$26.1995^{-0.056}_{-0.13}$
跨齿数	K	9

技术要求
1. 调质，硬度为 230～250HBW。
2. 未注倒角 C2，圆角 R8。

$\sqrt{Ra\ 12.5}\ (\sqrt{\ })$

图号	材料		比例		总图号
	齿轮		数量		零件号
设计					
绘图					
审核					

图4-17　直齿圆柱齿轮零件图

$6\times\phi15$

14 ± 0.0215

$\phi45^{+0.025}_{0}$

$48.8^{+0.2}_{0}$

$Ra\ 3.2\quad A$

$\boxed{=\ 0.008\ A}\quad Ra\ 6.3$

$\phi135$
$\phi104$
$\phi72$
$Ra\ 1.6$
$Ra\ 3.2$
$Ra\ 1.6$
15
$C1$
50
$\boxed{\angle\ 0.17\ A}$
$Ra\ 3.2$
$\boxed{\angle\ 0.006\ A}$
$\phi176$
$Ra\ 3.2$
$\phi180^{0}_{-0.20}$

（8）画出齿轮工作图的标题栏　齿轮零件图标题栏的主要内容包括：名称、比例、材料、图号、日期、设计人、审阅人等。这些内容一定要准确、详细，尤其是材料和比例必须要写出。

本例所设计的大齿轮零件工作图如图 4-17 所示。

4.6　直齿圆柱齿轮加工工艺过程及分析

根据所设计的直齿圆柱齿轮零件图（见图 4-17），分析机械加工工艺过程。

1. 零件图样分析

1）齿轮热处理：调质，硬度为 270～290HBW。

2）齿轮的精度等级 7（GB/T10095.1—2008）。

3）未注倒角 $C2$。

4）未注圆角 $R8$。

5）齿轮材料 45。

2. 圆柱齿轮机械加工工艺过程分析

以上设计的大直齿轮机械加工工艺过程分析见表 4-13。

表 4-13　直齿圆柱齿轮机械加工工艺过程分析

工序号	工序名称	工序内容	工艺设备
1	毛坯	按图样外径 $\phi180$mm、宽度 50mm，考虑锻造加工余量，查表 4-14 确定加工余量，顶圆取 8mm、宽度取 6 mm，再考虑车削加工余量 2mm，因此毛坯尺寸为：$\phi190$mm × 58mm	剪床
2	锻造	考虑单件或小批量生产，采用自由锻。将毛坯锻造成尺寸为 $\phi182$mm × 52mm	锻床
3	热处理	调质	热处理炉
4	粗车	夹工件一端的外圆，按毛坯找正，应照顾工件各部分毛坯尺寸。车内径至 $\phi45_{0}^{+0.1}$mm，车外圆至 $\phi182$mm，车端面保证距侧面尺寸为 50mm ＋2mm（各部留加工余量 1.5～2mm）	C6140A
5	粗车	掉头，夹 $\phi182$mm 处，以已加工内孔 $\phi45_{0}^{+0.1}$mm 的内径校正，车端面。车齿轮外圆至 $\phi182$mm 接刀（留加工余量 2mm）	C6140A
6	划线	参考轮辐厚度，划各部加工线	
7	精车	夹 $\phi182$mm 外圆（参考划线）加工齿轮一端面各部分至图样尺寸，内孔加工至 $\phi45_{0}^{+0.025}$mm，外圆加工至尺寸为 $\phi180_{-0.20}^{0}$mm	C6140A
8	精车	掉头，以 $\phi180_{-0.20}^{0}$mm 定位装夹工件，内径找正，车工件另一端各部分至图样尺寸，保证工件总厚度尺寸为 50mm。外圆加工至尺寸为 $\phi180_{-0.20}^{0}$mm 接刀	C6140A

（续）

工序号	工序名称	工序内容	工艺设备
9	划线	划 14 ± 0.0215mm 轮毂槽加工线	
10	插	以 $\phi 180_{-0.20}^{\ 0}$ 外圆及一端面定位装夹工件，插轮毂槽至尺寸为 14 ± 0.0215mm	组合夹具
11	滚齿	以 $\phi 45_{\ 0}^{+0.025}$mm 及一端面定位滚齿，$m_n = 2$mm，$z = 88$，$\alpha = 20°$	专用心轴
12	检验	按图样检验工件各部分尺寸及精度	
13	入库	涂油入库	

3. 工艺分析

（1）加工工艺过程分析 齿轮根据其结构、精度等级及生产批量的不同，机械加工工艺过程也不相同。本例题采用软齿面（齿面硬度≤350HBW），基本加工工艺路线见表 4-13，概括为：毛坯制造及热处理→齿坯加工→齿形加工（通常为滚齿、插齿）→成品。

如果要求硬齿面（齿面硬度＞350HBW），则齿轮除了按上述方法加工齿形外，还需要淬火处理以得到齿面的高硬度。而淬火处理后轮齿又有很小的变形，因此必须进行精加工以达到规定的精度（通常精度为 6 级以上）。精加工通常用磨齿或剃齿的加工方法，效率比较低，造价比较高。

（2）齿轮传动的精度分析 渐开线圆柱齿轮精度由两项国家标准（GB/T 10095.1~2—2008）和四项国家标准化指导性技术文件（GB/Z18620.1~4—2008）组成，均等同采用了相应的 ISO 标准。标准对齿轮及齿轮副规定了 13 个精度等级（对径向综合偏差规定了 4~12 共 9 个精度等级），按精度高低依次为 0、1~12 级，6~9 级是常用精度级。

标准及技术文件中给出偏差项目虽然很多，但作为评价齿轮质量的客观标准，齿轮质量的检验项目应该主要是单项指标，即齿距偏差（F_p、f_{pt}、F_{pk}）、齿廓总偏差 F_α、螺旋线总公差 F_β（直齿轮为齿向公差 F_β）及齿厚偏差 E_{sn}。标准中给出的其他参数，一般不是必检项目，而是根据供需双方具体要求协商而定的；技术文件所提供的数值不作为严格的精度判据，而作为协议的关于钢或铸铁制齿轮的指南来使用。

根据我国企业齿轮生产的技术和质量控制水平，将齿轮质量检验项目组合成 6 个检验组，建议供需双方依据齿轮的使用要求、生产批量和检验手段，在 6 个检验组中选取一个，用于评定齿轮的质量。

齿轮精度等级的选择应依据齿轮的用途、使用要求、传递功率、圆周速度及其他技术条件等，同时还要考虑加工工艺与经济性。在机械传动中应用最多的是既传递运动又传递动力的齿轮，其精度等级与圆周速度有关，对于常用精

表 4-14 盘、柱类自由锻件机械加工余量（摘自 GB/T 21470—2008）

零件高度 H，加工余量 a、b 与级限偏差

零件尺寸 D (或 A_1、S) 大于	至	H 0 / 40 a	b	H 40 / 63 a	b	H 63 / 100 a	b	H 100 / 160 a	b	H 160 / 200 a	b	H 200 / 250 a	b	H 250 / 315 a	b	H 315 / 400 a	b	H 400 / 500 a	b	H 500 / 630 a	b
锻件精度等级 F																					
63	100	6±2	6±2	6±2	6±2	7±2	7±2	8±3	8±3	9±3	8±3	10±4	9±3	12±5	12±5	14±6	14±6	16±7	16±7	20±8	20±8
100	160	7±2	6±2	7±2	6±2	8±3	8±3	8±3	8±3	9±3	8±3	10±4	9±3	12±5	12±5	14±6	14±6	16±7	16±7	20±8	20±8
160	200	8±3	6±3	8±3	7±2	8±3	8±3	9±3	9±3	10±4	9±3	11±4	10±4	13±5	13±5	15±6	15±6	17±7	18±8	22±9	22±9
200	250	9±3	7±2	9±3	7±2	10±4	9±3	11±4	10±4	11±4	10±4	12±5	12±5	14±6	14±6	16±7	16±7	19±8	19±8	24±10	24±10
250	315	10±4	8±3	10±4	8±3	11±4	10±4	13±5	11±4	14±6	12±5	15±6	13±5	16±7	15±6	18±8	18±8	21±9	21±9	27±12	27±12
315	400	12±5	9±3	12±5	9±3	13±5	11±4	15±6	12±5	16±7	14±6	17±7	14±6	18±8	16±7	20±9	19±8	23±10	23±10	30±13	30±13
400	500			14±6	10±4	15±6	14±6	19±8	15±6	20±8	16±7	20±9	17±7	22±9	19±8	23±10	23±10	26±11	25±11		
500	630			17±7	13±5	19±8	18±8		19±8		20±8	23±10	22±9	23±10	22±9	26±11	25±11	30±13	30±13		
锻件精度等级 E																					
63	100	4±2	4±2	4±2	4±2	5±2	5±2	6±2	6±2	7±2	7±2	8±3	8±3	10±4	10±4	12±5	12±5	14±6	15±6	18±8	18±8
100	160	5±2	4±2	5±2	5±2	6±2	6±2	6±2	6±2	7±2	7±2	8±3	8±3	10±4	10±4	13±5	12±5	15±6	16±7	20±8	20±8
160	200	6±2	5±2	6±2	6±2	6±2	7±2	7±2	7±2	8±3	8±3	10±4	9±3	11±4	11±4	13±5	13±5	17±7	17±7	23±10	24±10
200	250	6±2	6±2	6±2	7±2	7±2	7±2	8±3	8±3	9±3	8±3	11±4	10±4	12±5	12±5	14±6	14±6	19±8	18±8	26±11	26±11
250	315	8±3	7±2	8±3	8±3	9±3	8±3	10±4	9±3	10±4	9±3	13±5	12±5	14±6	13±5	16±7	15±6	22±9	20±8	30±13	30±13
315	400	10±4	8±3	10±4	10±4	11±4	9±3	12±5	11±4	12±5	10±4	15±6	13±5	16±7	14±6	19±8	17±7	23±10	22±9		
400	500			12±5	12±5	13±5	11±4	14±6	12±5	14±6	13±5	16±7	15±6	19±8	16±7	22±9	18±8	26±11	25±11		
500	630			16±7	14±6	16±7	13±5	17±7	14±6	18±8	15±6	19±8	19±8	23±10	20±8	26±11	22±9	30±13	30±13		

注: a 为圆柱的直径余量，b 为圆柱的高度余量。

度等级，可按齿轮的最高圆周速度选择。

通常对齿轮传动提出以下三个方面的精度和使用要求：

1）传递运动的准确性。限制齿轮在一转范围内平均传动比的变化量，要求从动轮在一转范围内，最大转角误差在一定值内，以保证传递运动的准确性。

2）传动的平稳性。限制齿轮在一个齿距范围内瞬时传动比的变化量，要求一个齿距角中最大的转角误差小于给定的公差，从而减小冲击、振动和噪声。

3）载荷分布的均匀性。它限制啮合过程中实际啮合面积的大小，要求齿轮啮合时，齿面接触良好，工作齿面上的载荷分布均匀，避免载荷集中、点蚀、磨损甚至断齿等影响齿轮寿命的现象发生。

齿轮传动精度的详细内容及检测组见参考文献〔2〕D.1。

（3）本例齿轮的精度分析　由表4-8，工作机为一般工作机，速度不高，传动装置属于一般用途减速器，故选择精度等级为 7~9 级。又假设齿轮的圆周速度小于10m/s，则选 7、8、9 级精度均可。但考虑单件生产选择稍高一点的精度，故选用 7 级精度（一般是指传动平稳性精度），其他两项精度——传递运动的准确性以及载荷分布的均匀性也取 7 级精度，3 种精度都为 7 级，在图样的啮合特性表中写成 7 GB/T10095.1—2008。

本例精度设计见4.5.3节，此处不再重复，具体数值如图4-17所示啮合特性表。

4.7　斜齿圆柱齿轮传动设计实例及工艺性分析

4.7.1　设计计算过程及分析

设计如图 4-18 所示带式输送机减速器的高速级齿轮传动，要求设计成斜齿轮。已知该传动系统由 Y 系列三相异步电动机驱动，高速级齿轮的输入功率 $P = 10$kW，小齿轮转速 $n_1 = 960$ r/min，齿数比 $u = 3.2$，工作寿命15年（每年工作 300 天），两班制，小批量生产。带式输送机工作平稳，转向不变。

该设计实例的详细设计过程和结果见表4-15。

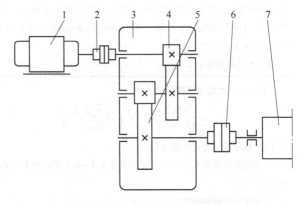

图 4-18　带式输送机传动简图

1—电动机　2、6—联轴器　3—减速器

4—高速级齿轮传动

5—低速级齿轮传动　7—输送机滚筒

表 4-15 斜齿圆柱齿轮设计实例的设计过程及结果

设 计 项 目 及 依 据	设 计 结 果
1. 选定齿轮类型、精度等级、材料及齿数 （1）齿轮类型选择 斜齿轮传动平稳，重合度大，本题要求选用斜齿圆柱齿轮传动	斜齿圆柱齿轮
（2）材料选择 考虑是一般减速器，强度、速度和精度要求不高的一般机械传动，为了降低造价，因此选用软齿面。由于小齿轮轮齿工作次数较多，为使大小齿轮尽量等寿命，应使其小齿轮齿面硬度比大齿轮的高出 $30 \sim 50$HBW，本题采用了不同种材料同一热处理的方法。选择小齿轮材料为 40Cr，调质处理，齿面硬度 $HBW_1 = 280$HBW，大齿轮材料为 45 钢，调质处理，齿面硬度 $HBW_2 = 240$HBW 两齿轮齿面硬度差 $HBW_1 - HBW_2 = 280 - 240 = 40$，在 $30 \sim 50$ HBW 范围内	小齿轮 40Cr 调质 $HBW_1 = 280$HBW 大齿轮 45 钢调质 $HBW_2 = 240$HBW
（3）精度选择 根据表 4-8，工作机为一般工况的工作机，速度不高，传动装置属于一般用途减速器，精度等级为 $7 \sim 9$ 级，又假设齿轮的圆周速度小于 10m/s，，则选 7、8、9 级精度均可，但考虑单件生产选择稍高一点的精度，故选用 7 级精度。	选用 7 级精度
（4）初选齿数 对于闭式软齿面齿轮传动，主要失效形式是齿面疲劳点蚀，传动尺寸主要取决于齿面接触疲劳强度，而齿根弯曲疲劳强度往往比较富裕，这时，在传动尺寸不变并满足弯曲疲劳强度的条件下，应选小模数、多齿数，这样，有利于增大重合度，提高运动的平稳性，而且还会减小滑动系数，提高传动效率。模数小，齿槽小，全齿高小，切削量小，可延长刀具的使用寿命，减少加工工时等，参考图 4-15，小齿轮的齿数 $z_1 = 20 \sim 40$，本题初选小齿轮齿数 $z_1 = 25$，$z_2 = uz_1 = 3.2 \times 25 = 80$ （5）初选螺旋角 $\beta = 13°$	$z_1 = 25$ $z_2 = 80$ $\beta = 13°$
2. 按齿面接触疲劳强度设计 $$d_1 \geqslant \sqrt[3]{\frac{2KT_1}{\psi_d} \cdot \frac{u \pm 1}{u} \left(\frac{Z_E Z_H Z_\varepsilon Z_\beta}{[\sigma_H]} \right)^2}$$ （1）确定设计公式中各参数 1）初选载荷系数 $K_t = 1.3$（可初步在 $1.1 \sim 1.5$ 之间选取，最后有修正计算） 2）小齿轮传递的转矩 $\qquad T_1 = 9.55 \times 10^6 P/n_1 = 9.55 \times 10^6 \times 10/960 \text{N} \cdot \text{mm}$ $\qquad = 9.948 \times 10^4 \text{N} \cdot \text{mm}$ 3）选取齿宽系数 ψ_d。查表 4-9，取 $\psi_d = 1$	$K_t = 1.3$ $T_1 = 9.948 \times 10^4 \text{N} \cdot \text{mm}$ $\psi_d = 1$

（续）

设计项目及依据	设计结果
4）弹性系数 Z_E。查表4-5，$Z_E = 189.8 \sqrt{MPa}$	$Z_E = 189.8 \sqrt{MPa}$
5）小、大齿轮的接触疲劳极限 σ_{Hlim1}、σ_{Hlim2}。查图4-13a：σ_{Hlim1} = 750 MPa，σ_{Hlim2} = 580 MPa	σ_{Hlim1} = 750 MPa σ_{Hlim2} = 580 MPa
6）应力循环次数 $N_{L1} = 60\gamma n_1 t_h = 60 \times 1 \times 960 \times (2 \times 8 \times 300 \times 15) = 4.147 \times 10^9$ $N_{L2} = N_1/u = 4.147 \times 10^9/3.2 = 1.296 \times 10^9$	$N_{L1} = 4.147 \times 10^9$ $N_{L2} = 1.296 \times 10^9$
7）接触寿命系数 Z_{N1}、Z_{N2}。查图4-12：$Z_{N1} = 0.90$，$Z_{N2} = 0.95$	$Z_{N1} = 0.90$
8）计算许用接触应力 $[\sigma_{H1}]$、$[\sigma_{H2}]$。按一般可靠度考虑，查表4-4 最小安全系数 $S_{Hmin} = 1$ $[\sigma_{H1}] = \dfrac{\sigma_{Hlim1} Z_{N1}}{S_{Hmin}} = \dfrac{750MPa \times 0.9}{1} = 675MPa$ $[\sigma_{H2}] = \dfrac{\sigma_{Hlim2} Z_{N2}}{S_{Hmin}} = \dfrac{580MPa \times 0.95}{1} = 551MPa$	$Z_{N2} = 0.95$ $S_{Hmin} = 1$ $[\sigma_{H1}] = 675$ MPa $[\sigma_{H2}] = 551$ MPa
9）节点区域系数 Z_H 查图4-14：按不变位 $x = 0$ 得 $Z_H = 2.43$	$Z_H = 2.43$
10）计算端面重合度 ε_α $\varepsilon_\alpha = \left[1.88 - 3.2 \left(\dfrac{1}{z_1} + \dfrac{1}{z_2} \right) \right]\cos\beta$ $\quad = \left[1.88 - 3.2 \left(\dfrac{1}{25} + \dfrac{1}{80} \right) \right]\cos 13° = 1.67$	$\varepsilon_\alpha = 1.67$
11）计算纵向重合度 ε_β $\varepsilon_\beta = \dfrac{b\sin\beta}{\pi m_n} \approx 0.318\psi_d z_1 \tan\beta = 1.84$	$\varepsilon_\beta = 1.84$
12）计算重合度系数 Z_ε 因 $\varepsilon_\beta > 1$，取 $\varepsilon_\beta = 1$，故 $Z_\varepsilon = \sqrt{\dfrac{4 - \varepsilon_\alpha}{3}(1 - \varepsilon_\beta) + \dfrac{\varepsilon_\beta}{\varepsilon_\alpha}} = \sqrt{\dfrac{1}{\varepsilon_\alpha}} = 0.77$	$Z_\varepsilon = 0.77$
13）螺旋角系数 $Z_\beta = \sqrt{\cos\beta} = \sqrt{\cos 13°} \approx 0.987$	$Z_\beta = 0.987$

（2）设计计算

1）试算小齿轮分度圆直径 d_{1t}

计算时为了安全起见，代入两个齿轮中许用应力小者，即 $[\sigma_{H2}] = 551$ MPa。还有一种计算方法，即设计斜齿轮时，用大、小齿轮许用应力的平均值代入，本例采用了前一种方法，取许用应力小者代入：

（续）

设计项目及依据	设计结果
$d_{1t} \geqslant \sqrt[3]{\dfrac{2 \times 1.3 \times 9.948 \times 10^4}{1} \cdot \dfrac{3.2+1}{3.2} \cdot \left(\dfrac{189.8 \times 2.43 \times 0.77 \times 0.987}{551}\right)^2}\,\text{mm}$ $= 51.60\text{mm}$ 2）计算圆周速度 v $\quad v = \dfrac{\pi d_{1t} n_1}{60 \times 1000} = \dfrac{\pi \times 51.60 \times 960}{60 \times 1000}\text{m/s} = 2.59\text{m/s}$ 按表 4-8 校核速度，因 $v < 10$ m/s，故合格 3）计算载荷系数 K 查表 4-2 得使用系数 $K_A = 1$；根据 $v = 2.59$ m/s、7 级精度查图 4-4，得动载系数 $K_v = 1.10$；假设为单齿对啮合，取齿间载荷分配系数 $K_\alpha = 1.1$；查图 4-15 曲线 2 得齿向载荷分布系数 $K_\beta = 1.08$ 则 $\quad K = K_A K_v K_\alpha K_\beta = 1 \times 1.10 \times 1.1 \times 1.08 = 1.307$ 4）校正分度圆直径 d_1 $\quad d_1 = d_{1t}\sqrt[3]{K/K_t} = 51.60\text{mm} \times \sqrt[3]{1.307/1.3} = 51.69\text{mm}$	$d_{1t} = 51.60$ mm $v = 2.59$ m/s 合格 $K_A = 1$ $K_v = 1.10$ $K_\alpha = 1.1$ $K_\beta = 1.08$ $K = 1.307$ $d_1 = 51.69$ mm
3. 主要几何尺寸计算 1）计算模数 m_n $\quad m_n = d_1 \cos\beta / z_1 = 51.69\text{mm} \times \cos 13°/25 = 2.01\text{mm}$，查表 4-3 取 $m_n = 2$ mm 2）中心距 a $\quad a = \dfrac{m_n}{2\cos\beta}(z_1 + z_2) = \dfrac{2\text{mm}}{2 \times \cos 13°} \times (25 + 80) = 107.76\text{mm}$ 3）螺旋角 β $\quad \beta = \arccos\dfrac{m_n(z_1 + z_2)}{2a} = \arccos\dfrac{2 \times (25 + 80)}{2 \times 110}$ $\qquad = 17.34° = 17°20'29''$ 4）重新计算分度圆直径 d_1、d_2 $\quad d_1 = \dfrac{m_n z_1}{\cos\beta} = \dfrac{2\text{mm} \times 25}{\cos 17.34°} = 52.38\text{mm}$ $\quad d_2 = \dfrac{m_n z_2}{\cos\beta} = \dfrac{2\text{mm} \times 80}{\cos 17.34°} = 167.62\text{mm}$ 5）计算顶圆直径 d_{a1}、d_{a2} $d_{a1} = d_1 + 2h_a = d_1 + 2m_n = 52.38\text{mm} + 2 \times 2\text{mm} = 56.38\text{mm}$ $d_{a2} = d_2 + 2h_a = d_2 + 2m_n = 167.62\text{mm} + 2 \times 2\text{mm} = 171.62\text{mm}$ 6）计算根圆直径 d_{f1}、d_{f2} $\quad d_{f1} = d_1 - 2h_f = d_1 - 2 \times 1.25 m_n$ $\qquad = 52.38\text{mm} - 2 \times 1.25 \times 2\text{mm} = 47.38\text{mm}$	$m_n = 2$ mm 圆整 $a = 110$mm $\beta = 17°20'29''$ $d_1 = 52.38$mm $d_2 = 167.62$mm $d_{a1} = 56.38$mm $d_{a2} = 171.62$mm $d_{f1} = 47.38$mm

（续）

设计项目及依据	设计结果
$d_{f2} = d_2 - 2h_f = d_2 - 2 \times 1.25 m_n$ 　　　$= 167.62mm\ 2 \times 1.25 \times 2mm - 162.62mm$ 7）计算全齿高 h 代入公式：$h = h_a + h_f = m_n + 1.25m_n = 2.25 \times 2mm = 4.5mm$ 注：以上4）、5）、6）步必须准确计算至少到小数点后2位 8）中心距 a $a = \dfrac{m_n(z_1 + z_2)}{2\cos\beta} = \dfrac{2mm \times (25 + 80)}{2 \times \cos 17.34°} = 109.999mm \approx 110.00mm$ 中心距 a 在偏差范围内（偏差见表4-12：偏差值为 ±0.027mm） 9）齿宽 b $b = \psi_d d_1 = 1.0 \times 52.38mm = 52.38mm$，即 b_2 值（工作齿宽）， 取 $b_2 = 56mm$。为防止安装窜动，通常取小齿轮齿宽比大齿轮宽， $b_1 = b_2 + (5 \sim 10)$ mm，则取 $b_1 = 60$ mm	$d_{f2} = 162.62mm$ $h = 4.5mm$ $a = 110.00mm$ 取 $b_1 = 60mm$ $b_2 = 56mm$
4. 校核齿根弯曲疲劳强度 $$\sigma_F = \frac{2KT_1}{bm_n d_1} Y_{Fa} Y_{Sa} Y_\varepsilon Y_\beta \leqslant [\sigma_F]$$ （1）确定验算公式中各参数 1）小、大齿轮的弯曲疲劳极限 σ_{Flim1} 及 σ_{Flim2} 由图4-11c：$\sigma_{Flim1} = 620MPa$，$\sigma_{Flim2} = 450MPa$ 2）弯曲寿命系数 Y_{N1}、Y_{N2} 由图4-9：$Y_{N1} = 0.86$，$Y_{N2} = 0.88$ 3）尺寸系数 Y_X 由图4-10：$Y_X = 1$ 4）计算小、大齿轮的许用弯曲应力 $[\sigma_{F1}]$、$[\sigma_{F2}]$ 查表4-4：最小安全系数 $S_{Fmin} = 1.25$ $$[\sigma_{F1}] = \frac{\sigma_{Flim1} Y_{N1} Y_X}{S_{Fmin}} = \frac{620MPa \times 0.86 \times 1}{1.25} = 427MPa$$ $$[\sigma_{F2}] = \frac{\sigma_{Flim2} Y_{N2} Y_X}{S_{Fmin}} = \frac{450MPa \times 0.88 \times 1}{1.25} = 317MPa$$ 5）当量齿数 z_{v1}、z_{v2} $$z_{v1} = \frac{z_1}{\cos^3\beta} = \frac{25}{\cos^3 17.34°} = 28.74$$ $$z_{v2} = \frac{z_2}{\cos^3\beta} = \frac{80}{\cos^3 17.34°} = 91.98$$ 6）当量齿轮的端面重合度 $\varepsilon_{\alpha v}$	 $\sigma_{Flim1} = 620MPa$ $\sigma_{Flim2} = 450MPa$ $[\sigma_{F1}] = 427MPa$ $[\sigma_{F2}] = 317MPa$ $z_{v1} = 28.74$ $z_{v2} = 91.98$

（续）

设计项目及依据	设计结果
$\varepsilon_{\alpha v} = \left[1.88 - 3.2\left(\dfrac{1}{z_{v1}} + \dfrac{1}{z_{v2}}\right)\right]\cos\beta$ $= \left[1.88 - 3.2\left(\dfrac{1}{28.74} + \dfrac{1}{91.98}\right)\right]\cos 17.34° = 1.66$	$\varepsilon_{\alpha v} = 1.66$

7）重合度系数 Y_ε

$$Y_\varepsilon = 0.25 + \frac{0.75}{\varepsilon_{\alpha v}} = 0.25 + \frac{0.75}{1.66} = 0.70$$

$Y_\varepsilon = 0.70$

8）螺旋角系数 Y_β

纵向重合度 $\varepsilon_\beta = \dfrac{b\sin\beta}{\pi m_n} = \dfrac{55 \times \sin 17.34°}{\pi \times 2} = 2.6 > 1$

$$Y_{\beta min} = 1 - 0.25\varepsilon_\beta = 1 - 0.25 \times 1 = 0.75$$

当 $\varepsilon_\beta \geqslant 1$ 时，按 $\varepsilon_\beta = 1$ 计算，即

$$Y_\beta = 1 - \varepsilon_\beta \frac{\beta°}{120°} = 1 - 1 \times \frac{17.34°}{120°} = 0.86 > Y_{\beta min}$$

$Y_\beta = 0.86$

9）齿形系数 Y_{Fa1}、Y_{Fa2}

由当量齿数 $z_{v1} = 28.74$、$z_{v2} = 91.98$（前面计算得），查图 4-7，$Y_{Fa1} = 2.57$；$Y_{Fa2} = 2.21$

$Y_{Fa1} = 2.57$
$Y_{Fa2} = 2.21$

10）应力修正系数 Y_{Sa1}、Y_{Sa2}

由当量齿数 $z_{v1} = 28.74$、$z_{v2} = 91.98$，查图 4-8，$Y_{Sa1} = 1.60$；$Y_{Sa2} = 1.78$

$Y_{Sa1} = 1.60$
$Y_{Sa2} = 1.78$

（2）校核计算

因大小齿轮所受的弯曲应力不同，许用弯曲应力也不同，因此大小齿轮必须分别校核：

$$\sigma_{F1} = \frac{2 \times 1.307 \times 9.948 \times 10^4}{55 \times 2 \times 52.38} \times 2.57 \times 1.60 \times 0.70 \times 0.89$$

$$= 115.62 \text{ MPa} \leqslant [\sigma_{F1}]$$

$\sigma_{F1} \leqslant [\sigma_{F1}]$

$$\sigma_{F2} = \sigma_{F1}\frac{Y_{Fa2}Y_{Sa2}}{Y_{Fa1}Y_{Sa1}} = 115.62 \text{MPa} \times \frac{2.21 \times 1.78}{2.57 \times 1.60}$$

$$= 110.61 \text{ MPa} \leqslant [\sigma_{F2}]$$

$\sigma_{F2} \leqslant [\sigma_{F2}]$
弯曲强度满足

5. 静强度校核

传动平稳，无严重过载，故不需静强度校核

4.7.2 齿轮结构设计及工艺性分析

1. 结构设计及分析

强度计算只是计算出齿轮的主要几何尺寸：齿顶圆直径、分度圆直径、齿根圆直径、齿宽，其他尺寸的确定和齿轮采用何种结构是齿轮结构设计的内容。

结构根据经验设计，表4-10给出了常见圆柱齿轮结构形式及尺寸计算的经验公式，考虑方便加工及测量，经验公式计算的数据必须圆整为整数。如果有实际设计经验，也可自行设计，表4-10给出的齿轮结构形式及尺寸计算的经验公式仅供参考。

（1）小齿轮结构设计 参考表4-10，因小齿轮的分度圆直径 d_{a1} = 56.38mm，即 <160mm，应采用实心轮；但因没有设计轴，不知是否为齿轮轴，结构设计略。

（2）大齿轮结构设计 参考表4-10，因齿顶圆直径 d_{a2} = 171.62mm，大于160mm，但小于500mm，故选用辐板（孔板）式结构。再根据图可以计算相关的结构尺寸。

内孔应在轴的强度计算及结构设计后再确定，本题因没进行轴的设计，此处假定为 $\phi 45$ mm。

$D_1 = 1.6 \times 45\text{mm} = 72\text{ mm}$，取 $\delta_0 = 10\text{mm}$（也可取其他数，必须大于8mm）。

$D_2 = 171.62\text{mm} - 2h - 2\delta_0 = 171.62\text{mm} - 2 \times 4.5\text{mm} - 2 \times 10\text{mm} = 142.62\text{mm}$，取整数，并按习惯取偶数，即取 $D_2 = 142\text{mm}$。

$D_0 = 0.5(D_1 + D_2) = 0.5 \times (72 + 148)\text{mm} = 110\text{mm}$。

$L = b_2 = 56\text{mm}$。

$d_0 = (0.25 \sim 0.35)(D_2 - D_1) = (0.25 \sim 0.35) \times (148 - 72)\text{mm} = (19 \sim 26.6)\text{mm}$，本例题取为偶数22mm，当然不是唯一的；$c \approx (0.2 \sim 0.3)b \approx (0.2 \sim 0.3) \times 55\text{mm} \approx 11 \sim 16.5\text{mm}$，本例题取12mm；取 $r = 5\text{mm}$；倒角取大一点的值，取 $C = 2\text{mm}$。

2. 零件工作图绘制

大齿轮零件工作图的绘制包括以下主要内容：

（1）视图 因为齿轮属于盘类零件，与带轮、链轮、蜗轮等零件相同，视图选择只需两视图即可表达清楚，零件图按国家标准《机械制图》的规定画出。如果是齿轮轴，则与轴类零件图相似，为了表达齿形的有关特性及参数必要时应画出局部剖视图。

（2）标注尺寸 各径向尺寸以齿轮孔中心线为基准（齿轮轴则以轴心线为基准），齿宽方向以端面为基准标注尺寸。分度圆直径为设计的基本尺寸，应标注出准确值（至少精确到小数点后面2位），顶圆直径、全齿高是加工的主要尺寸，也应标注出准确值，至少精确到小数点后面2位。根圆直径不标注（给出全齿高或齿顶高系数后加工时自然形成），如果标注则说明有特殊要求。

（3）标出尺寸及公差

1）齿轮的轴孔。齿轮的轴孔是加工、测量和装配的重要基准，尺寸精度要求较高，应根据装配图上标定的配合性质和公差精度等级进行标注。本例是一般减速器，采用平键连接，因此轴孔配合多常用基孔制、过渡配合，本例采用 $\phi45\dfrac{H7}{k6}$。因此齿轮零件图孔的公差为 0 及 0.025，标注为 $\phi45^{+0.025}_{0}$，如图 4-19 所示。

2）齿顶圆尺寸偏差。如按 GB/T 10095.1—2001 标准规定，齿顶圆不作为测量基准时（一般为 $m(m_n) \leqslant 5mm$ 的情况）按 11 级标准公差取，即 IT11。本例 $m = 2mm$，因此齿顶圆直径公差按 IT11 给出，经查齿顶圆 $d_{a2} = 171.62mm$ 时 IT11 为 0.25mm，但标准规定不大于 $0.1m_n$，即 0.2mm，因此本例取 0.2mm，即齿顶圆上偏差为零、下偏差为 -0.2mm，如图 4-19 的标注 $\phi171.62.00^{0}_{-0.2}$。或由用户与齿轮生产厂家具体商定齿顶圆尺寸偏差。

3）轮毂槽。轮毂槽宽度尺寸 b、$(d + t_1)$ 以及它们的极限偏差值可按 GB/T 1095—2003、GB/T 1096—2003 查取。普通平键：轴孔直径为 $\phi45$mm 时，键宽（即轮毂槽宽）$b = 14mm$，轮毂槽宽度公差按正常连接、毂 JS9，即 $14 \pm 0.021mm$；毂槽深 $t_1 = 3.8mm$，因此 $(d + t_1) = 45mm + 3.8mm = 48.8mm$，按公差值 $^{+0.2}_{0}$ 标注，即 $48.8^{+0.2}_{0}$，如图 4-19 所示。

（4）标出几何公差　轮坯的几何公差对齿轮类零件的传动精度要求有很大影响，故需按工作要求标注出必要的项目。轮坯几何公差主要包括：

1）齿轮齿顶圆的径向圆跳动公差。根据 7 级精度以及分度圆直径 $d_2 = 167.62$mm，查表 4-11，得齿坯径向跳动公差值为 0.022mm。标注如图 4-19 所示。

2）齿轮端面的端面圆跳动公差。根据 7 级精度以及分度圆直径 $d_2 = 167.62mm$，查表 4-11，得齿坯端面跳动公差值为 0.022mm，标注如图 4-19 所示。

3）轮毂槽的对称度公差。根据轮毂槽宽 14mm 及 7 级精度齿轮可查 GB/T 1182—2008，得对称度公差为 0.008mm，标注如图 4-19 所示。

（5）标出表面粗糙度　圆柱齿轮各表面粗糙度值根据其功能并结合加工方法确定，标注如图 4-19 所示。

（6）编写啮合特性表　啮合特性表是齿轮零件工作图不可缺少的内容，包括加工齿轮和检测齿轮所必需的参数，主要包括：

1）加工齿轮的基本参数。模数 $m(m_n)$、齿数 z、压力角 α、齿顶高系数 h_a^*、变位系数 x。

2）中心距及极限偏差。根据计算的中心距为 $a = 110mm$，极限偏差查表 4-12 为 $110mm \pm 0.027mm$。

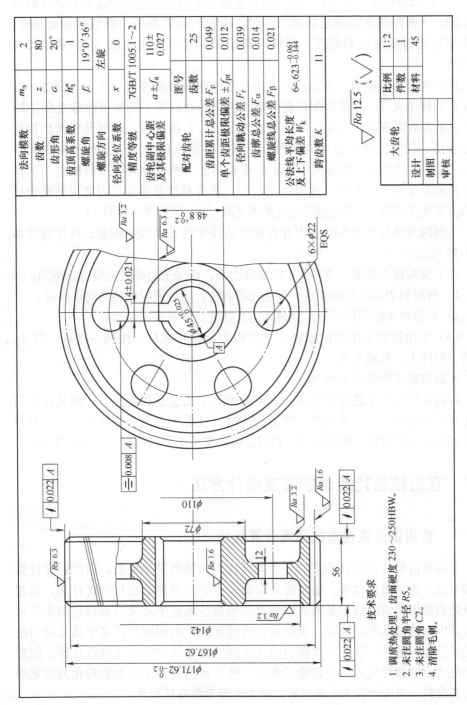

法向模数	m_n	2
齿数	z	80
齿形角	α	20°
齿顶高系数	h_a^*	1
螺旋角	β	19°0′36″
螺旋方向		左旋
径向变位系数	x	0
精度等级		7GB/T 1005.1~2
齿轮副中心距及其极限偏差		110 ± 0.027
配对齿轮	图号	
	齿数	25
齿距累计总公差 F_p		0.049
单个齿距极限偏差 $\pm f_{pt}$		0.012
径向跳动公差 F_r		0.039
齿廓总公差 F_α		0.014
螺旋线总公差 F_β		0.021
公法线平均长度及其上下偏差 W_k		$6\times 6.623^{-0.061}_{-0.144}$
跨齿数 K		11

$\sqrt{Ra\,12.5}\ (\sqrt{\ })$

大齿轮	比例	1:2
	件数	1
	材料	45
设计		
制图		
审核		

技术要求
1. 调质热处理，齿面硬度 230~250HBW。
2. 未注圆角半径 R5。
3. 未注圆角 C2。
4. 清除毛刺。

图 4-19　大斜齿轮零件图

3）检测齿轮的主要参数。设计齿轮的精度等级必须通过一定的检测手段进行检测，才能确保达到规定的精度等级。齿轮的精度等级一般包括运动精度、工作平稳性精度和接触精度，圆柱齿轮检验项目可参考文献［2］表 D.2 ~ 表 D.5。

此外为了补偿制造、安装误差及热变形，保证齿侧存有一定的润滑油，以保证齿轮转动灵活，还应检测齿侧间隙，齿轮传动的最小侧隙可参考文献［2］D.6 的推荐数据查取；在中心距一定的情况下，齿侧间隙是用减薄轮齿齿厚的方法获得。控制齿厚的方法有两种：控制齿厚极限偏差（一般用于模数大于5mm，此时齿比较大，能够便于测量）或控制公法线平均长度极限偏差（通常用于模数小于或等于5mm，此时齿比较小，不容易测量齿厚，因此用测量公法线的方法便于测量）。其检测方法可参考文献［2］表 D.8 ~ 表 D.11。

本例因为模数小于5mm，因此控制公法线平均长度极限偏差，具体标注如图 4-19 所示。

（7）编写技术要求　编写图中没表现出来，而加工时必需的项目，例如：

1）对材料表面性能的要求，如热处理方法，热处理后应达到的硬度值。

2）对图中未标明的圆角、倒角尺寸及其他特殊要求的说明等。

（8）画出齿轮工作图标题栏　主要内容包括：名称、比例、材料、图号、日期、设计人、审阅人等。

大斜齿轮零件如图 4-19 所示。

斜齿轮的加工工艺过程基本与直齿轮的加工工艺过程相同，区别就在于斜齿轮相对于轴倾斜了一个角度，因此切齿时刀具需要倾斜一个角度，其余与直齿轮的加工工艺过程卡的编制完全相同，可参考4.6 节的内容，此处不再重复。

4.8　直齿锥齿轮传动的强度设计方法

4.8.1　直齿锥齿轮传动的强度计算概述

直齿锥齿轮从大端到小端的分度圆直径和模数都是变化的，因此强度计算比较复杂。为了简化计算，通常按其齿宽中点处当量齿轮进行强度计算，齿宽中点处当量齿轮的模数就是齿宽中点处的模数、齿宽中点处当量齿轮的半径就是齿宽中点处背锥的母线长。也就是直齿圆锥齿轮的强度与齿宽中点处的当量齿轮等强度。这样，就可以直接引用直齿圆柱齿轮的相应公式进行计算，但需要将公式中的参数代入当量齿轮的参数，然后将当量齿轮的参数转化为齿宽中点处的参数，进而转化为大端参数，因为大端参数容易测量。

1. 标准直齿锥齿轮传动几何关系及计算公式

标准直齿锥齿轮传动几何关系如图 4-20 所示，其主要几何计算公式见表 4-16，锥齿轮的标准模数（大端模数）系列见表 4-17。

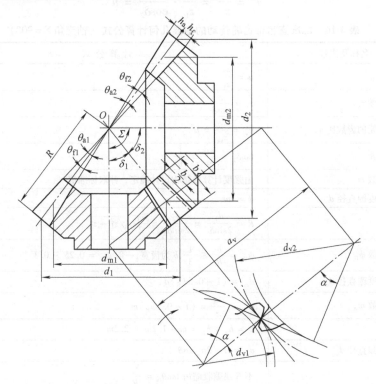

图 4-20　标准直齿锥齿轮传动几何关系（轴交角 $\Sigma = 90°$）

2. 齿宽中点处的当量齿轮

如图 4-20 所示，将圆锥齿轮齿宽中点处的背锥展成平面扇形，并取锥齿轮平均模数 m_m 和标准压力角 α，将两扇形补足为完整的圆柱齿轮，该直齿圆柱齿轮即为齿宽中点处的当量齿轮。引入齿宽系数 $\psi_R = b/R$，可得当量齿轮与锥齿轮大端面之间的参数关系。

（1）当量齿轮分度圆直径

$$d_{v1} = d_{m1}/\cos\delta_1 = d_1(1 - 0.5\psi_R)/\cos\delta_1$$
$$d_{v2} = d_{m2}/\cos\delta_2 = d_2(1 - 0.5\psi_R)/\cos\delta_2$$

（2）当量齿数

$$z_{v1} = z_1/\cos\delta_1$$
$$z_{v2} = z_2/\cos\delta_2$$

（3）当量齿轮的模数

101

$$m_{\mathrm{m}} = m(1 - 0.5\psi_{\mathrm{R}})$$

（4）当量齿轮的齿数比

$$u_{\mathrm{v}} = \frac{z_{\mathrm{v2}}}{z_{\mathrm{v1}}} = \frac{z_2}{z_1} \cdot \frac{\cos\delta_1}{\cos\delta_2} = u^2$$

表 4-16　标准直齿锥齿轮传动的主要几何计算公式（轴交角 $\Sigma = 90°$）

名称及代号	计算公式
齿数比 u	$u = \dfrac{z_2}{z_1}$
当量齿数 z_{v}	$z_{\mathrm{v}} = \dfrac{z}{\cos\delta}$
当量齿轮的齿数比 u_{v}	$u_{\mathrm{v}} = \dfrac{z_{\mathrm{v2}}}{z_{\mathrm{v1}}} = u^2$
分锥角 δ	$\tan\delta_1 = \dfrac{z_1}{z_2} = \dfrac{1}{u}$
大端模数 m	由强度计算或结构设计确定，并取标准值
大端分度圆直径 d	$d = mz$
锥距 R	$R = \dfrac{d_1}{2\sin\delta_1} = \dfrac{d_2}{2\sin\delta_2} = \dfrac{m}{2}\sqrt{z_1^2 + z_2^2}$
齿宽系数 ψ_{R}	$\psi_{\mathrm{R}} = \dfrac{b}{R} \leqslant \dfrac{1}{3}$，$b$ 为齿宽，一般 $\psi_{\mathrm{R}} = 0.25 \sim 0.3$
平均分度圆直径 d_{m}	$d_{\mathrm{m}} = (1 - 0.5\psi_{\mathrm{R}})d$
平均模数 m_{m}	$m_{\mathrm{m}} = \dfrac{d_{\mathrm{m}}}{z} = (1 - 0.5\psi_{\mathrm{R}})m$
齿高 h	$h = h_{\mathrm{a}} + h_{\mathrm{f}} = m + 1.2m = 2.2m$
大端顶圆直径 d_{a}	$d_{\mathrm{a}} = d + 2h_{\mathrm{a}}\cos\delta$
齿顶角 θ_{a}	不等顶隙收缩齿 $\tan\theta_{\mathrm{a}} = \dfrac{h_{\mathrm{a}}}{R}$ 等顶隙收缩齿 $\theta_{\mathrm{a1}} = \theta_{\mathrm{f2}}$，$\theta_{\mathrm{a2}} = \theta_{\mathrm{f1}}$
齿根角 θ_{f}	$\tan\theta_{\mathrm{f}} = \dfrac{h_{\mathrm{f}}}{R}$
顶锥角 δ_{a}	不等顶隙收缩齿 $\delta_{\mathrm{a1}} = \delta_1 + \theta_{\mathrm{a1}}$，$\delta_{\mathrm{a2}} = \delta_2 + \theta_{\mathrm{a2}}$ 等顶隙收缩齿 $\delta_{\mathrm{a1}} = \delta_1 + \theta_{\mathrm{f2}}$，$\delta_{\mathrm{a2}} = \delta_2 + \theta_{\mathrm{f1}}$
根锥角 δ_{f}	$\delta_{\mathrm{f1}} = \delta_1 - \theta_{\mathrm{f1}}$，$\delta_{\mathrm{f2}} = \delta_2 - \theta_{\mathrm{f2}}$

表 4-17　锥齿轮模数系列　　　　　　　　　　　　　（单位：mm）

1	1.125	1.25	1.375	1.5	1.75	2	2.25	2.5	2.75	3	45	3.5	3.75	4	4.5	5	5.5　6
6.5	7	8	9	10	11	12	14	16	18	20							

4.8.2　直齿锥齿轮传动的弯曲疲劳强度计算

直齿锥齿轮传动的强度计算可依据其齿宽中点的当量齿轮套用直齿圆柱齿轮的强度计算公式得到。但考虑齿面接触区长短对应力的影响，取有效宽度为 $0.85b$。

1. 轮齿弯曲疲劳强度的验算公式

$$\sigma_F = \frac{4.7KT_1}{\psi_R(1-0.5\psi_R)^2 z_1^2 m^3 \sqrt{u^2+1}} Y_{Fa} Y_{Sa} Y_\varepsilon \leqslant [\sigma_F]$$

2. 轮齿弯曲疲劳强度的设计公式

$$m \geqslant \sqrt[3]{\frac{4.7KT_1}{\psi_R(1-0.5\psi_R)^2 z_1^2 [\sigma_F] \sqrt{u^2+1}} Y_{Fa} Y_{Sa} Y_\varepsilon}$$

3. 直齿圆锥齿轮弯曲疲劳强度计算中参数的选择和注意问题

（1）齿宽系数 $\psi_R = b/R$　由于锥齿轮两端轴承很难对称布置，多为悬臂，载荷分布不均现象较为严重，因此，宽度 b 不能过大，一般取齿宽系数 $\psi_R = 0.25 \sim 0.35$，最常用的值为 1/3。

（2）齿形系数 Y_{Fa} 和应力修正系数 Y_{Sa}　在选取这两个系数时，按当量齿数 $z_v = z/\cos\delta$ 分别查图 4-21 和图 4-22。

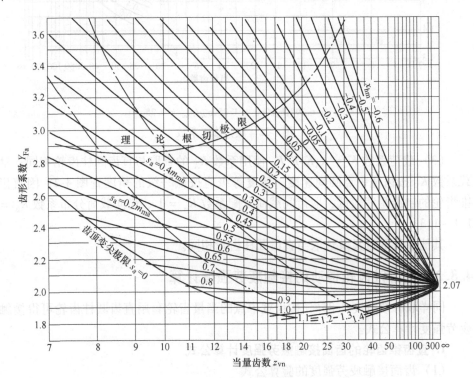

$$\alpha = 20°, h_{an}/m_m = 1, h_{a0}/m_m = 1.25, \rho_{a0}/m_m = 0.25$$

式中：h_{a0}—刀具齿顶高；ρ_{a0}—刀具齿顶圆角半径；

图中：x_{hm}—高度平均变位系数；s_a—齿顶厚；m_{mn}—平均法面模数

图 4-21　齿形系数

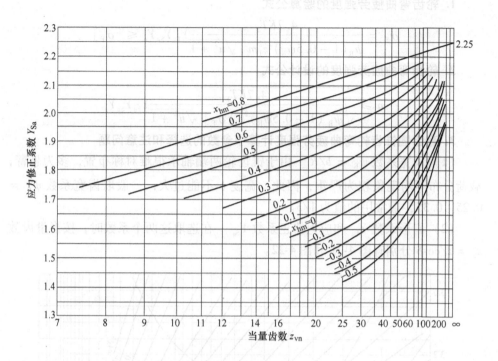

$$\alpha = 20°, h_{a0}/m_m = 1.25, \rho_{a0}/m_m = 0.25$$

图 4-22 应力修正系数

（3）载荷系数 $K = K_A K_V K_\alpha K_\beta$ 使用系数 K_A 的查取与直齿圆柱齿轮相同；动载系数 K_V 按齿宽中点圆周速度，精度等级应按低一级的精度查图 4-2；因直齿锥齿轮的制造精度较低，取齿间载荷分配系数 $K_\alpha = 1$、齿向载荷分布系数 $K_\beta = 1.1 \sim 1.3$。

其他参数的意义及选取与直齿圆柱齿轮相同。

4.8.3 直齿锥齿轮传动的接触疲劳强度计算

同样取有效宽度 $0.85b$，按齿宽中点的当量齿轮套用直齿圆柱齿轮可得接触疲劳强度计算公式。

1. 直齿锥齿轮的齿面接触疲劳强度计算公式

（1）齿面接触疲劳强度的验算公式

$$\sigma_H = Z_E Z_H Z_\varepsilon \sqrt{\frac{4.7KT_1}{\psi_R(1 - 0.5\psi_R)^2 d_1^3 u}} \leqslant [\sigma_H]$$

（2）齿面接触疲劳强度的设计公式

$$d_1 \geqslant \sqrt[3]{\frac{4.7KT_1}{\psi_R (1 - 0.5\psi_R)^2 u} \left(\frac{Z_E Z_H Z_\varepsilon}{[\sigma_H]}\right)^2}$$

2. 直齿锥齿轮齿面接触疲劳强度计算中参数的选择和注意问题

（1）节点区域系数 Z_H　按 $\beta = 0$、$\alpha_n = 20°$ 查图 4-14。

（2）重合度系数 Z_ε　可套用直齿圆柱齿轮的公式，但按当量齿轮重合度 $\varepsilon_{\alpha v}$ 计算。

弹性系数 Z_E、许用接触应力 $[\sigma_H]$、接触疲劳极限应力 σ_{Hlim} 与直齿圆柱齿轮相同。

4.9　直齿锥齿轮传动的设计实例及工艺分析

4.9.1　设计计算过程及分析

设计图 4-23 所示闭式直齿锥齿轮减速器的锥齿轮传动，该传动轴交角 90°；小齿轮悬臂支撑，大齿轮两端支承，传递功率 $P = 7.5\mathrm{kW}$，小齿轮转速 $n_1 = 960\mathrm{r/min}$，传动比 $i = 2.5$，电动机驱动，单向运转，单班制工作，使用寿命 10 年，小批量生产。

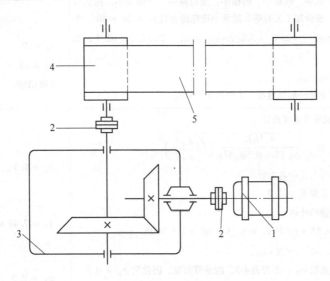

图 4-23　锥齿轮设计实例运动简图

1—电动机　2—联轴器　3—减速器　4—鼓轮　5—传送带

该设计实例的详细设计过程及结果列于表 4-18。

表 4-18　直齿锥齿轮设计计算过程及结果

设计项目及依据	设计结果
1. 选择材料、齿数及精度等级 （1）材料 常用的齿轮材料是优质碳素钢、合金结构钢等，考虑是一般减速器，强度、速度和精度要求不高的一般机械传动，为了减少造价，因此选用软齿面 由于小齿轮轮齿工作次数较多，为使大小齿轮尽量等寿命，应使其小齿轮齿面硬度比大齿轮的硬度高出 $30 \sim 50$ HBW，可通过采用不同种材料同一热处理，或采用同一种材料不同的热处理方法来达到硬度差。本题采用了前一种方法，选择小齿轮材料为 40Cr，调质处理，齿面平均硬度 $\mathrm{HBW_1} = 280$HBW；大齿轮选用 45 钢，调质处理，平均硬度为 240HBW 两齿轮齿面硬度差 $\mathrm{HBW_1} - \mathrm{HBW_2} = 280\mathrm{HBW} - 240\mathrm{HBW} = 40\mathrm{HBW}$，在 $30 \sim 50$ HBW 范围内 （2）初选齿数 对于闭式软齿面齿轮传动，主要失效形式是齿面疲劳点蚀，传动尺寸主要取决于齿面接触疲劳强度，而齿根弯曲疲劳强度往往比较富裕，这时，在传动尺寸不变并满足弯曲疲劳强度的条件下，应选小模数、多齿数，这样，有利于增大重合度，提高运动的平稳性，而且还会减小滑动系数，提高传动效率。模数小，齿槽小，全齿高小，切削量小，延长刀具的使用寿命，减少加工工时等，通常小齿轮的齿数 $z_1 = 20 \sim 40$，本题初选小齿轮齿数 $z_1 = 25$；大齿轮齿数 $z_2 = uz_1 = 25 \times 2.5 = 62.5$，取 $z_2 = 63$ （3）精度等级 由表 4-8，考虑是一般减速器，本例取 8 级精度	小齿轮 40Cr 调质 $\mathrm{HBW_1} = 280$HBW 大齿轮 45 调质 $\mathrm{HBW_2} = 240$HBW $z_1 = 25$ $z_2 = 63$ 8 级精度
2. 按齿面接触疲劳强度设计 代入公式：$d_1 \geqslant \sqrt[3]{\dfrac{4.7KT_1}{\psi_\mathrm{R}(1 - 0.5\psi_\mathrm{R})^2 u}\left(\dfrac{Z_\mathrm{E}Z_\mathrm{H}Z_\varepsilon}{[\sigma_\mathrm{H}]}\right)^2}$ （1）确定设计公式中各参数 1）初选载荷系数 $K_t = 1.3$ 2）小齿轮传递的转矩 $\quad T_1 = 9.55 \times 10^6 P/n_1 = 9.55 \times 10^6 \times 7.5/960\,\mathrm{N \cdot mm}$ $\quad\quad = 7.46 \times 10^4\,\mathrm{N \cdot mm}$ 3）选取齿宽系数 ψ_R：参考表 4-9，因悬臂布置，因此取 $\psi_\mathrm{R} = 0.3$ 4）弹性系数 Z_E：查表 4-5：$Z_\mathrm{E} = 189.8\sqrt{\mathrm{MPa}}$ 5）小、大齿轮的接触疲劳极限 σ_Hlim1、σ_Hlim2 查图 4-13c：$\sigma_\mathrm{Hlim1} = 750\mathrm{MPa}$，$\sigma_\mathrm{Hlim2} = 580\mathrm{MPa}$ 6）应力循环次数	$K_t = 1.3$ $T_1 = 7.46 \times 10^4\,\mathrm{N \cdot mm}$ $\psi_\mathrm{R} = 0.3$ $Z_\mathrm{E} = 189.8\sqrt{\mathrm{MPa}}$ $\sigma_\mathrm{Hlim1} = 750\mathrm{MPa}$ $\sigma_\mathrm{Hlim2} = 580\mathrm{MPa}$

（续）

设计项目及依据	设计结果

$N_{L1} = 60\gamma n_1 t_h = 60 \times 1 \times 960 \times 8 \times 300 \times 10 = 1.38 \times 10^9$

$\qquad N_{L2} = N_1/u = 1.38 \times 10^9/2.5 = 5.52 \times 10^8$

$N_{L1} = 1.38 \times 10^9$

$N_{L2} = 5.52 \times 10^8$

7）接触寿命系数 Z_{N1}、Z_{N2}

查图 4-12：$Z_{N1} = 0.91$，$Z_{N2} = 0.96$

$Z_{N1} = 0.91$

$Z_{N2} = 0.96$

8）计算许用接触应力 $[\sigma_{H1}]$、$[\sigma_{H2}]$

按一般可靠度考虑，查表 4-4，接触强度最小安全系数 $S_{Hmin} = 1$，则

$S_{Hmin} = 1$

$$[\sigma_{H1}] = \frac{\sigma_{Hlim1} Z_{N1}}{S_{Hmin}} = \frac{740 \times 0.91}{1} = 673\text{MPa}$$

$[\sigma_{H1}] = 673\text{MPa}$

$$[\sigma_{H2}] = \frac{\sigma_{Hlim2} Z_{N2}}{S_{Hmin}} = \frac{580 \times 0.96}{1} = 557\text{MPa}$$

$[\sigma_{H2}] = 557\text{MPa}$

9）计算端面重合度 ε_α

小齿轮分锥角：$\tan\delta_1 = \dfrac{1}{u} = \dfrac{1}{2.5}$

当量齿数：$z_{v1} = \dfrac{z_1}{\cos\delta_1} = \dfrac{25}{\cos\arctan(1/2.5)} = 26.93$

$Z_{v1} = 26.93$

$$z_{v2} = \frac{z_2}{\cos\delta_2} = \frac{63}{\cos\arctan 2.5} = 67.85$$

$Z_{v2} = 67.85$

$$\varepsilon_\alpha = \left[1.88 - 3.2\left(\frac{1}{z_{v1}} + \frac{1}{z_{v2}}\right)\right]\cos\beta$$

$$= \left[1.88 - 3.2\left(\frac{1}{26.93} + \frac{1}{67.85}\right)\right]\cos 0° = 1.71$$

$\varepsilon_\alpha = 1.71$

10）计算重合度系数 Z_ε

$$Z_\varepsilon = \sqrt{\frac{4 - \varepsilon_\alpha}{3}} = \sqrt{\frac{4 - 1.71}{3}} = 0.87$$

注：作为锥齿轮，也可以忽略重合度的影响，直接取 $Z_\varepsilon = 1$

$Z_\varepsilon = 0.87$

（或取为 1）

11）节点区域系数 Z_H：查图 4-14，$Z_H = 2.5$

$Z_H = 2.5$

（2）设计计算

1）试算小齿轮分度圆直径 d_{1t}

为了安全起见，取大小齿轮许用值小的代入公式，即取：$[\sigma_H] = [\sigma_{H2}] = 557\text{MPa}$

$$d_{1t} \geqslant \sqrt[3]{\frac{4.7KT_1}{\psi_R(1 - 0.5\psi_R)^2 u}\left(\frac{Z_E Z_H Z_\varepsilon}{[\sigma_{H2}]}\right)^2}$$

$$= \sqrt[3]{\frac{4.7 \times 1.3 \times 7.46 \times 10^4}{0.3(1 - 0.5 \times 0.3)^2 \times 2.5}\left(\frac{189.8 \times 2.5 \times 0.87}{557}\right)^2}\text{mm}$$

$$= 77.29\text{mm}$$

$d_{1t} = 77.29\text{mm}$

2）计算圆周速度 v

$d_{m1} = (1 - 0.5\psi_R)d_1 = (1 - 0.5 \times 0.3) \times 77.29\text{mm} = 65.70\text{mm}$

设计项目及依据	设计结果
$v = \dfrac{\pi d_{m1} n_1}{60 \times 1000} = \dfrac{\pi \times 65.70 \times 960}{60 \times 1000} \text{m/s} = 3.30\text{m/s}$	$v = 3.30\text{m/s}$
	$v < 10$ m/s 合格
因 $v < 10$ m/s，选 7 级精度合格	
3）计算载荷系数 K	
查表 4-2 得使用系数 $K_A = 1$；根据 $v = 3.30$ m/s，8 级精度查图 4-4 得	$K_A = 1$
动载系数 $K_v = 1.18$；假设为单齿对啮合，通常取齿间载荷分配系数	$K_v = 1.18$
$K_\alpha = 1$	$K_\alpha = 1$
查图 4-5 齿向载荷分布系数，按悬臂布置，查曲线 4，$K_\beta = 1.2$，则	$K_\beta = 1.2$
$K = K_A K_v K_\alpha K_\beta = 1 \times 1.18 \times 1 \times 1.2 = 1.416$	$K = 1.416$
4）校正分度圆直径 d_1：$d_1 = d_{1t} \sqrt[3]{K/K_t} = 77.29\text{mm} \times \sqrt[3]{1.416/1.3} =$	$d_1 = 79.52\text{mm}$
79.52 mm	
3. 主要几何尺寸计算	
1）计算大端模数 m	
$m = d_1/z_1 = 79.52\text{mm}/25 = 3.18\text{mm}$	
查表 4-17 锥齿轮模数系列，取 $m = 3$mm	$m = 3\text{mm}$
2）计算大端分度圆直径 d_1、d_2	
	$d_1 = 75$ mm
$d_1 = mz_1 = 3 \times 25 = 75$ mm	
$d_2 = mz_2 = 3 \times 63 = 189$ mm	
3）锥距 R	$d_2 = 189$ mm
查表 4-16 标准锥齿轮传动几何计算，代入公式有	
$R = \dfrac{m}{2} \sqrt{z_1{}^2 + z_2{}^2} = \dfrac{3\text{mm}}{2} \sqrt{25^2 + 63^2} = 101.67\text{mm}$	$R = 101.67\text{mm}$
4）小齿轮分锥角 δ_1	
$\delta_1 = \arctan \dfrac{1}{u} = \arctan \dfrac{25}{63} = 21.64°$	$\delta_1 = 21.64°$
5）全齿高 h	
查表 4-16 标准锥齿轮传动几何计算，代入公式：	
$h = h_a + h_f = m + 1.2m = 2.2m = 2.2 \times 3\text{mm} = 6.6\text{mm}$	$h = 6.6$ mm
注：此处锥齿轮齿根高 $h_f = 1.2m$，而不是圆柱齿轮的 $h_f = 1.25m$。	
6）大端顶圆直径 d_a	$d_{a1} = 80.58\text{mm}$
$d_{a1} = d + 2h_a \cos\delta_1 = 75\text{mm} + 2 \times 3\text{mm}\cos21.64° = 80.58\text{mm}$	$d_{a2} = 191.21\text{mm}$
$d_{a2} = d_2 + 2h_a \cos\delta_2 = 189\text{mm} + 2 \times 3\text{mm}\sin21.64° = 191.21\text{mm}$	
4. 校核齿根弯曲疲劳强度	
$\sigma_F = \dfrac{4.7KT_1}{\psi_R(1 - 0.5\psi_R)^2 z_1{}^2 m^3 \sqrt{u^2 + 1}} Y_{Fa} Y_{Sa} Y_\varepsilon \leqslant [\sigma_F]$	
（1）确定验算公式中各参数	
1）小、大齿轮的弯曲疲劳极限 σ_{Flim1}、σ_{Flim2}	

（续）

设 计 项 目 及 依 据	设 计 结 果
查图4-11c，σ_{Flim1}、$= 620MPa$，σ_{Flim2}、$= 450MPa$	$\sigma_{Flim1} = 620MPa$
2）弯曲寿命系数 Y_{N1}、Y_{N2}	$\sigma_{Flim2} = 450MPa$
查图4-9，$Y_{N1} = 0.91$，$Y_{N2} = 0.9$	$Y_{N1} = 0.91$
3）尺寸系数 Y_X	$Y_{N2} = 0.9$
查图4-10，因为模数 $m = 3mm$，$Y_X = 1$	$Y_X = 1$
4）计算许用弯曲应力 $[\sigma_{F1}]$、$[\sigma_{F2}]$	
查表4-4，最小安全系数 $S_{Fmin} = 1.25$	
许用弯曲应力公式：$[\sigma_F] = \dfrac{\sigma_{Flim} Y_N Y_X}{S_{Fmin}}$，大小齿轮许用弯曲应力不同，因此需要分别求出：	
$[\sigma_{F1}] = \dfrac{\sigma_{Flim1} Y_{N1} Y_X}{S_{Fmin}} = \dfrac{620MPa \times 0.91 \times 1}{1.25} = 451MPa$	$[\sigma_{F1}] = 451MPa$
$[\sigma_{F2}] = \dfrac{\sigma_{Flim2} Y_{N2} Y_X}{S_{Fmin}} = \dfrac{450MPa \times 0.9 \times 1}{1.25} = 324MPa$	$[\sigma_{F2}] = 324MPa$
5）重合度系数 Y_ε	
$Y_\varepsilon = 0.25 + \dfrac{0.75}{\varepsilon_\alpha} = 0.25 + \dfrac{0.75}{1.71} = 0.69$	$Y_\varepsilon = 0.69$
6）齿形系数 Y_{Fa1}、Y_{Fa2}	
按当量齿数 $z_{v1} = 26.93$、$z_{v2} = 67.85$，查图4-21 有	$Y_{Fa1} = 2.7$
$\qquad Y_{Fa1} = 2.7, Y_{Fa2} = 2.21$	$Y_{Fa2} = 2.21$
7）应力修正系数 Y_{Sa1}、Y_{Sa2}	
按当量齿数 $z_{v1} = 26.93$、$z_{v2} = 67.85$，查图4-22 有	$Y_{Sa1} = 1.67$
$\qquad Y_{Sa1} = 1.67, Y_{Sa2} = 1.86$	$Y_{Sa2} = 1.86$
（2）校核计算	
大小齿轮所受的弯曲应力不同，因此需要分别求出：	
$\sigma_{F1} = \dfrac{4.7KT_1}{\psi_R(1 - 0.5\psi_R)^2 z_1^2 m^3 \sqrt{u^2 + 1}} Y_{Fa1} Y_{Sa1} Y_\varepsilon$	$\sigma_{F1} = 155.77MPa$
$= \dfrac{4.7 \times 1.416 \times 7.46 \times 10^4}{0.3(1 - 0.5 \times 0.3)^2 \times 25^2 \times 3^3 \times \sqrt{\left(\dfrac{63}{25}\right)^2 + 1}}$ $\times 2.6 \times 1.62 \times 0.69MPa = 155.77MPa$	
而许用应力 $[\sigma_{F1}] = 451MPa$，所以 $\sigma_{F1} = 155.77MPa < [\sigma_{F1}] = 451MPa$	$\sigma_{F2} = 142.01MPa$ 弯曲强度满足要求
$\sigma_{F2} = \sigma_{F1} \dfrac{Y_{Fa2} Y_{Sa2}}{Y_{Fa1} Y_{Sa1}} = 155.77MPa \times \dfrac{2.21 \times 1.86}{2.7 \times 1.67} = 142.01MPa$	
而许用应力 $[\sigma_{F2}] = 324MPa$，所以 $\sigma_{F2} = 142.01MPa < [\sigma_{F2}] = 324MPa$	
5. 静强度校核 传动平稳，无严重过载，故不需静强度校核	

4.9.2 锥齿轮结构设计及工艺性分析

1. 结构设计及工艺性分析

强度计算只是计算出齿轮的主要几何尺寸：齿顶圆直径、分度圆直径、齿根圆直径、齿宽，其他尺寸的确定和齿轮采用何种结构是齿轮结构设计的内容。结构设计根据经验及结构工艺等进行设计，表4-19给出了常见锥齿轮结构形式及尺寸计算的经验公式，考虑方便加工及测量，经验公式计算的数据必须圆整为整数。如果有实际设计经验，也可自行设计，表4-19给出的齿轮结构形式及尺寸计算的经验公式仅供参考。

表4-19　圆锥齿轮结构形式及尺寸计算

名称	结构形式	使用条件
齿轮轴	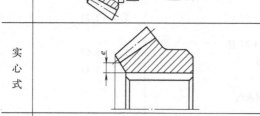	对于直径较小的钢制锥齿轮，当小端齿根圆到轮毂槽顶部的距离 $e < 1.6m$ 时，可将齿轮和轴做成一体，称为齿轮轴，这时齿轮与轴必须采用同一种材料制造 也可按经验公式，即小端顶圆直径 $d_a < 2d_S$ 时做成齿轮轴，d_S 为相邻轴径
实心式		当齿顶圆直径 $d_a \le 160$ mm 时，齿轮可做成图示的实心结构，或根据实际情况定
腹板或孔板轮		为节省材料减轻重量，当齿顶圆直径 $200\text{mm} \le d_a \le 500$ mm 时，通常采用辐板式。考虑加工夹紧及搬运需要通常在辐板上开4~6个孔（工艺孔），毛坯常用锻造，批量小用自由锻（如图）；批量大常用模锻，需有拔模斜度。尺寸由经验公式计算： $D_3 \approx 1.6D_4$，$n_1 \approx 0.5m$，$r \approx 5$ mm，D_1、D_2 由结构定 $l \approx (1 \sim 1.2D_4)$，$C = (3 \sim 4)m$，常用齿轮的 C 值不应小于10mm，航空用齿轮可取 $C = 3 \sim 6$mm。 J 由结构设计而定。$\Delta_1 = (0.1 \sim 0.2)B$ 以上经验公式计算的尺寸必须圆整为整数以便于加工与测量

（1）小齿轮结构设计及工艺分析　参考表 4-19，因小齿轮的分度圆直径 d_{a1} = 80.58mm，即 <160mm，应采用实心轮；对于直径较小的钢制锥齿轮，当小端齿根圆到轮毂槽顶部的距离 e < 1.6m 时，则齿轮进行热处理工艺时，由于尺寸 e 很小，因此该处冷却速度比齿轮其他部分更快，从而可能造成齿根与轮毂槽顶部处发生裂纹。此时可将齿轮和轴做成一体，称为齿轮轴，这时齿轮与轴必须采用同一种材料制造，如表 4-19 所示。但本例因没有设计轴，不知是否为齿轮轴，但通常小锥齿轮是齿轮轴，此处结构设计略。

（2）大齿轮结构设计及工艺性分析　因齿顶圆直径 d_{a2} = 191.21mm，参考表 4-19，大于 160mm，但小于 500mm，为了减轻齿轮的重量，在制造工艺方面通常采用辐板式（没有工艺孔）的结构。为了在加工齿轮时便于装夹，同时考虑搬运齿轮方便，辐板式齿轮如果尺寸允许时，最好加工成工艺孔，如表 4-15 所示，称孔板结构的齿轮。

如果是单件生产或小批量生产，为了简化工艺及提高齿轮的性能，通常采用锻造的方法加工齿轮，也称锻造齿轮。本例为小批量生产，因此采用锻造齿轮。

再根据表 4-19 所给的经验数据可以计算相关的结构尺寸：内孔本应由轴的强度计算及结构设计后再确定，本题因没进行轴的设计，此处假定为 ϕ45 mm；D_3 = 1.6 × 45 = 72 mm，取 d_3 =75mm；$l \approx (1 \sim 1.2)D_4 \approx 1.1 \times 45$mm = 49.5mm，取 l = 50mm；δ_1 = 21.64°，δ_2 = 90° − 21.64° = 68.36° = 68°21′36″。

取 D_0 = 110mm，工艺孔取 4 个，ϕ25mm。倒角取 C1.5。

2. 零件工作图绘制及工艺性分析

本例以大齿轮零件工作图为例，说明零件工作图的绘制过程与方法。零件工作图应包括以下主要内容：

（1）视图　因为锥齿轮也属于盘类零件，与带轮、链轮、蜗轮等零件相同，视图选择只需两视图即可表达清楚，零件图按国家标准《机械制图》的规定画出。如果是齿轮轴，则与轴类零件图相似，为了表达齿形的有关特性及参数必要时应画出局部剖视图。

（2）标注尺寸　各径向尺寸以齿轮孔中心线为基准（齿轮轴则以轴心线为基准），齿宽方向以端面为基准标注尺寸。分度圆直径为设计的基本尺寸，应标注出准确值（至少精确到小数点后面 3 位），齿顶圆直径、全齿高是加工的主要尺寸，也应标注出准确值，至少精确到小数点后面 3 位。齿根圆直径不标注（给出全齿高或齿顶高系数后加工时自然形成），如果标注则说明有特殊要求。

（3）标出尺寸及公差

1）齿轮的轴孔。齿轮的轴孔是加工、测量和装配的重要基准，尺寸精度要求较高，应根据装配图上标定的配合性质和公差精度等级进行标注。本例是一般减速器，采用平键连接，因此轴孔配合多常用基孔制、过渡配合，本例采用 $\phi 45\dfrac{H7}{k6}$。因此齿轮零件图孔的公差按 H7 查 GB/T1800.2，标出其极限偏差值为 $\phi 45_{\ 0}^{+0.025}$，在图样上的标注如图 4-24 所示。

2）齿顶圆尺寸偏差。对 7、8 级齿轮：齿顶圆直径公差上偏差为 0、下偏差按 IT8 给出。再参考 GB/T1800.2，当 $d_{a2} = 191.21\text{mm}$ 时 IT8 = 0.072mm。因此标注为 $\phi 191.21_{-0.072}^{\ \ 0}$，如图 4-24 所示。

3）轮毂槽。轮毂槽宽度尺寸 b、$(d + t_1)$ 以及它们的极限偏差值按 GB/T 1095—2003、GB/T 1096—2003 查取。普通平键：轴孔直径为 $\phi 45\,\text{mm}$ 时，键宽（即轮毂槽宽）$b = 14\text{mm}$，轮毂槽宽度公差按正常连接、毂 JS9，即 $14 \pm 0.021\,\text{mm}$；毂槽深 $t_1 = 3.8\text{mm}$，因此 $(d + t_1) = 45\text{mm} + 3.8\text{mm} = 48.8\text{mm}$。公差值按 $_{0}^{+0.2}$ 标注，即 $48.8_{\ 0}^{+0.2}$，在图样上的标注如图 4-24 所示。

（4）标出几何公差 轮坯的几何公差对齿轮类零件的传动精度要求有很大影响，故需按工作要求标注出必要的项目。轮坯几何公差主要包括：

1）齿轮齿顶圆的径向圆跳动公差。参考表 4-20：根据 8 级精度以及分度圆直径 $d_{a2} = 191.21\,\text{mm}$，因此齿坯径向跳动公差值为 0.022mm。标注如图 4-24 所示。

表 4-20　齿坯基准面径向跳动[①]和端面圆跳动公差　　　（单位：μm）

分度圆直径/mm	精 度 等 级		
到	5、6	7、8	9、10
125	11	18	28
400	14	22	36
800	20	32	50
1600	28	45	71

① 当以顶圆作基准面时，本表就指顶圆的径向跳动。

2）齿轮端面的端面圆跳动公差。参考表 4-20，根据 8 级精度以及分度圆直径 $d_2 = 189\,\text{mm}$，因此齿坯端面跳动公差值为 0.022mm，标注如图 4-24 所示。

3）轮毂槽的对称度公差。参考 GB/T1184，根据轮毂槽宽 14mm 及 8 级精度齿轮可查得对称度公差为 0.02mm，标注如图 4-24 所示。

（5）标出表面粗糙度。圆柱齿轮各表面粗糙度值根据其功能并结合加工方法确定，标注如图 4-24 所示。

（6）编写啮合特性表。啮合特性表是齿轮零件工作图不可缺少的内容，包括加工齿轮和检测齿轮所必需的参数，主要包括：

1）加工齿轮的基本参数。模数 $m(m_n)$、齿数 z、压力角 α、齿顶高系数 h_a^*、变位系数 x。

模数	m	3
齿数	z_2	63
齿形角	α	20°
分度圆直径	d_2	189
分锥角	δ	68°21'36"
根锥角	δ_f	69°41'
锥距	R	101.67
齿全高	h	6.6
轴交角	Σ	90°
齿数	z_1	25
精度等级	8cGB11365—1989	
配对齿轮	图号	
	齿数	
公差组	检验项目	公差值
I	F_p	0.045
II	f_{pt}	±0.014
III	接触斑点	齿高不少于55% 齿长不少于50%
	大端分度圆齿厚 $\bar{s}$	$4.71^{-0.054}_{-0.139}$
	大端分度圆齿高 $\bar{h}_a$	3.029

技术条件

1. 调质,硬度为230~250HBW。
2. 未注明圆角 $R3$。
3. 未注明倒角 $C1.5$。

$\sqrt{Ra\ 12.5}$ $(\sqrt{})$

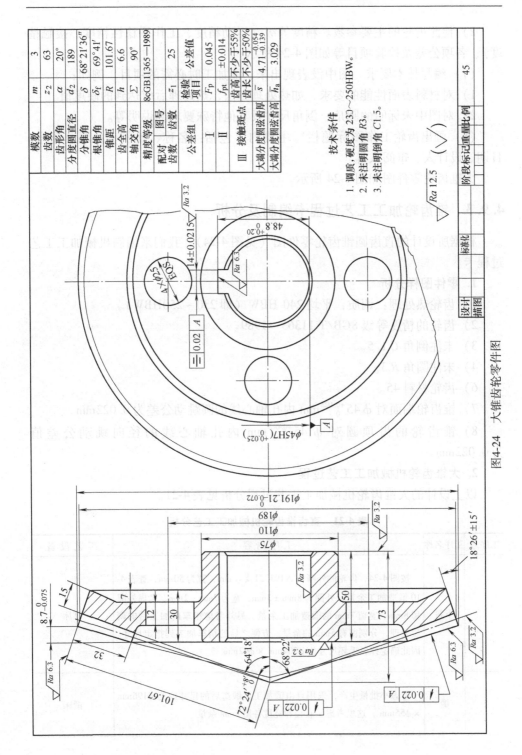

| 设计 | | | | 标准化 | | 阶段标记 重量 比例 | | | 45 |
| 描图 | | | | | | | | | |

图4-24 大锥齿轮零件图

113

2）检测齿轮的主要参数。精度等级（运动精度、工作平稳性精度、接触精度）、各项公差及检验项目等如图 4-24 所示。

（7）编写技术要求　图中没表现出来，而加工时必需的项目，例如：

1）对材料表面性能的要求，如热处理方法，热处理后应达到的硬度值。

2）对图中未标明的圆角、倒角尺寸及其他特殊要求的说明等。

（8）画出齿轮工作图标题栏　主要内容包括：名称、比例、材料、图号、日期、设计人、审阅人等。

大锥齿轮零件图如图 4-24 所示。

4.9.3　锥齿轮加工工艺过程卡编制及分析

根据所设计的直齿圆锥齿轮零件图（见图 4-24），我们来编制机械加工工艺过程卡。

1. 零件图样分析

1）齿轮热处理：调质，平均 240 HBW（即 230～250HBW）。

2）齿轮的精度等级 8GB/T 11365—1989。

3）未注倒角 $C\,1.5$。

4）未注圆角 $R\,3$。

6）齿轮材料 45。

7）锥齿轮端面对 $\phi 45^{+0.025}_{0}$ mm 内孔轴心线的圆跳动公差为 0.022mm。

8）锥齿轮的齿顶圆对 $\phi 45^{+0.025}_{0}$ mm 内孔轴心线的径向跳动公差值为 0.022mm。

2. 大锥齿轮机械加工工艺过程

以上设计的大锥齿轮机械加工工艺过程分析见表 4-21。

表 4-21　直齿锥齿轮机械加工工艺分析

工序号	工序名称	工序内容	工艺设备
1	下料	按图 4-24，齿轮的外圆为 $\phi 191.21^{\ 0}_{-0.22}$ mm，宽为 50mm，查表 4-10 锻造加工余量，外圆为 8mm±3mm，宽为 7mm±2mm。考虑外圆留 8mm、宽留 7mm 的锻造加工余量。另外考虑粗车削加工后的调质处理，分别留有 5mm 的余量，方便之后的精车加工到指定尺寸。因此确定棒料毛坯尺寸为 $\phi 204$mm × $\phi 62$mm	锯床
2	锻	考虑小批量生产，采用自由锻加工。锻造后的尺寸应为 $\phi 196$mm × $\phi 55$mm，这里考虑了直径和宽度各留 5mm 余量	锻床

（续）

工序号	工序名称	工序内容	工艺设备
3	粗车	夹工件的一端，车另一端，车端面。车 $\phi75$mm、长 20mm，钻 $\phi25$mm 孔 掉头夹，车另一端面。粗加工齿轮外圆和端面至 $\phi194$mm $\times \phi53$mm，车内孔至 $\phi45^{+0.1}_{0}$mm，粗车其他各部分尺寸，这里留有 3mm 的余量，以便粗车后调质热处理及精加工余量	C6140A
4	调质	按零件图要求，调质处理硬度为 230 ~ 250HBW。由于齿轮的工作条件不同，热处理出来的表面硬度也不同，本设计例题是减速器用齿轮，为了降低造价，采用软齿面，调质（淬火加高温回火）后一次切齿即为成品 虽然齿轮经过淬火能明显提高齿面硬度（一般在 45HRC 以上），但是需要磨齿等精加工，加工费用要高出好多倍。只有要求高精度齿轮的情况，例如汽车齿轮，由于受力较大、受冲击较频繁的原因，常采用 20CrMnTi，经过淬火后表面硬度可达 58 ~ 62HRC，以提高耐磨性和疲劳抗力	热处理炉
5	精车	精加工齿轮外圆及端面，加工到图样规定的尺寸。直径和宽度为 $\phi191.21^{0}_{-0.072}$mm $\times \phi50$mm；精车内孔至 $\phi45^{+0.025}_{0}$mm。精车端面等各部分尺寸到图样规定的精度 本例是软齿面齿轮，不需要磨削，因此不需再留加工余量了。如果是硬齿面高精度齿轮，后续还需要磨削，还需留 0.2 ~ 0.3mm 的余量，以方便磨削获得更高的精度要求	C6140A
6	划线	划 14mm ± 0.0215mm 轮毂槽线	
7	插	以 $\phi191.21^{0}_{-0.072}$mm 外圆及一个端面定位，按线找正，装夹工件。插轮毂槽至图样要求的尺寸 14 ± 0.0215mm，保证与轴线对称	组合夹具
8	刨齿	以 $\phi45^{+0.025}_{0}$mm 的孔定位装夹工件，精刨齿 $m = 3$ mm，$z = 63$，$\alpha = 20°$ 至图样尺寸要求	Y236
9	检验	按图样检验工件各部分尺寸及精度。	
10	入库	涂油入库	

3. 工艺分析

（1）加工工艺过程　齿轮根据其结构、精度等级及生产批量的不同，机械加工工艺过程也不相同。但基本工艺路线大致相同，即毛坯制造及热处理→齿坯加工→齿形加工→齿部淬火→精基准修正→齿形精加工。

（2）锥齿轮传动的精度等级及应用　国家标准 GB/T 11365—1989《锥齿轮和准双曲面齿轮精度》规定了锥齿轮及齿轮副的误差、定义、代号、精度等级、齿坯要求、检验与公差、侧隙和图样标注。

标准 GB/T 11365 对齿轮及齿轮副规定了 12 个精度等级，按精度高低依次为 1~12 级，6~9 级是常用精度级。

将齿轮及齿轮副的公差项目分成三个公差组：第 I 公差组（传递运动的准确性：限制齿轮在一转范围内平均传动比的变化量，要求从动轮在一转范围内，最大转角误差在一定值内，以保证传递运动的准确性）、第 II 公差组（限制齿轮在一个齿距范围内瞬时传动比的变化量，要求一个齿距角中最大的转角误差小于给定的公差，从而减小冲击、振动和噪声）、第 III 公差组（载荷分布的均匀性：限制啮合过程中实际啮合面积的大小，要求齿轮啮合时，齿面接触良好，工作齿面上的载荷分布均匀，避免载荷集中、点蚀、磨损甚至断齿等影响齿轮寿命的现象发生）。根据使用要求，允许各公差组选用不同的精度等级，但对齿轮副中大、小齿轮的同一公差组，规定同一精度等级。

锥齿轮精度应根据传动用途、使用条件、传递的功率、圆周速度以及其他技术要求决定。锥齿轮 II 组公差的精度主要根据圆周速度决定，I 组公差精度和 III 组公差精度可以与 II 组公差精度相同，也可以不同：但第 I 组公差精度等级不得高于第 II 组和第 III 组公差精度等级，第 II 组公差精度等级不得高于第 III 组公差精度等级。

锥齿轮传动精度的详细内容及检测组可参考文献［2］D.2。

（3）本例齿轮的精度分析　精度选择：参考表 4-8，工作机为一般工作机，速度不高，传动装置属于一般用途减速器，精度等级为 7~9 级，又假设齿轮的圆周速度小于 10m/s，，则选 7、8、9 级精度均可，本例选用 8 级精度（第 II 组精度），其他两组精度——I 组公差精度（传递运动的准确性）以及 III 组公差精度（载荷分布的均匀性）也取 8 级精度，3 种精度都为 8 级，在图样的啮合特性表中简写成 8 GB/T 11365—1989。

本例齿侧间隙见参考文献［2］表 D.23 及图 D.2，选 c 种，在图样中标注为 8c GB/T 11365—1989，见图 4-24 中的啮合特性表。大锥齿轮其余各公差及精度标注可参考文献［2］表 D.2 部分，此处不再赘述。

第 5 章　蜗杆传动设计与工艺性分析

5.1　概述

蜗杆传动由一个带有螺纹的蜗杆和一个带有齿的蜗轮组成，如图 5-1 所示，用于传递两交错轴之间的回转运动和动力，为了便于加工通常两轴的交角为 90°。蜗杆传动 广泛应用于各种机器和仪器设备中，传动中一般蜗杆为主动件，蜗轮为从动件。

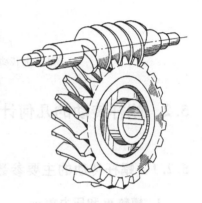

图 5-1　蜗杆传动

1. 蜗杆传动的特点

（1）传动比大　蜗杆传动单级传动比大，例如机床的分度机构传动比可达 1000，因此，可实现大的减速、大的增大转矩的作用。

（2）传动平稳、噪声小　由于蜗杆轮齿是连续不断的螺旋齿，它与蜗轮轮齿是逐渐进入啮合、逐渐脱离啮合，故传动平稳、噪声小。

（3）结构紧凑　在实现同样传动比的情况下，是结构最紧凑的传动件。

（4）自锁性好　当蜗杆的导程角小于当量摩擦角时可实现反向自锁，即具有自锁性。

（5）效率低　因为传动时啮合齿面间相对滑动速度大，故摩擦损失大，效率低。所以在传动设计时需要考虑散热问题；蜗杆传动不宜用于大功率传动（尤其在大传动比时）。但为了减轻齿面的磨损及防止胶合，蜗轮一般使用贵重的减摩材料制造，故成本高。对制造和安装误差较为敏感，安装时对中心距的尺寸精度要求较高。

2. 蜗杆传动的类型

按蜗杆母线形状可分为三种：圆柱蜗杆、锥面蜗杆、圆弧面蜗杆，如图 5-2 所示。由于圆柱蜗杆便于加工，因此在工程上广泛应用。

圆柱蜗杆又根据加工刀具位置不同，分为阿基米德蜗杆、法向直廓蜗杆（延伸渐开线蜗杆）和渐开线蜗杆。阿基米德蜗杆用得最广泛，也称普通蜗杆传动，本文仅介绍阿基米德蜗杆传动。

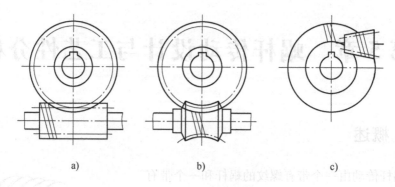

图 5-2　蜗杆传动的类型

a) 圆柱蜗杆传动　b) 环面蜗杆传动　c) 锥面蜗杆传动

5.2　蜗杆传动的几何计算

5.2.1　蜗杆传动的主要参数

1. 模数 m 和压力角 α

蜗杆的轴向模数和蜗轮的端面模数相等且均取为标准模数，即：$m_x = m_t = m$，普通圆柱蜗杆传动的标准模数见表 5-1。

阿基米德（ZA 型）蜗杆的轴向压力角等于蜗轮的端面压力角，等于标准压力角，即：$\alpha_x = \alpha_t = 20°$。

表 5-1　普通圆柱蜗杆常用基本参数及其与蜗轮参数的匹配

中心距 a/mm	模数 m/mm	分度圆直径 d_1/mm	$m^2 d_1$ /mm³	蜗杆头数 z_1	直径系数 q	分度圆导程角 γ	蜗轮齿数 z_2	变位系数 x_2
50 (63) (80)	2.5	28	175	1	11.20	5°06′08″	29 (39) (53)	-0.100 (+0.100) (-0.100)
				2		10°07′29″		
				4		19°39′14″		
				6		28°10′43″		
100		45	281.25	1	18.00	3°10′47″	62	0
63 (80) (100)	3.15	35.5	352.25	1	11.27	5°04′15″	29 (39) (53)	-0.1349 (+0.2619) (-0.3889)
				2		10°03′48″		
				4		19°32′29″		
				6		28°01′50″		
125		56	555.66	1	17.778	3°13′10″	62	-0.2063

（续）

中心距 a/mm	模数 m/mm	分度圆直径 d_1/mm	$m^2 d_1$ /mm³	蜗杆头数 z_1	直径系数 q	分度圆 导程角 γ	蜗轮齿数 z_2	变位 系数 x_2
80 （100） （125）	4	40	640	1	10.00	5°42′38″	31 （41） （51）	−0.500 （−0.500） （+0.750）
				2		11°18′36″		
				4		21°48′05″		
				6		30°57′50″		
160		70	1136	1	17.75	3°13′28″	62	−0.125
100 （125） （160） （180）	5	50	1250	1	10.00	5°42′38″	31 （41） （53） （61）	−0.500 （−0.500） （+0.500） （+0.500）
				2		11°18′36″		
				4		21°48′05″		
				6		30°57′50″		
200		90	2250	1	18.00	3°10′47″	62	0
125 （160） （180） （200）	6.3	63	2500.47	1	10.00	5°42′38″	31 （41） （48） （53）	−0.6587 （−0.1032） （−0.4286） （+0.2460）
				2		11°18′36″		
				4		21°48′05″		
				6		30°57′50″		
250		112	4445.28	1	17.778	3°13′10″	61	+0.2937
160 （200） （225） （250）	8	80	5120	1	10.00	5°42′38″	31 （41） （47） （52）	−0.500 （−0.500） （−0.375） （+0.250）
				2		11°18′36″		
				4		21°48′05″		
				6		30°57′50″		

注：1. 本表中导程角 γ 小于 3°30′的圆柱蜗杆均为自锁蜗杆。

　　2. 括号中的参数不适用于蜗杆头数为 6 时。

2. 蜗杆分度圆直径 d_1、蜗杆直径系数 q、蜗轮分度圆直径 d_2

在蜗杆传动中，为了保证蜗杆与配对的蜗轮正确啮合，常用与蜗杆具有相同尺寸的蜗轮滚刀来范成加工与其配对的蜗轮。这样，只要有一种尺寸的蜗杆，就需要有一种对应的蜗轮滚刀。对于同一模数，可以有很多不同直径的分度圆直径的蜗杆，因而对每一模数就需要配备很多蜗轮滚刀，这样很不经济。为了限制蜗轮滚刀的数目及便于滚刀的标准化，就对每一标准模数规定了一定数量的蜗杆分度圆直径 d_1。

蜗杆直径 d_1 与模数 m 的比值称为蜗杆的直径系数 q，$q = \dfrac{d_1}{m}$，由于 d_1 与 m 值均为标准值，所以得出的 q 不一定是整数。

蜗轮分度圆直径的确定和齿轮完全相同，即 $d_2 = mz_2$。

3. 传动比 i 和齿数比 u

传动比：$i = \dfrac{n_1}{n_2}$；齿数比：$u = \dfrac{z_2}{z_1}$。

式中　n_1、n_2 ——蜗杆、蜗轮的转速；

　　　z_1、z_2 ——蜗杆、蜗轮的齿数。

当蜗杆为主动时，传动比为 $i = \dfrac{n_1}{n_2} = \dfrac{z_2}{z_1} = u$。

4. 蜗杆分度圆上的导程角 γ

如图 5-3 将分度圆上的螺旋线展开，可知蜗杆分度圆上的导程角 γ 由下式确定：

$$\tan\gamma = \frac{z_1 P_x}{\pi d_1} = \frac{mz_1}{d_1} = \frac{z_1}{q}$$

通常 $\gamma = 3.5° \sim 27°$。

5. 蜗杆传动的滑动速度 v_s

如图 5-4 所示，蜗杆与蜗轮的啮合齿面间会产生很大的齿向相对滑动速度 v_s，v_s 可由下式计算：

$$v_s = \frac{v_1}{\cos\gamma} = \frac{\pi d_1 n_1}{60 \times 1000 \times \cos\gamma}$$

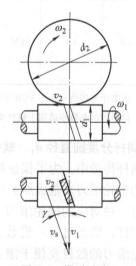

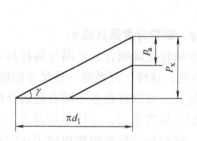

图 5-3　蜗杆螺旋线的几何关系　　　图 5-4　滑动速度

6. 蜗杆传动的啮合效率 η_1

蜗杆主动时啮合效率为 $\eta_1 = \dfrac{\tan\lambda}{\tan(\gamma + \rho_v)}$，式中，$\gamma$ 为蜗杆的导程角，它是

影响啮合效率的主要因素；ρ_v 为当量摩擦角，$\rho_v = \arctan f_v$，f_v 为当量摩擦因数，其值取决于蜗杆、蜗轮的材料及滑动速度 v_s，在润滑条件良好的情况下，v_s 有助于润滑油膜的形成，从而降低 f_v 值，提高传动效率。f_v、ρ_v 的值可查表 5-2。

7. 蜗杆传动的标准中心距 a

蜗杆传动的标准中心距为

$$a = \frac{1}{2}(d_1 + d_2) = \frac{1}{2}(q + z_2)m$$

式中　d_1、d_2——蜗杆、蜗轮的分度圆直径；

　　　　q——蜗杆直径系数；

　　　　z_2——蜗轮的齿数；

　　　　m——蜗杆传动的模数。

表 5-2　蜗杆传动的当量摩擦系数 f_v 和当量摩擦角 ρ_v

蜗轮材料	锡青铜				铝青铜		灰铸铁			
蜗杆齿面硬度	≥45HRC		其他		≥45HRC		≥45HRC		其他	
滑动速度 v_s/（m/s）	f_v[1]	ρ_v[1]	f_v	ρ_v	f_v[1]	ρ_v[1]	f_v[1]	ρ_v[1]	f_v[1]	ρ_v
0.05	0.090	5°09′	0.100	5°43′	0.140	7°58′	0.140	7°58′	0.160	9°05′
0.10	0.080	4°34′	0.090	5°09′	0.130	7°24′	0.130	7°24′	0.140	7°58′
0.25	0.065	3°43′	0.075	4°17′	0.100	5°43′	0.100	5°43′	0.120	6°51′
0.50	0.055	3°09′	0.065	3°43′	0.090	5°09′	0.090	5°09′	0.100	5°43′
1.0	0.045	2°35′	0.055	3°09′	0.070	4°00′	0.070	4°00′	0.090	5°09′
1.5	0.040	2°17′	0.050	2°52′	0.065	3°43′	0.065	3°43′	0.080	4°34′
2.0	0.035	2°00′	0.045	2°35′	0.055	3°09′	0.055	3°09′	0.070	4°00′
2.5	0.030	1°43′	0.040	2°17′	0.050	2°52′	—	—	—	—
3.0	0.028	1°36′	0.035	2°00′	0.045	2°35′	—	—	—	—
4	0.024	1°22′	0.031	1°47′	0.040	2°17′	—	—	—	—
5	0.022	1°16′	0.029	1°40′	0.035	2°00′	—	—	—	—
8	0.018	1°02′	0.026	1°29′	0.030	1°43′	—	—	—	—
10	0.016	0°55′	0.024	1°22′	—	—	—	—	—	—
15	0.014	0°48′	0.020	1°09′	—	—	—	—	—	—
24	0.013	0°45′	—	—	—	—	—	—	—	—

① 列内数值对应蜗杆齿面粗糙度轮廓算术平均偏差 Ra 值为 1.6～0.4μm，经过仔细跑合，正确安装，并采用黏度合适的润滑油进行充分润滑的情况

5.2.2 蜗杆传动的几何尺寸计算

1. 主要几何尺寸计算

普通圆柱蜗杆传动的几何尺寸如图 5-5 所示，主要几何尺寸计算公式见表 5-3 及表 5-4。

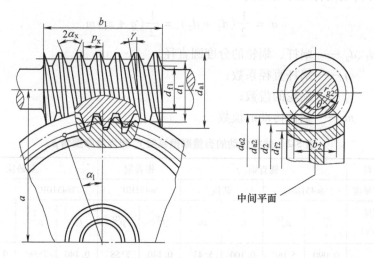

图 5-5 普通圆柱蜗杆传动的几何尺寸

表 5-3 普通圆柱蜗杆传动的主要几何尺寸计算公式

名　　称	符号	公　　式
蜗杆轴向模数或蜗轮端面模数	m	由强度条件确定，取标准值（表 5-1）
中心距	a	$a = (d_1 + mz_2)/2$（变位传动，$a' = a + x_2m$，下同）
传动比	i	$i = n_1/n_2 = z_2/z_1$
蜗杆轴向齿距	p_{x1}	$p_{x1} = \pi m$
蜗杆导程	l	$l = z_1 p_{x1}$
蜗杆分度圆柱导程角	γ	$\tan\gamma = mz_1/d_1$
蜗杆分度圆直径	d_1	d_1 与 m 匹配，由表 5-1 取标准值，$d'_1 = d_1 = mq(d'_1 = d_1 + 2x_2m)$
蜗杆压力角	α	$\alpha = \alpha_{x1} = 20°$（阿基米德蜗杆），其他蜗杆 $\alpha = \alpha_n = 20°$
蜗杆齿顶高	h_{a1}	$h_{a1} = h_a^* m$
蜗杆齿根高	h_{f1}	$h_{f1} = (h_a^* + c^*)m$
蜗杆齿全高	h_1	$h_1 = h_{a1} + h_{f1} = (2h_a^* + c^*)m$
齿顶高系数	h_a^*	一般 $h_a^* = 1$，短齿 $h_a^* = 0.8$
顶隙系数	c^*	一般 $c^* = 0.2$
蜗杆齿顶圆直径	d_{a1}	$d_{a1} = d_1 + 2h_{a1} = d_1 + 2h_a^* m$
蜗杆齿根圆直径	d_{f1}	$d_{f1} = d_1 - 2h_{f1} = d_1 - 2m(h_a^* + c^*)$

（续）

名　　称	符号	公　　式
蜗轮分度圆直径	d_2	$d_2 = mz_2$，$d'_2 = d_2$（此式对变位传动也适用）
蜗轮齿顶高	h_{a2}	$h_{a2} = h_a^* m$（$h_{a2} = (h_a^* + x_2)m$）
蜗轮齿根高	h_{f2}	$h_{f2} = (h_a^* + c^*)m$（$h_{f2} = (h_a^* + c^* - x_2)m$）
蜗轮齿顶圆直径	d_{a2}	$d_{a2} = d_2 + 2h_a^* m$（$d_{a2} = d_2 + 2(h_a^* + x_2)m$）
蜗轮齿根圆直径	d_{f2}	$d_{f2} = d_2 - 2m(h_a^* + c^*)$（$d_{f2} = d_2 - (2h_a^* + c^* - x_2)m$）
蜗轮齿宽	b_2	由设计确定
蜗轮齿宽角	θ	$\sin(\theta/2) = b_2/d_1$
蜗轮咽喉母圆半径	r_{g2}	$r_{g2} = a - d_{a2}/2$

表 5-4　蜗杆螺纹部分长度 b_1、蜗轮外径 d_{e2} 及蜗轮宽度 B 的计算公式

	普通圆柱蜗杆传动	圆弧圆柱蜗杆传动
b_1	$z_1 = 1,2:b_1 \geqslant (11 + 0.06z_2)m$； $z_1 = 3,4:b_1 \geqslant (12.5 + 0.09z_2)m$。 磨削蜗杆加长量： $m < 10mm$，$\Delta b_1 = 15 \sim 25mm$； $m = 10 \sim 14mm$，$\Delta b_1 = 35mm$； $m \geqslant 16mm$ 时，$\Delta b_1 = 50mm$	$z_1 = 1,2:x_2 < 1,b_1 \geqslant (12.5 - 0.1z_2)m$， 　　　　$x_2 \geqslant 1,b_1 \geqslant (13 - 0.1z_2)m$； $z_1 = 3,4:x_2 < 1,b_1 \geqslant (13.5 - 0.1z_2)m$， 　　　　$x_2 \geqslant 1,b_1 \geqslant (14 - 0.1z_2)m$； 磨削蜗杆加长量：$m \leqslant 6mm$，加长 $20mm$； 　　　　　　　　$m = 7 \sim 9mm$，加长 $30mm$； 　　　　　　　　$m = 10 \sim 14mm$，加长 $40mm$； 　　　　　　　　$m = 16 \sim 25mm$，加长 $50mm$
d_{e2}	$z_1 = 1:d_{e2} = d_{a2} + 2m$； $z_1 = 2 \sim 3:d_{e2} = d_{a2} + 1.5m$； $z_1 = 4 \sim 6:d_{e2} = d_{a2} + m$，或按结构设计	$d_{a2} \leqslant d_{a2} + (0.8 \sim 1)m$
B	$z_1 \leqslant 3$ 时，$B \leqslant 0.75d_{a1}$；$z_1 = 4 \sim 6$ 时， $B \leqslant 0.67d_{a1}$	$B = (0.67 \sim 0.7)d_{a1}$

2. 蜗杆传动的变位简介

变位蜗杆传动主要用于配凑中心距或改变传动比，使之符合推荐值。变位方法即不改变刀具尺寸，利用刀具相对蜗轮毛坯的径向位移来实现变位。但是在蜗杆传动中，由于蜗杆的齿廓形状和尺寸要与加工蜗轮的滚刀形状和尺寸相同，所以为了保持刀具尺寸不变，蜗杆尺寸是不能变动的，因而只能对蜗轮进行变位。其变位特点是蜗杆变位前后齿顶圆、齿根圆、分度圆、齿厚的尺寸不变，变位后分度圆与节圆不重合；蜗轮变位前后节圆与分度圆始终重合，其他尺寸有变化。

（1）调整中心距而不改变传动比的变位　这种变位前后蜗轮齿数保持不变，即 $z_2' = z_2$，而传动的中心距发生变化，即 $a' \neq a$，变位后蜗杆与蜗轮的节圆直径分别为

$$d_1' = d_1 + 2mx_2$$
$$d_2' = d_2 = mz_2$$

变位后的中心距 a' 为

$$a' = a + x_2 m = \frac{d_1' + d_2'}{2} = \frac{m}{2}(q + 2x_2 + z_2)$$

据此可求出变位系数 x_2 为

$$x_2 = \frac{a' - a}{m} = \frac{a'}{m} - \frac{q + z_2}{2}$$

a'、z_2' 分别为变位后的中心距和蜗轮齿数，x_2 为蜗轮变位系数。

蜗轮变位系数常用范围为 $-0.5 \leqslant x_2 \leqslant +0.5$。

（2）调整传动比而不改变中心距的变位　这种变位前后传动的中心距保持不变，即 $a' = a$，而蜗轮齿数发生变化，即 $z_2' \neq z_2$，通常将蜗轮齿数增加或减小一二个齿，这时，传动的啮合节点发生了改变，中心距可表示为

$$a' = \frac{d_1' + d_2'}{2} = \frac{m}{2}(q + 2x_2 + z_2') = a = \frac{m}{2}(q + z_2)$$

故 $z_2' = z_2 - 2x_2$

则 $x_2 = \dfrac{z_2 - z_2'}{2}$

5.3　蜗杆传动的失效形式及设计准则

蜗杆传动的失效形式与齿轮传动相同，有疲劳点蚀、胶合、磨损、轮齿折断等，但因蜗杆和蜗轮轴线互相垂直，因而齿面间相对滑动速度大，效率低，发热量大。因而蜗杆传动更容易发生胶合和磨损失效。由于蜗杆的齿是连续的螺旋齿，且其材料的强度比蜗轮高，所以失效一般发生在蜗轮齿上。

对闭式传动，主要形式是胶合和疲劳点蚀，设计准则是按蜗轮齿面的接触疲劳强度进行设计，校核齿根弯曲疲劳强度。另外还应进行热平衡计算以防止胶合失效。当蜗杆轴细长且支承跨距大时，还应进行蜗杆轴的刚度计算。

对开式传动，主要形式是蜗轮齿面磨损和轮齿折断，因此应按蜗轮齿根的

弯曲疲劳强度进行设计。

5.4　蜗杆传动的受力分析

分析思路：蜗杆蜗轮相啮合，作用到齿宽中点处的法向力 F_n 无法求解，因此通常将其分解为几个分力，其中有一个分力为圆周力 F_t（即切向力），圆周力可通过小齿轮的转矩 T_1 除以小齿轮分度圆半径求得，而小齿轮的转矩 T_1（N·mm）又可通过小齿轮的输入功率 P(kW) 和转速 n(r/min) 求得，即 $T_1 = 9.55 \times 10^6 \dfrac{P}{n_1}$，再将除圆周力外其他几个分力转变为圆周力的函数，这样就求出各分力的值代替总法向力 F_n 了。

1. 力的大小

图 5-6 所示是以右旋蜗杆为主动件，并沿图示的方向旋转时，蜗杆、蜗轮齿面上的受力情况。设法向力 F_n 集中作用在节点 P 处，F_n 可分解为 3 个正交力：圆周力、轴向力和径向力，蜗杆上分别为 F_{t1}、F_{a1}、F_{r1}；蜗轮上分别为 F_{t2}、F_{a2}、F_{r2}。当蜗杆轴与蜗轮轴的轴交角为 90° 时，由力的作用与反作用原理可知，F_{t1} 与 F_{a2}，F_{a1} 与 F_{t2}，F_{r1} 与 F_{r2} 分别为大小相等、方向相反的力。各力大小可按下列各式计算，单位均为 N。

$$F_{t1} = F_{a2} = \frac{2T_1}{d_1}$$

$$F_{t2} = F_{a1} = \frac{2T_2}{d_2}$$

$$F_{r1} = F_{r2} = F_{t2}\tan\alpha$$

$$T_2 = T_1 i\eta = 9.55 \times 10^6 \frac{P}{n} \times i \times \eta$$

$$F_n = \frac{F_{t2}}{\cos\alpha_n\cos\gamma} = \frac{2T_2}{d_2\cos\alpha_n\cos\gamma}$$

式中　T_1、T_2——蜗杆、蜗轮的转矩（N·mm）。

2. 力的方向

蜗杆上圆周力、径向力和蜗轮上径向力方向的判别，方法与直齿圆柱齿轮传动相同；蜗杆上的轴向力的方向取决于其螺旋线的旋向和蜗杆的转动方向，可按"主动轮右（左）手法则"确定，右旋用右手，左旋用左手，如图 5-6 所示。蜗轮上圆周力、轴向力的方向分别与蜗杆上轴向力、圆周力方向相反。蜗轮的转动方向与 F_{t2} 的方向一致。

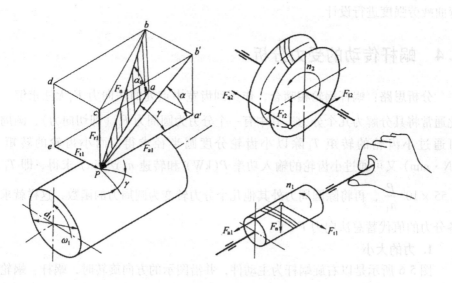

图 5-6 蜗杆传动的受力分析

5.5 蜗杆传动的强度计算简介

因蜗轮材料比蜗杆材料软，强度弱，因此失效通常发生在蜗轮，只需计算蜗轮的强度即可。闭式蜗杆传动的强度主要取决于蜗轮轮齿的齿面接触疲劳强度和齿根弯曲疲劳强度；开式传动仅取决于蜗轮轮齿的齿根弯曲疲劳强度。

1. 蜗轮齿面接触疲劳强度计算

蜗杆传动在中间平面类似于斜齿轮与斜齿条的传动，故可依据赫兹接触应力公式仿照斜齿轮的分析方法计算蜗轮齿面的接触应力，并对其进行限制，以防止点蚀的发生。但与齿轮不同的是，齿轮按接触疲劳强度求出小齿轮分度圆直径（或中心距）的设计式；而蜗杆传动通常求出中心距或 $m^2 d_1$ 的设计式，本书方法是求出中心距，然后再求出 m 和 d_1。本部分公式、符号及参数等均可查参考文献 [1]。

蜗轮齿面接触疲劳强度的校核式为

$$\sigma_H = Z_E Z_\rho \sqrt{KT_2 / a^3} \leqslant [\sigma_H]$$

蜗轮齿面接触疲劳强度的设计公式为

$$a \geqslant \sqrt[3]{KT_2 \left(\frac{Z_E Z_\rho}{[\sigma_H]} \right)^2}$$

式中 K——载荷系数，$K = K_A K_\beta K_v$，其中 K_A 为使用系数，查表 5-5，K_β 为齿向

载荷分布系数，当蜗杆传动在平稳载荷下工作时，载荷分布不均现象将由于工作表面良好的磨合而得到改善，此时，可取 $K_\beta = 1$，当载荷变化较大，或有冲击、振动时，可取 $K_\beta = 1.3 \sim 1.6$；K_v 为动载系数，由于蜗杆传动一般较平稳，动载荷系数要比齿轮传动的小得多，故对于精密制造，且蜗轮圆周速度 $v_2 \le 3$ m/s 时，取 $K_v = 1.0 \sim 1.1$；$v_2 > 3$ m/s 时，取 $K_v = 1.1 \sim 1.2$；

Z_E——材料系数，查表 5-6；

Z_ρ——蜗杆传动的接触线长度和曲率半径对接触强度的影响系数，简称接触系数，可查图 5-7；

$[\sigma_H]$——蜗轮材料的许用接触应力（MPa）。其值取决于蜗轮材料的强度和性能，当材料为锡青铜（$R_m < 300$ MPa）时，蜗轮主要为接触疲劳失效，其许用应力 $[\sigma_H]$ 与应力循环次数 N 有关，$[\sigma_H] = Z_N[\sigma_{0H}]$，其中：$[\sigma_{0H}]$ 为基本许用接触应力，见表 5-7；$Z_N = \sqrt[8]{10^7/N}$ 称为寿命系数，N 的计算方法与齿轮的计算方法相同，但是当 $N > 25 \times 10^7$ 时，取 $N = 25 \times 10^7$；当 $N < 2.6 \times 10^5$ 时，取 $N = 2.6 \times 10^5$。当蜗轮材料为铝青铜或铸铁（$R_m \ge 300$ MPa）时，蜗轮主要为胶合失效，其许用应力 $[\sigma_H]$ 与滑动系数有关而与应力循环次数 N 无关，其值可直接由表 5-8 查取。

计算出蜗杆传动中心距 a 后，可根据预定的传动比 i 从表 5-1 中选择一合适的 a 值，以及相应的蜗杆、蜗轮的参数。

表 5-5 使用系数 K_A

工作类型	Ⅰ	Ⅱ	Ⅲ
载荷性质	均匀、无冲击	不均匀、小冲击	不均匀、大冲击
每小时起动次数	<25	25～50	>50
起动载荷	小	较大	大
K_A	1	1.15	1.2

表 5-6 材料系数 Z_E （单位：$\sqrt{MPa}$）

蜗杆材料	蜗 轮 材 料			
	铸锡青铜	铸铝青铜	灰铸铁	球墨铸铁
钢	155.0	156.0	162.0	181.4
球墨铸铁	—	—	156.6	173.9

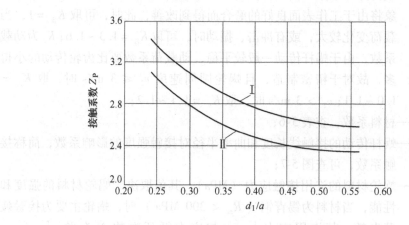

图 5-7　圆柱蜗杆传动的接触系数 Z_ρ

Ⅰ—用于 ZI 型蜗杆（ZA，ZN，ZK 蜗杆亦可近似查用）　Ⅱ—用于 ZC 型蜗杆

表 5-7　锡青铜蜗轮的基本许用接触应力 $[\sigma_{0H}]$　　（单位：MPa）

蜗轮材料	铸造方法	蜗杆螺旋面的硬度	
		≤45HRC	>45HRC
铸锡磷青铜 ZCuSn10P1	砂模铸造	150	180
	金属模铸造	220	268
铸锡铅锌青铜 ZCuSn5Pb5Zn5	砂模铸造	113	135
	金属模铸造	128	140
	离心铸造	158	183

表 5-8　铝青铜及铸铁蜗轮的许用接触应力 $[\sigma_H]$　　（单位：MPa）

材料		滑动速度/m·s⁻¹						
蜗杆	蜗轮	<0.25	0.25	0.5	1	2	3	4
20 或 20Cr 渗碳淬火，45 钢淬火，齿面硬度大于45HRC	灰铸铁 HT150	206	166	150	127	95		
	灰铸铁 HT200	250	202	182	154	115		
	铸造铝铁青铜 ZCuAc10Fe3	230	190	180	173	163	154	149
45 钢或 Q275	灰铸铁 HT150	172	139	125	106	79		
	灰铸铁 HT200	208	168	152	128	96		

2. 蜗轮齿根弯曲疲劳强度计算

在蜗轮齿数 $z_2 > 90$ 或开式传动中,蜗轮轮齿常因弯曲强度不足而失效。在闭式蜗杆传动中必须进行弯曲强度的校核计算,因为蜗轮轮齿的弯曲强度不只是为了判别其弯曲断裂的可能性,对于承受重载的动力蜗杆副,蜗轮轮齿的弯曲变形量直接影响到蜗杆副的运动平稳性精度。

由于蜗轮的形状较复杂,且离中间平面越远的平行截面上轮齿越厚,故其齿根弯曲强度高于斜齿轮。因此,蜗轮轮齿的弯曲疲劳强度难于精确计算,只能进行条件性的概略估算。参考文献 [1] 按照斜齿圆柱齿轮的计算方法,经推导可得蜗轮齿根弯曲疲劳强度的校核公式为

$$\sigma_F = \frac{1.53KT_2}{d_1 d_2 m} Y_{Fa2} Y_\beta \leqslant [\sigma_F]$$

将 $d_2 = mz_2$ 带入上式并整理,得设计式如下:

$$m^2 d_1 \geqslant \frac{1.53KT_2}{z_2 [\sigma_F]} Y_{Fa} Y_\beta$$

式中　　$[\sigma_F]$——蜗轮的许用弯曲应力(MPa),其值 $[\sigma_F] = [\sigma_{0F}]Y_N$,其中 $[\sigma_{0F}]$ 为考虑齿根应力修正系数后的基本许用弯曲应力,见表 5-9;

　　　　Y_N——寿命系数,$Y_N = \sqrt[9]{10^6/N}$;N 为应力循环次数,计算方法同前,当 $N > 25 \times 10^7$ 时,取 $N = 25 \times 10^7$;当 $N < 10^5$ 时,取 $N = 10^5$;

　　　　Y_{Fa2}——齿形系数,按蜗轮当量齿数 $z_{v2} = z/\cos^3\gamma$ 及蜗轮的变位系数查图 5-8;

　　　　Y_β——螺旋角系数,$Y_\beta = 1 - \gamma/140°$。

表 5-9　蜗轮材料的基本许用弯曲应力 $[\sigma_{0F}]$　　　　(单位:MPa)

蜗轮材料		铸造方法	单侧工作	双侧工作
铸锡青铜 ZCuSn10P1		砂模铸造	40	29
		金属模铸造	56	40
铸锡锌铅青铜 ZCuSn5Pb5Zn5		砂模铸造	26	22
		金属模铸造	32	26
铸铝铁青铜 ZCuAc10Fe3		砂模铸造	80	57
		金属模铸造	90	64
灰铸铁	HT150	砂模铸造	40	28
	HT200	砂模铸造	48	34

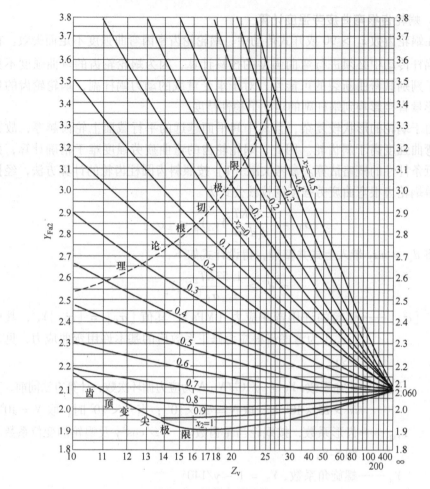

图 5-8   蜗轮齿形系数 Y_{Fa2}

5.6   蜗杆传动的刚度计算

如果蜗杆刚度不足，受载后产生过大的变形，就会影响正确啮合，造成偏载，加剧磨损。因此，对于受力后会产生较大变形的蜗杆，必须进行蜗杆弯曲刚度的校核计算。校核时通常将蜗杆螺旋部分看成以蜗杆齿根圆直径为直径的轴段，采用条件性计算，其刚度条件为

$$y = \frac{\sqrt{F_{t1}^2 + F_{r1}^2}}{48EI}l^3 \leqslant [y]$$

式中 y——蜗杆弯曲变形的最大挠度（mm）；

I——蜗杆危险截面的惯性矩（mm^4），$I = \pi d_{f1}^4/64$，其中 d_{f1} 为蜗杆齿根

圆直径（mm）；

E——蜗杆材料的拉、压弹性模量，通常 $E = 2.06 \times 10^5 \text{MPa}$；

l——蜗杆两端支承间的跨距（mm），视具体结构而定，初步计算时可取
$l \approx 0.9 d_2$，d_2 为蜗轮分度圆直径；

$[y]$——蜗杆许用最大挠度（mm），通常取 $[y] = d_1 / 1\,000$，此处 d_1 为蜗杆
分度圆直径。

5.7　蜗杆传动的热平衡计算

蜗杆传动由于齿面相对滑动速度大，工作时摩擦发热严重，尤其在闭式传动中，如果箱体散热不良，润滑油的温度过高将降低润滑的效果，从而增大摩擦损失，甚至发生胶合。为了使油温保持在允许范围内，防止胶合的发生，必须进行热平衡的计算。

在热平衡状态下，蜗杆传动单位时间内由摩擦功耗产生的热量等于箱体散发的热量，即

$$1\,000 P(1 - \eta) = K_s A(t_i - t_0)$$

$$t_i = \frac{1\,000 P(1 - \eta)}{K_s A} + t_0$$

式中　P——蜗杆传递的功率（kW）；

K_s——箱体表面传热系数，即单位箱体面积、单位温差吸收或放出的热量，可取 $K_s = 8.15 \sim 17.45 \text{ W} \cdot \text{m}^{-2} \cdot \text{℃}^{-1}$，当周围空气流通良好时，取偏大值；

t_0——周围空气的温度，通常取 $t_0 = 20\text{℃}$；

t_i——热平衡时油的工作温度，一般限制在 $60 \sim 70\text{℃}$，最高不超过 80℃；

A——箱体有效散热面积（m^2），即箱体内表面能被润滑油浸到或飞溅到外表面直接与空气接触的箱体表面积。如果箱体有散热片，则有效面积按原面积的 1.5 倍估算；对于散热片布置良好的固定式蜗杆减速器，其散热面积可按 $A = 9 \times 10^{-5} a^{1.88}$（单位为 m^2）估算，其中 a 为中心距（mm）。

当油温超过80℃时，说明散热面积不足，可用以下散热措施提高散热能力：

1）加散热片，增加散热面积。采用散热片时，为保持正常工作的油温所需的总散热面积为

$$A = \frac{1\,000 P(1 - \eta)}{K_s (t_i - t_0)}$$

131

2) 在蜗杆轴端加装风扇, 提高表面传热系数。如图5-9a所示, 加装风扇时表面传热系数 K'_s 可按表5-10选取。此时, 总功耗加大, 传动总效率 η 除了考虑啮合效率 η_1、轴承效率 η_2、搅油效率 η_3 外, 还应考虑风扇效率 η_4。

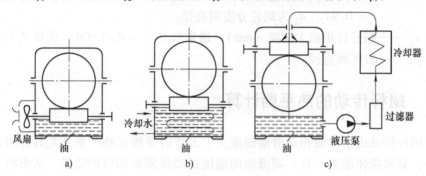

图 5-9　蜗杆传动的散热方法

表 5-10　风冷时的表面传热系数 K'_s

蜗杆转速	750	1 000	1 250	1 550
$K'_s / W \cdot (m^2 \cdot \text{℃})^{-1}$	27	31	35	38

风扇功耗 ΔP_F (kW) 为

$$\Delta P_F = 1.5 v_F^3 \times 10^{-5}$$

式中　v_F——风扇叶轮的圆周速度 (m/s), $v_F = \pi D_F n_F / (60 \times 1000)$ 其中, D_F 为风扇叶轮外径 (mm); n_F 为风扇转速 (r/min)。

风扇效率为

$$\eta_4 = (P - \Delta P_F)/P$$

此时蜗杆传动的总效率为 $\eta = \eta_1 \eta_2 \eta_3 \eta_4$, 因此由摩擦功耗所产生的热量 $H_1(W)$ 为

$$H_1 = 1000P(1 - \eta)$$

散发到空气中的热量 $H_2(W)$ 为

$$H_2 = (K'_s A_1 + K_s A_2)(t_i - t_0)$$

式中　A_1、A_2——风冷面积及自然冷却面积 (m²)。

加装风扇后达到热平衡时的工作油温为

$$t_i = \frac{1000P(1 - \eta)}{(K'_s A_1 + K_s A_2)} + t_0$$

3) 加循环冷却设施。如图5-8b所示, 在油池中安装循环蛇形冷却水管, 使冷水和油池中热油进行热交换, 以达到降低油温的目的。

4) 外冷却喷油润滑。如图5-8c所示, 通过外冷却器, 将热油冷却后直接喷到蜗杆啮合区, 从而降低热平衡时的工作温度。

5.8　蜗杆传动部分设计数据及设计框图

1. 蜗杆传动部分设计数据（见表5-11～表5-13）

表 5-11　蜗杆材料及热处理

材料牌号	热处理	硬度	齿面粗糙度 $Ra/\mu m$
40Cr，40CrNi，42SiMn，35CrMo，38SiMnMo	表面淬火	45～55HRC	1.6～0.8
20Cr，20CrMnTi，16CrMn，20CrV	渗碳淬火	58～63HRC	1.6～0.8
45，40Cr，42CrMo，35SiMn	调质	<350HBW	6.3～3.2
38CrMoAlA，50CrV，35CrMo	表面渗氮	65～70HRC	3.2～1.6

表 5-12　蜗杆头数 z_1 蜗轮齿数 z_2 的推荐用值及总效率 η

传动比 i	≈5	7～15	14～30	29～82
蜗杆头数 z_1	6	4	2	1
蜗轮齿数 z_2	29～31	29～61	29～61	29～82
总效率 η	0.95	0.9	0.8	0.7

表 5-13　蜗杆传动的润滑油黏度及润滑方法

滑动速度 $v_s/$（m/s）	<1	<2.5	<5	>5～10	>10～15	>15～25	>25
工作条件	重载	重载	中载	—	—	—	—
运动黏度 $\nu_{40℃}/$（mm²/s）	1000	680	320	220	150	100	68
润滑方法	浸油润滑			浸油或喷油润滑	喷油润滑油压 p/MPa		
					0.07	0.2	0.3

2. 闭式蜗杆传动设计流程框图（见图5-10）

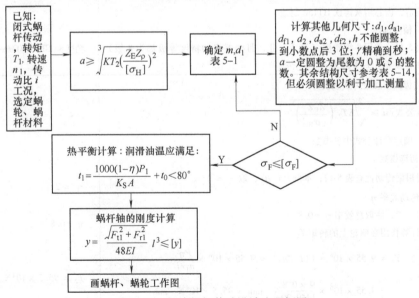

图 5-10　闭式蜗杆传动设计流程框图

5.9 蜗杆传动设计计算实例及工艺分析

5.9.1 设计计算过程及分析

设计阿基米德蜗杆传动（ZA 型），已知该传动系统由 Y 系列三相异步电动机驱动，蜗杆轴输入功率 $P = 9$kW，蜗杆转速 $n_1 = 1440$ r/min，传动比 $i = 20$（减速器），工作载荷较稳定，但有不大的冲击，单向转动，每天工作 8h，工作时间为 5 年。

设计计算见表 5-14。

表 5-14 设计计算

设计项目及依据	设计结果
1. 选定蜗杆类型、材料、精度等级	
（1）类型选择	选用 ZA 型蜗杆传动
根据题目要求选择阿基米德蜗杆传动（ZA 型）	蜗杆 40Cr
（2）材料选择及热处理	蜗轮齿圈 ZCuSn10P1
蜗杆材料：高速重载蜗杆通常选低碳合金钢，例如 20Cr、20CrMnTi，渗碳淬火 56 ~ 62HRC；或中碳钢，例如 40Cr、42SiMn、45 钢，表面淬火 45 ~ 55HRC；要求较低的蜗杆也可选中碳钢，例如 40、45 钢，调质处理，硬度为 220 ~ 250HBW	齿芯：HT150
本例考虑传动的功率不大，速度中等，选择价格比较便宜的 40Cr 作为蜗杆材料，表面淬火，参考表 5-11，齿面硬度 45 ~ 50HRC	
蜗轮材料：为了节省贵重的有色金属，蜗轮齿圈材料选用 ZCuSn10P1，金属模铸造，齿芯用灰铸铁 HT150 制造	
（3）精度选择	
由表 5-15，选用 8 级精度（第 Ⅰ、Ⅱ、Ⅲ公差组的精度等级都为 8 级），侧隙种类参考图 5-11 选为 c	精度 8c GB/T 10089—1988
2. 按齿面接触疲劳强度设计	
代入公式：$a \geqslant \sqrt[3]{KT_2 \left(\dfrac{Z_E Z_\rho}{[\sigma_H]} \right)^2}$	
（1）确定设计公式中各参数	
1）初选齿数 z_1	
一般根据传动比查表 5-12，本例 $i = 20$，取 $z_1 = 2$	$z_1 = 2$
2）传动效率 η	
查表 5-12，估取总效率 $\eta = 0.8$	$\eta = 0.8$
3）计算作用在蜗轮上的转矩 T_2	
$T_2 = 9.55 \times 10^6 \times ((P_2/n_2) = 9.55 \times 10^6 \times \dfrac{P\eta}{n_1/i}$ $= 9.55 \times 10^6 \times \dfrac{9 \times 0.8}{1440/20} \text{N} \cdot \text{mm} = 95.5 \times 10^4 \text{N} \cdot \text{mm}$	$T_2 = 95.5 \times 10^4 \text{N} \cdot \text{mm}$

（续）

设计项目及依据	设计结果
4）确定载荷系数 K 因载荷较稳定，故载荷分布系数 $K_\beta = 1$ ；由表5-5选取使用系数 $K_A = 1.15$ ；由于转速不高，冲击不大，可取动载系数 $K_v = 1.1$ ；则 $$K = K_A K_v K_\beta = 1.15 \times 1.1 \times 1 = 1.27$$	$K_\beta = 1$ $K_A = 1.15$ $K_v = 1.1$ $K = 1.27$
5）材料系数 Z_E　查表5-6，$Z_E = 155 \sqrt{\mathrm{MPa}}$	$Z_E = 155 \sqrt{\mathrm{MPa}}$
6）接触系数 Z_ρ 假设蜗杆分度圆直径 d_1 和中心距 a 之比 $d_1/a = 0.35$ ，由图5-7，$Z_\rho = 2.9$	$Z_\rho = 2.9$
7）确定许用接触应力 蜗轮材料的基本许用应力查表5-7，金属模铸造 $[\sigma_{0H}] = 268\ \mathrm{MPa}$ 应力循环次数：$N = 60\gamma n_2 t_h = 60 \times 1 \times \dfrac{1440}{20} \times 8 \times 300 \times 5 = 5.184 \times 10^7$ 寿命系数：$Z_N = \sqrt[8]{10^7/N} = \sqrt[8]{10^7/(5.184 \times 10^7)} = 0.814$ 许用接触应力：$[\sigma_H] = Z_N[\sigma_{0H}] = 0.814 \times 268 = 218.2\ \mathrm{MPa}$	$[\sigma_{0H}] = 268\ \mathrm{MPa}$ $N = 5.184 \times 10^7$ $Z_N = 0.814$ $[\sigma_H] = 218.2\ \mathrm{MPa}$
（2）设计计算 1）计算中心距 a $$a \geqslant \sqrt[3]{KT_2\left(\frac{Z_E Z_\rho}{[\sigma_H]}\right)^2} \geqslant \sqrt[3]{1.27 \times 95.5 \times 10^4 \left(\frac{155 \times 2.9}{218.2}\right)^2}\ \mathrm{mm}$$ $$= 172.66\ \mathrm{mm}$$ 圆柱蜗杆传动装置的中心距 a 的推荐值为：40，50，63，80，100，125，160，(180)，200，(225)，250，(280)，315，(355)，400，(450)，500。其中不带括号的为优先选用数值。本例取 $a = 200\ \mathrm{mm}$	
2）初选模数 m、蜗杆分度圆直径 d_1、分度圆导程角 γ 根据 $a = 200\ \mathrm{mm}$，$i = 20$，查表5-1，取 $m = 8\ \mathrm{mm}$，$d_1 = 80\ \mathrm{mm}$，$\gamma = 11°18'36''$	$a = 200\ \mathrm{mm}$
3）确定接触系数 Z_ρ 根据 $d_1/a = 80/200 = 0.4$ ，由图5-7，$Z_\rho = 2.74$	$m = 8\ \mathrm{mm}$ $d_1 = 80\ \mathrm{mm}$ $\gamma = 11°18'36''$ $Z_\rho = 2.74$
4）计算滑动速度 v_s $$v_s = \frac{\pi d_1 n_1}{60 \times 1000\cos\gamma} = \frac{\pi \times 80 \times 1440}{60 \times 1000 \times \cos 11°18'36''}\ \mathrm{m/s} = 6.15\ \mathrm{m/s}$$	$v_s = 6.15\ \mathrm{m/s}$
5）当量摩擦角 ρ_v 查表5-2，$\rho_v = 1°16'$（取大值）	$\rho_v = 1°16'$
6）计算啮合效率 η_1 $$\eta_1 = \frac{\tan\gamma}{\tan(\gamma + \rho_v)} = \frac{\tan 11°18'36''}{\tan(11°18'36'' + 1°16')} = 0.90$$	$\eta_1 = 0.90$
7）传动效率 η 取轴承效率 $\eta_2 = 0.99$，搅油效率 $\eta_3 = 0.98$，则	

135

（续）

设计项目及依据	设计结果
$\eta = \eta_1\eta_2\eta_3 = 0.9 \times 0.99 \times 0.98 = 0.87$	$\eta = 0.87$
8）验算齿面接触疲劳强度	
$T_2 = 9.55 \times 10^6 \dfrac{P\eta}{n_1/i} = 9.55 \times 10^6 \times \dfrac{9 \times 0.87}{1440/20} \text{N} \cdot \text{mm}$	
$\quad = 103.86 \times 10^4 \text{N} \cdot \text{mm}$	$\sigma_H = 172.45 \leqslant [\sigma_H]$
$\sigma_H = Z_E Z_\rho \sqrt{KT_2/a^3}$	合格
$\quad = 155 \times 2.74 \times \sqrt{1.27 \times 103.86 \times 10^4/200^3}$	
$\quad = 172.45\text{MPa} \leqslant [\sigma_H] = 218.2\text{MPa}$	
原选参数满足齿面接触疲劳强度的要求	
3. 主要几何尺寸计算	
查表 5-1，由前面已求参数 $m = 8\text{mm}$，$d_1 = 80\text{mm}$，$z_1 = 2$，$z_2 = 41$，$\gamma = 11°18'36''$，$x_2 = -0.5$	
（1）蜗杆	
1）齿数 z_1 $\quad\quad z_1 = 2$	
2）分度圆直径 d_1 $\quad d_1 = 80$ mm	$d_1 = 80\text{mm}$
3）齿顶圆直径 d_{a1} $\quad d_{a1} = d_1 + 2h_{a1} = 80\text{mm} + 2 \times 8\text{mm} = 96\text{mm}$	$d_{a1} = 96\text{mm}$
4）齿根圆直径 d_{f1} $\quad d_{f1} = d_1 - 2h_f = (80 - 2 \times 1.2 \times 8)\text{mm} = 60.8\text{mm}$	$d_{f1} = 60.8\text{mm}$
5）分度圆导程角 γ $\quad \gamma = 11°18'36''$	$\gamma = 11°18'36''$
6）轴向齿距 p_{x1} $\quad p_{x1} = \pi m = \pi \times 8\text{mm} = 25.133\text{mm}$	$p_{x1} = 25.133\text{mm}$
7）轮齿部分长度 b_1 $\quad$ 由表 5-4 可知	$b_1 = 120\text{mm}$
$b_1 \geqslant m(11 + 0.06z_2) = 8 \times (11 + 0.06 \times 41)\text{mm} = 107.68\text{mm}$，取 $b_1 = 120\text{mm}$	
（2）蜗轮	
1）齿数 z_2 $\quad z_2 = 41$	$z_2 = 41$
2）变位系数 x_2 $\quad x_2 = -0.5$	$x_2 = -0.5$
3）验算传动比相对误差	
传动比 i $\quad i = \dfrac{z_2}{z_1} = \dfrac{41}{2} = 20.5$	$i = 20.5$
传动比相对误差 $\left\|\dfrac{20 - 20.5}{20}\right\| = 2.5\% < 5\%$，在允许范围内	满足要求
4）蜗轮分度圆直径 d_2 $\quad d_2 = mz_2 = 8 \times 41\text{mm} = 328\text{mm}$	$d_2 = 328\text{mm}$
5）蜗轮齿顶直径 d_{a2} $\quad d_{a2} = d_2 + 2h_{a2} = 328\text{mm} + 2 \times 8(1 - 0.5)\text{mm} = 336\text{mm}$	$d_{a2} = 336\text{mm}$
6）蜗轮齿根圆直径 d_{f2} $\quad d_{f2} = d_2 - 2h_{f2} = 328\text{mm} - 2 \times 8(1.2 + 0.5)\text{mm} = 300.8\text{mm}$	$d_{f2} = 300.8\text{mm}$
7）蜗轮咽喉母圆半径 r_{g2} $\quad r_{g2} = a - \dfrac{1}{2}d_{a2} = 200\text{mm} - \dfrac{1}{2} \times 336\text{mm} = 32\text{mm}$	$r_{g2} = 32\text{mm}$

（续）

设计项目及依据	设计结果
4. 校核齿根弯曲疲劳强度	

$$\sigma_F = \frac{1.53 K T_2}{d_1 d_2 m} Y_{Fa2} Y_\beta \leq [\sigma_F]$$

（1）确定验算公式中各参数

1）确定许用弯曲应力 $[\sigma_F]$

基本许用弯曲应力：查表 5-9，$[\sigma_{F0}] = 56 MPa$

寿命系数：$Y_N = \sqrt[9]{10^6/N} = \sqrt[9]{10^6/(5.184 \times 10^7)} = 0.645$

许用弯曲应力：$[\sigma_F] = [\sigma_{0F}] Y_N = 56 \times 0.645 MPa = 36.12 MPa$

2）当量齿数 z_{v2}

$$z_{v2} = \frac{z_2}{\cos^3 \gamma} = \frac{41}{\cos^3 11.31°} = 43.48$$

3）齿形系数 Y_{Fa2}

查图 5-8，$Y_{Fa2} = 2.87$

4）螺旋角系数 Y_β

$$Y_\beta = 1 - \gamma/140° = 1 - 11.31°/140° = 0.9192$$

（2）校核计算

$$\sigma_F = \frac{1.53 \times 1.27 \times 95.5 \times 10^4}{80 \times 328 \times 8} \times 2.87 \times 0.9192 MPa$$

$$= 23.32 MPa \leq [\sigma_F] = 36.12 MPa$$

设计结果栏：

$[\sigma_{F0}] = 56 MPa$

$Y_N = 0.645$
$[\sigma_F] = 36.12 MPa$

$z_{v2} = 43.48$

$Y_{Fa2} = 2.87$

$Y_\beta = 0.9192$

$\sigma_F = 23.32 MPa \leq [\sigma_F]$
弯曲强度满足要求

5. 蜗杆轴的刚度计算

蜗杆的挠度：$y = \frac{\sqrt{F_{t1}^2 + F_{r1}^2}}{48 EI} l^3 \leq [y]$

蜗杆转矩：$T_1 = 9.55 \times 10^6 \frac{P_1}{n_1}$

$$= 9.55 \times 10^6 \times \frac{9.6}{1460} N \cdot mm \approx 6.28 \times 10^4 N \cdot mm$$

蜗轮转矩：$T_2 = T_1 \cdot i \cdot \eta = 6.28 \times 10^4 \times 20.5 \times 0.85 mm$

$$\approx 1.09 \times 10^6 N \cdot mm$$

蜗杆的圆周力：$F_{t1} = \frac{T_1}{d_1/2} = \frac{6.28 \times 10^4}{80/2} N \approx 1570 N$

蜗杆的径向力：

$$F_{r1} = F_{t2} \times \tan\alpha = \frac{T_2}{d_2/2} \times \tan\alpha$$

$$= \frac{1.09 \times 10^6 N}{320/2} \times \tan 20° \approx 2480 N$$

蜗杆的轴向力：$F_{a1} = F_{t2} = \frac{T_2}{d_2/2} = \frac{1.09 \times 10^6}{320/2} N \approx 6813 N$

蜗杆的刚度计算：

（续）

设计项目及依据	设计结果
$$y = \frac{\sqrt{F_{t1}^2 + F_{r1}^2}}{48EI}l^3 = \frac{\sqrt{1570^2 + 2480^2}}{48 \times 2.06 \times 10^5 \times \left(\frac{\pi d_{f1}^4}{64}\right)} \times (0.9 \times 328)^3 \text{mm}$$ $$= \frac{\sqrt{1570^2 + 2480^2}}{48 \times 2.06 \times 10^5 \times \left(\frac{\pi \times 60.8^4}{64}\right)} \times (0.9 \times 328)^3 \text{mm}$$ $$\approx 0.011\text{mm} < [y] = \frac{d_1}{1000} = 0.08\text{mm}$$ 式中：蜗杆跨距 $l \approx 0.9d_2$ 刚度满足	$y = 0.011\text{mm} < [y]$ 刚度满足
6. 热平衡计算 （1）估算散热面积 A $\quad\quad A = 9 \times 10^{-5}a^{1.88} = 9 \times 10^{-5} \times 200^{1.88}\text{mm}^2 = 1.91\text{m}^2$ （2）验算油的工作温度 t_i 取 $t_0 = 20℃$，$K_s = 14\ \text{W/(m}^2 \cdot ℃)$ 代入公式： $$t_i = \frac{1\,000P(1-\eta)}{K_s A} + t_0$$ $$= \frac{1000 \times 9 \times (1 - 0.87)}{14 \times 1.91}℃ + 20℃ = 63.8℃ < 70℃$$	$A = 1.91\text{m}^2$ $t_i = 63.8℃ < 70℃$ 满足热平衡要求
7. 润滑方式 根据 $v_s = 6.15\ \text{m/s}$，查表 5-13，采用浸油润滑，蜗杆上置 油的运动黏度 $\nu_{40℃} = 220 \times 10^{-6}\ \text{m}^2/\text{s}$	浸油润滑，蜗杆上置 $\nu_{40℃} = 220 \times 10^{-6}\ \text{m}^2/\text{s}$

5.9.2　结构设计及工艺性分析

1. 结构设计方法概述

强度计算只是计算出齿轮的主要几何尺寸：齿顶圆直径、分度圆直径、齿根圆直径、齿宽，其他尺寸的确定和齿轮采用何种结构是蜗轮蜗杆结构设计的内容。结构设计根据经验设计，表 5-15 给出了常见蜗杆蜗轮的结构形式及尺寸计算的经验公式，考虑方便加工及测量，经验公式计算的数据必须圆整为整数。如果有实际设计经验，也可自行设计，表 5-15 给出的齿轮结构形式及尺寸计算的经验公式仅供参考。

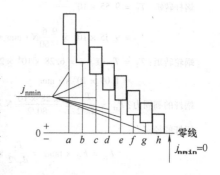

图 5-11　侧隙种类

2. 蜗杆的结构设计及工艺性分析

（1）蜗杆几何尺寸

从前面计算得知蜗杆几何尺寸如下：

齿数 $z_1 : z_1 = 2$

模数 $m : m = 8$mm

分度圆直径 $d_1 : d_1 = 80$mm

齿顶圆直径 $d_{a1} : d_{a1} = d_1 + 2h_{a1} = 80$mm $+ 2 \times 8$mm $= 96$mm

齿根圆直径 $d_{f1} : d_{f1} = d_1 - 2h_f = (80 - 2 \times 1.2 \times 8)$mm $= 60.8$mm

分度圆导程角 $\gamma : \gamma = 11°18'36''$

轴向齿距 $p_{x1} : p_{x1} = \pi m = \pi \times 8$mm $= 25.133$mm

轮齿部分长度 b_1：由表 5-4 公式，$b_1 \geqslant m(11 + 0.06z_2) = 8$mm $\times (11 + 0.06 \times 41) = 107.68$ mm，取 $b_1 = 120$ mm。

（2）蜗杆结构工艺性分析

1）蜗杆螺旋部分的直径一般与轴径相差不大，因此蜗杆多与轴做成一体，称为蜗杆轴。只有当蜗杆齿根圆与相配的轴的直径之比 $d_{f1}/d_0 > 1.7$ 时才采用装配式结构。蜗杆螺旋部分可用车削或铣削的加工方法，至于蜗杆采用车制加工的方法还是铣制加工，视所设计的蜗杆尺寸而定。

2）车制蜗杆。当设计蜗杆的齿根圆直径 d_{f1} 大于相邻的轴径 d_0 时，如表 5-15 中的图 a 所示的结构，可采用车制加工的方法进行蜗杆螺旋部分的加工，因为车削完成后刀具可以方便地退出。当设计蜗杆的齿根圆直径 d_{f1} 小于相邻的轴径 d_0 时，还想采用车制加工的方法进行蜗杆螺旋部分的加工，就必须在蜗杆螺旋部分与轴连接的部分加工出退刀槽，以便刀具的退出，如表 5-15 中的图 b 所示，此时对轴的刚度及强度都有较大削弱。

3）铣制蜗杆。当设计蜗杆的齿根圆直径 d_{f1} 小于相邻的轴径 d_0 时，如表 5-15 中的图 c 所示结构，可采用铣制加工的方法进行蜗杆螺旋部分的加工，无需退刀槽，对轴的削弱较轻，所以铣制的蜗杆轴的强度及刚度较车制蜗杆要好。

4）本例蜗杆根圆与相配的轴的直径之比 $d_{f1}/d_0 < 1.7$，因此采用蜗杆与轴做成一体的结构。蜗杆轴的长度及各段直径等结构设计应该由轴的强度与结构设计而定，本例略，最后的零件图如图 5-12 所示。

（3）蜗轮的结构设计及工艺性分析

1）蜗轮的几何尺寸

从以上计算得知蜗轮的几何尺寸如下：

齿数 $z_2 : z_2 = 41$

变位系数 $x_2 : x_2 = -0.5$

蜗轮圆直径 d_2：$d_2 = mz_2 = 8\text{mm} \times 41 = 328\text{mm}$

蜗轮齿顶直径 d_{a2}：$d_{a2} = d_2 + 2h_{a2} = 328\text{mm} + 2 \times 8(1 - 0.5)\text{mm} = 336\text{mm}$

蜗轮齿根圆直径 d_{f2}：$d_{f2} = d_2 - 2h_{f2} = 328\text{mm} - 2 \times 8(1.2 + 0.5)\text{mm} = 300.8\text{mm}$

蜗轮咽喉母圆半径 r_{g2}：$r_{g2} = a - \dfrac{1}{2}d_{a2} = 200\text{mm} - \dfrac{1}{2} \times 336\text{mm} = 32\text{mm}$

蜗轮齿宽 B：参考表 5-4 经验公式，$B \le 0.75d_{a1} = 0.75 \times 96\text{mm} = 72\text{mm}$，取 $b_2 = 72\text{mm}$。

2）蜗轮材料

为了节省贵重的有色金属，采用组合式结构，蜗轮齿圈材料选用 ZCuSn10Pb1，金属模铸造，轮芯材料用价格便宜的灰铸铁 HT150。

3）蜗轮的结构设计及工艺性分析

① 蜗轮的结构分类。一般分为整体式与组合式两种。整体式蜗轮适用于铸铁蜗轮、铝合金蜗轮或分度圆直径小于 100 mm 的青铜蜗轮，其结构见表 5-15 蜗轮图 a。当设计的青铜蜗轮分度圆直径大于 100mm 时，为了节省贵重的锡青铜，通常设计成组合式的结构，即轮芯用价格便宜的灰铸铁，轮缘采用耐磨材料锡青铜。

② 组合蜗轮的结构及工艺性分析。组合蜗轮的结构形式通常有三种形式：齿圈压配式、螺栓连接式及拼铸式，其结构分别如表 5-15 蜗轮图 b、c 及 d 所示。

（a）齿圈压配式。该结构一般适用于中等尺寸及工作温度变化较小的蜗轮，为了使齿圈与轮芯很好地固定在一起，通常采用齿圈压配结构，即齿圈与铸铁轮芯采用 H7/r6 的过盈配合。为了增加齿圈与轮芯过盈配合的可靠性，在制造工艺方面，通常沿轮缘与轮芯接合缝拧 6 个螺钉（根据直径大小，也可以采用 4 个或 8 个）。参考表 5-15，螺钉直径根据经验取为（1.2 ~ 1.4）m（m 为模数），本例取 $1.2m$，即 $1.2 \times 8\text{mm} = 9.6\text{mm}$，因此取 M10 的螺钉。如果螺钉的长度太长，则工艺性不好（拧入困难）；长度太短强度不足，因此根据经验通常螺钉的长度取 0.3 ~ 0.4 倍的齿宽，本例即（0.3 ~ 0.4）$\times 72\text{mm} = (21.6 ~ 28.8)\text{mm}$，取螺栓 GB/T5781 M10×25（实际是螺栓，在此用作螺钉），采用全螺纹使拧入圈数更多，从而增加连接强度。

螺钉孔中心线的工艺设计。螺钉孔中心线如果正好在轮缘与轮芯的结合面上，则在钻孔时，由于轮缘为软材料——锡青铜，而轮芯为硬材料——灰铸铁，因此在钻螺栓孔时，钻头就会偏向软材料锡青铜（阻力小），甚至整个螺纹都在轮缘上了，不能起到将轮缘与轮芯连接起来的目的。即使钻头没全部钻到轮缘上，也会削弱轮缘与轮芯连接的效果。因此，螺钉孔中心线不能正好在轮缘与轮芯的结合面上，而是钻头应偏向材料较硬的轮芯一侧约 2mm 左右，如表 5-15 蜗轮的图 a 所示，该结构适用于中等尺寸及工作温度变化较小的蜗轮，否则蜗轮轮缘与轮芯因材料线胀系数不同，会因变形量不同导致过盈量的减小。

蜗轮齿根距轮缘轮芯的结合面的距离 C' 如果太大，则轮缘锡青铜用量多，成本高（锡青铜价格远高于灰铸铁）；根据经验，取 $C' = 1.6m + 1.5mm = 1.6 \times 8mm + 1.5mm = 14.3mm$（$m$ 为模数），C' 见表 5-15 的图，为了便于加工及测量，C' 值应圆整为整数，本例取 16mm。

蜗轮轴孔的直径应根据轴的强度及结构设计确定，本例略，初取蜗轮轴孔为 $d_s = 90mm$。参考圆柱齿轮的结构设计的经验公式，轮毂的外直径为 $D_1 \approx 1.6d_s = 1.6 \times 90mm = 144mm$。

轮毂宽 L 的确定。蜗轮的轮毂宽度一般不能取与轮缘等宽度，通常比轮缘的宽度要宽一些，因为如果取蜗轮的轮毂宽度与轮缘宽度相等，往往使轴毂连接键的长度过短，而蜗轮的转矩非常大（因为蜗杆传动的传动比大，蜗轮转速低，根据公式 $T = 9.55 \times 10^6 \dfrac{P}{n}$，在忽略摩擦损失认为功率 P 一定时，转矩 T 与转速 n 成反比），从而导致键的挤压强度不足。根据经验通常取蜗轮轮毂宽为 $L \approx (1.2 \sim 1.5)d_s$（$d_s$ 为与蜗轮相配合的轴径，即蜗轮的孔径）。根据前面计算，$d_s = 90mm$，代入公式，$L \approx (1.2 \sim 1.5) \times 90mm = (108 \sim 135)mm$，本例取 $L = 110mm$。

辐板厚度 C 的设计（见表 5-15 中的图）。辐板厚度太厚不利于减轻蜗轮的重量；太薄又不利于蜗轮的强度。通常由经验公式估算，即 $C \approx 0.3B = 0.3 \times 72mm = 21.6mm$（$B$ 为蜗轮齿宽，前面已计算为 72mm），本例取整为 22mm，以利于加工及测量。

（b）螺栓连接式。蜗轮直径较大时采用普通螺栓或铰制孔用螺栓连接齿圈和轮芯。后者定位更好，适用于大尺寸蜗轮，具体结构及尺寸计算参考表 5-15。

（c）拼铸式。当批量生产蜗轮时，为了降低成本、简化生产工艺，通常将青铜齿圈浇铸在铸铁轮芯上，然后再切齿，适用于中等尺寸的蜗轮，具体结构及尺寸计算参考表 5-15。

③ 工艺孔的设计。为了便于加工蜗轮时进行装夹，同时考虑搬运蜗轮便于装绳索，以及减轻一些重量，当蜗轮尺寸允许时，通常蜗轮都设计成工艺孔（具体尺寸可参考表 4-7 齿轮的结构设计）。一般根据蜗轮的大小，工艺孔通常取 4 个、6 个或 8 个，本例取 6 个工艺孔。工艺孔的直径尽量大一些，或根据经验公式确定，应圆整为整数以便于加工及测量。本例取 6 个工艺孔，直径为 $\phi 30mm$，标注如图 5-13 所示。

表 5-15　常见蜗杆蜗轮的结构形式及尺寸计算的经验公式

名称	结构形式	使用条件
蜗杆	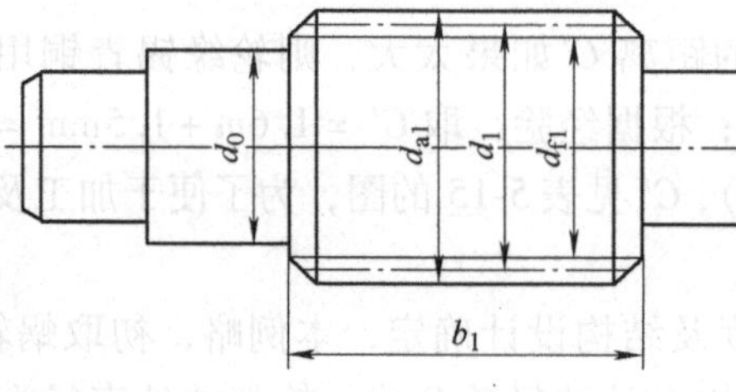 a) 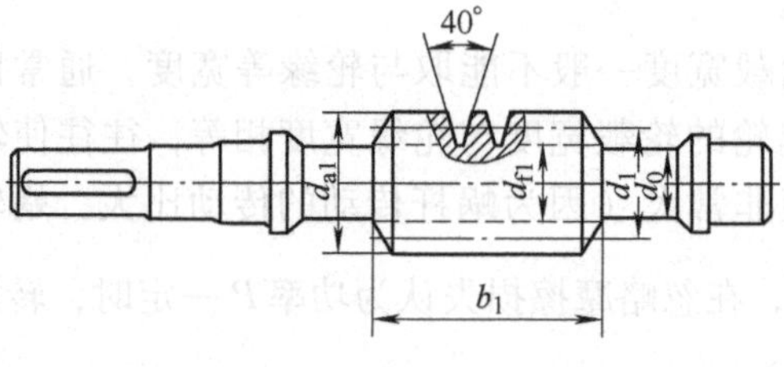 b) 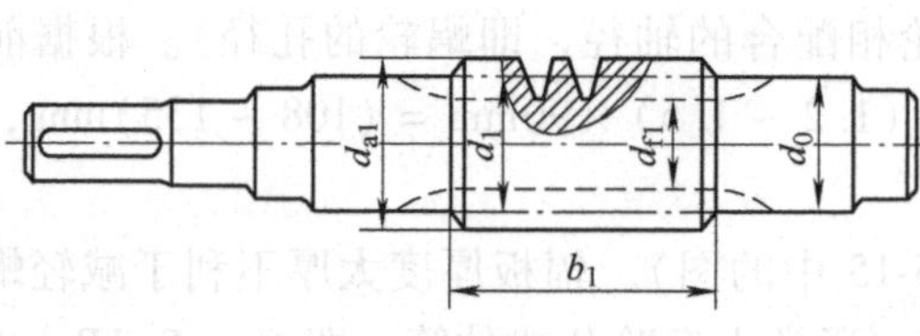 c)	蜗杆螺旋部分的直径一般与轴径相差不大，因此蜗杆多与轴做成一体，称为蜗杆轴，只有当蜗杆齿根圆与相配的轴的直径之比 $d_{\text{f1}}/d_0 > 1.7$ 时，才采用装配式结构 常见蜗杆轴的结构见左图，常用车削或铣削加工，车制如图 a 所示，仅适用于蜗杆齿根圆直径 d_{f1} 大于轴径 d_0 时；如蜗杆齿根圆直径 d_{f1} 小于轴径 d_0 也可加工成有退刀槽的形式，如图 b 所示 当蜗杆齿根圆直径 d_{f1} 小于轴径 d_0 时一般用铣制蜗杆，如图 c 所示，无退刀槽，其刚度较车制蜗杆大
蜗轮	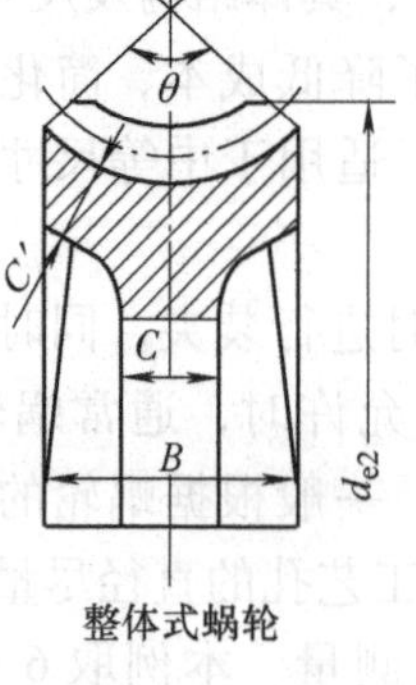 整体式蜗轮	整体式蜗轮适用于： 1）铸铁蜗轮 2）铝合金蜗轮 3）分度圆直径小于 100 mm 的青铜蜗轮 $C \approx 0.3B$

（续）

名称	结构形式	使用条件
蜗轮	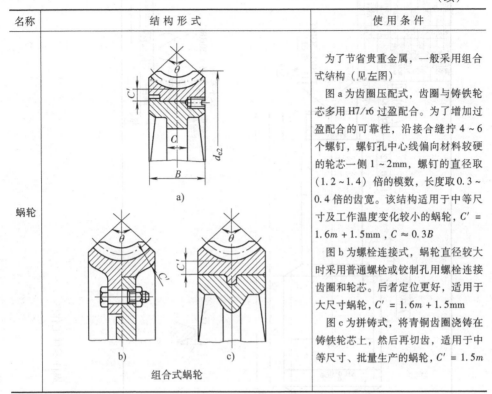 a) b)　　　　c) 组合式蜗轮	为了节省贵重金属，一般采用组合式结构（见左图） 图 a 为齿圈压配式，齿圈与铸铁轮芯多用 H7/r6 过盈配合。为了增加过盈配合的可靠性，沿接合缝拧 4~6 个螺钉，螺钉孔中心线偏向材料较硬的轮芯一侧 1~2mm，螺钉的直径取 (1.2~1.4) 倍的模数，长度取 0.3~0.4 倍的齿宽。该结构适用于中等尺寸及工作温度变化较小的蜗轮，$C' = 1.6m + 1.5mm$，$C \approx 0.3B$ 图 b 为螺栓连接式，蜗轮直径较大时采用普通螺栓或铰制孔用螺栓连接齿圈和轮芯。后者定位更好，适用于大尺寸蜗轮，$C' = 1.6m + 1.5mm$ 图 c 为拼铸式，将青铜齿圈浇铸在铸铁轮芯上，然后再切齿，适用于中等尺寸、批量生产的蜗轮，$C' = 1.5m$

表 5-16　蜗杆传动的精度等级、加工方法及应用范围

精度等级		7	8	9
蜗轮圆周速度		≤7.5/（m/s）	≤3/（m/s）	≤1.5/（m/s）
加工方法	蜗杆	渗碳淬火或淬火后磨削	淬火磨削或车削、铣削	车削或铣削
	蜗轮	滚削或飞刀加工后珩磨（或加载配对跑合）	滚削或飞刀加工后加载配对跑合	滚削或飞刀加工
应用范围		中等精度工业运转机构的动力传动。如机床进给、操纵机构，电梯曳引装置	每天工作时间不长的一般动力传动。如起重运输机械减速器，纺织机械传动装置	低速传动或手动机构。如舞台升降装置，塑料蜗杆传动

3. 蜗杆和蜗轮零件工作图绘制

（1）蜗杆零件工作图绘制　蜗杆是一个轴类零件，用一个主视图加几个剖面图（主要是键槽），或局部放大图（圆角、退刀槽等）就可以表示。蜗杆轴的长度及阶梯轴的结构等尺寸需要箱体设计后进行轴的结构设计，此处过程略。

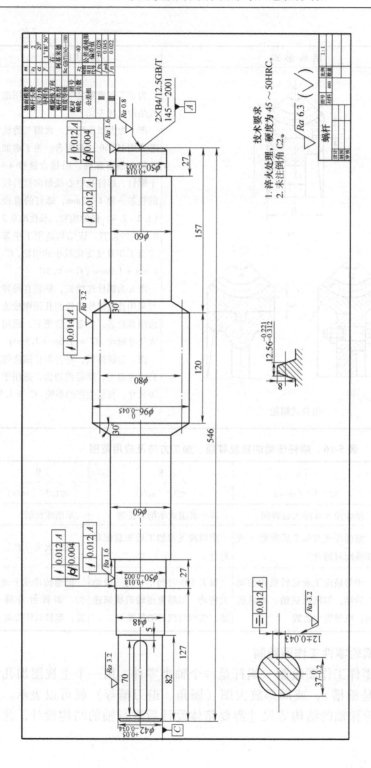

图 5-12 蜗杆零件工作图

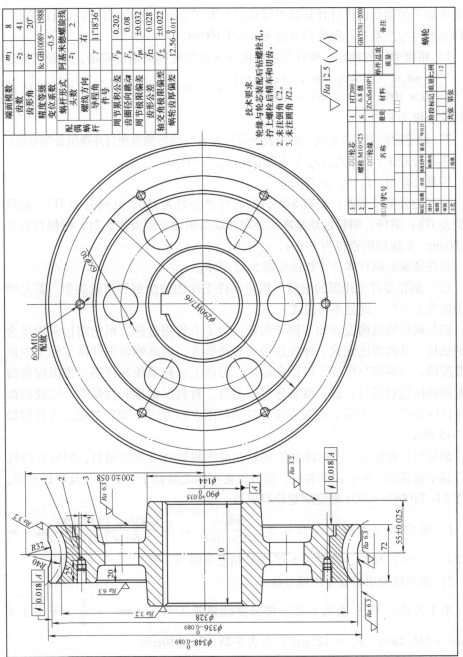

	端面模数	m_1	8
	齿数	z_2	41
	齿形角	α	20°
	精度等级		8c GB10089—1988
	变位系数		−0.5
配偶蜗杆	蜗杆形式式		阿基米德螺旋线
	头数	z_1	2
	螺线方向		右
	导程角	γ	11°18'36"
	件号		
	周节累积公差	F_p	0.202
	齿圈径向跳动	F_r	0.08
	周节极限偏差	f_{pt}	±0.032
	齿形公差	f_{f2}	0.028
	轴交角极限偏差	f_Σ	±0.022
	蜗轮齿厚极限偏差		$12.56^{-0.017}_{-0.017}$

技术要求
1. 轮缘与轮芯装配后钻螺栓孔，拧上螺栓后精车和切齿。
2. 未注倒角 C2。
3. 未注圆角 R2。

$\sqrt{Ra\ 12.5}\ (\sqrt{\ })$

$\sqrt{Ra\ 12.5}$

		轮芯	1	HT200		GB/T5781—2000
2		螺栓 M10×25	6	8.8 级		
1		轮缘	1	ZCuSn10P1		
序号		名称	数量	材料		备注

					蜗轮
		件数总重		比例	1:2
		重量			
标记	处数	分区	更改文件号	签名	年月日
设计		标准化			阶段标记	质量	比例
审核					共 张	第 张
工艺		批准			

图5-13 蜗轮装配工作图

蜗杆零件图也要填写啮合特性表以表示加工和检测所必需的参数,啮合特性表中加工的项目由设计计算结果可确定,本部分只论述检测内容的确定方法。蜗杆轴的尺寸公差及几何公差见参考 GB/T 10089。

1)精度等级的确定。蜗杆传动精度等级由蜗轮圆周速度确定,蜗轮圆周速度 $v_2 = \dfrac{\pi d_2 n_2}{60 \times 1000} = \dfrac{\pi \times 320 \times (1460/20)}{60 \times 1000} \approx 1.22\text{m/s}$,小于 3m/s,由表 5-16 确定精度等级为 8 级。

2)确定检验项目及数值。参考表 5-17 ~ 表 5-19 确定检验项目并查出各偏差值:

第 Ⅱ 公差组: f_{px} 、 f_{pxl} : $f_{px} = \pm 28\mu\text{m}$; $f_{pxl} = 45\mu\text{m}$ 。

第 Ⅲ 公差组: f_{fl} ; $f_{fl} = 22\mu\text{m}$ 。

齿坯的公差及偏差:查表 5-20,轴的尺寸公差为 IT6,几何公差 IT5,齿顶圆公差 IT8;蜗杆、蜗轮齿坯基准面径向和端面跳动公差查表 5-21,按蜗杆直径 $d = 80\text{mm}$ 、8 级精度查得为 $14\mu\text{m}$ 。

最终完成的蜗杆零件工作图如图 5-12 所示。

(2)蜗轮零件工作图的绘制 蜗轮零件工作图的绘制和齿轮类似,都是啮合类的盘类零件,此处不再赘述。

但是蜗轮的结构设计却不同于齿轮,为了节省锡青铜,蜗轮结构采用组合式的结构,又齿圈压配式、螺栓连接式和拼铸式。因此蜗轮零件图实际上应该称装配图,由两部分组成,齿圈和轮芯,习惯上也称蜗轮零件图。该图应该按装配图的标题栏设计,即:要有序号、名称、材料、标准和数量等,完成的蜗轮零件图如图 5-13 所示,蜗轮轮缘零件图如图 5-14 所示,蜗轮的轮芯零件图如图 5-15 所示。

蜗轮与齿轮相同,应标注加工蜗轮和检测蜗轮所必需的项目,即啮合特性表,其中包括加工所必需的参数;但与齿轮不同之处在于检验标准及项目不同,要查 GB/T10089—2001 确定蜗轮检验项目。

1)确定精度等级。因为 $v_2 = \dfrac{\pi d_2 n_2}{60 \times 1000} = \dfrac{\pi \times 320 \times (1460/20)}{60 \times 1000}\text{m/s} \approx$ 1.22m/s ,小于 3m/s,参考表 5-16 确定精度等级为 8 级。

2)确定检验项目并查出偏差值:

第 Ⅰ 公差组 F_P :查表 5-22,按分度圆弧长 $L = \dfrac{1}{2}\pi m z_2 = \dfrac{1}{2} \times \pi \times 8 \times 41\text{mm} = 515.2\text{mm}$, $F_P = 125\mu\text{m}$;查表 5-23, $F_r = 80\mu\text{m}$ 。

第 Ⅱ 公差组 f_{pt} :查表 5-23, $f_{pt} = \pm 28\mu\text{m}$ 。

第 Ⅲ 公差组 f_{f2} :查表 5-23, $f_{f2} = 22\mu\text{m}$ 。

3)传动检验项目

齿厚及偏差：由表 5-24，$T_{s2} = 160\mu m$，则齿厚上偏差 $E_{ss2} = 0$，下偏差 $E_{si2} = -T_{s2}$，则 $E_{si2} = -160\mu m$；

轴交角极限偏差 $\pm f_{\Sigma}$：按 $b_2 = 72$ 得 $f_{\Sigma} = 22\mu m$。

传动中心距极限偏差 f_a 和传动中间平面极限偏移 f_x：按中心距 $a = 200mm$ 查表 5-25，$f_a = 58\mu m$，$f_x = 47\mu m$。

4）齿坯的公差及偏差。查表 5-21 蜗杆蜗轮齿坯的基准面径向和端面跳动公差，按齿顶圆直径为 336mm 查，跳动公差为 $18\mu m$。

各种尺寸及公差标注如图 5-13 所示。

表 5-17　蜗杆齿距极限偏差（$\pm f_{Pt}$）的 f_{Pt} 值　　　（单位：μm）

分度圆直径 d_2/mm	模数 m/mm	精 度 等 级				
		6	7	8	9	10
≤125	1 ~ 3.5	10	14	20	28	40
	>3.5 ~ 6.3	13	18	25	36	50
	>6.3 ~ 10	14	20	28	40	56
>125 ~ 400	1 ~ 3.5	11	16	22	32	45
	>3.5 ~ 6.3	14	20	28	40	56
	>6.3 ~ 10	16	22	32	45	63
	>10 ~ 16	18	25	36	50	71

表 5-18　蜗杆齿形公差 f_{f1} 值　　　（单位：μm）

分度圆直径 d_2/mm	模数 m/mm	精 度 等 级				
		6	7	8	9	10
≤125	1 ~ 3.5	8	11	14	22	36
	>3.5 ~ 6.3	10	14	20	32	50
	>6.3 ~ 10	12	17	22	36	56
>125 ~ 400	1 ~ 3.5	9	13	18	28	45
	>3.5 ~ 6.3	11	16	22	36	56
	>6.3 ~ 10	13	19	28	45	71
	>10 ~ 16	16	22	32	50	80

表 5-19　蜗杆的公差和极限偏差 f_{pxL} 值　　　（单位：μm）

代　号	模数 m/mm	精 度 等 级				
		6	7	8	9	10
f_{pxL}	1 ~ 3.5	13	18	25	36	—
	>3.5 ~ 6.3	16	24	34	48	—
	>6.3 ~ 10	21	32	45	63	—
	>10 ~ 16	28	40	56	80	—
	>16 ~ 25	40	53	75	100	—

表 5-20　蜗杆、蜗轮齿坯尺寸形状公差

精度等级		6	7	8	9	10
孔	尺寸公差	IT6	IT 7			IT 8
	形状公差	IT 5			IT 7	
轴	尺寸公差	IT 5	IT 6			IT 7
	形状公差	IT 4	IT 5			IT 6
齿顶圆直径公差		IT 8			IT 9	

注：1. 当三个公差组的精度等级不同时，按最高精度等级确定公差。

　　2. 当齿顶圆不作测量基准时，尺寸公差按 IT11 确定，但不得大于 0.1mm；当以顶圆作基准时，本栏指的是顶圆径向跳动。

　　3. IT 为标准公差。

表 5-21　蜗杆、蜗轮齿坯基准面径向和端面跳动公差

基准面直径 d/mm	精 度 等 级		
	6	7 ~ 8	9 ~ 10
≤31.5	4	7	10
>31.5 ~ 63	6	10	16
>63 ~ 125	8.5	14	22
>125 ~ 400	11	18	28

注：1. 当三个公差组的精度等级不同时，按最高精度等级确定公差。

　　2. 当以齿顶作为测量基准时，也即为蜗杆、蜗轮的齿坯基准面。

表 5-22　蜗轮周节累积公差 F_p 值 　　　　　　　（单位：μm）

精度等级	分度圆弧长 L　mm						
	<11.2	>11.2 ~ 20	>20 ~ 32	>32 ~ 50	>50 ~ 80	>80 ~ 160	>160 ~ 315
7	16	22	28	32	36	45	63
8	22	32	40	45	50	63	90
9	32	45	56	63	71	90	125

表 5-23　蜗轮的公差 F_r、f_{f2} 和极限偏差 f_{pt} 值　　　　（单位：μm）

分度圆直径 d_2（mm）	模数 m（mm）	蜗轮齿圈径向跳动公差 F_r			蜗轮齿形公差 f_{f2}			蜗轮周节极限偏差 $\pm f_{pt}$		
		精度等级								
		7	8	9	7	8	9	7	8	9
>125 ~ 400	≥1 ~ 3.5	45	56	71	13	18	28	16	22	32
	>3.5 ~ 6.3	56	71	90	16	22	36	20	28	40
	>6.3 ~ 10	63	80	100	19	28	45	22	32	45
	>10 ~ 16	71	90	112	22	32	50	25	36	50

表 5-24　蜗轮齿厚公差 T_{s2}、蜗杆齿厚公差 T_{s1} 值　　（单位：μm）

分度圆直径 d_2/mm	模数 m/mm	T_{s2} 精度等级 6	7	8	9	10	模数 m/mm	T_{s1} 精度等级 6	7	8	9	10
≤125	1~3.5	71	90	110	130	160	1~3.5	36	45	53	67	95
	>3.5~6.3	85	110	130	160	190						
	>6.3~10	90	120	140	170	210	>3.5~6.3	45	56	71	90	130
	>16~25	130	170	210	260	320						
>400~800	1~3.5	85	110	130	160	190						
	>3.5~6.3	90	120	140	170	210						
	>6.3~10	100	130	160	190	230						

注：1. 精度等级分别按蜗轮、蜗杆第Ⅱ公差组确定。

2. 在最小法向侧隙能保证的条件下，T_{s2} 公差带允许采用对称分布。

3. 对传动最大法向侧隙 j_{nmax} 无要求时允许蜗杆齿厚公差 T_{s1} 增大，最大不超过两倍。

表 5-25　传动中心距极限偏差（$\pm f_a$）的 f_a 和传动中间平面极限偏移（$\pm f_x$）的 f_x 值

（单位：μm）

传动中心距 a mm	f_a 精度等级 6	7	8	9	10	f_x 精度等级 6	7	8	9	10
≤30	17	26		42		14	21		34	
30~50	20	31		50		16	25		40	
50~80	23	37		60		18.5	30		48	
80~120	27	44		70		22	36		56	
120~180	32	50		80		27	40		64	
180~250	36	58		92		29	47		74	
250~315	40	65		105		32	52		85	

注：1. 当三个公差组的精度等级不同时，按最高精度等级确定公差。

2. 当以齿顶作为测量基准时，也即为蜗杆、蜗轮的齿坯基准面。

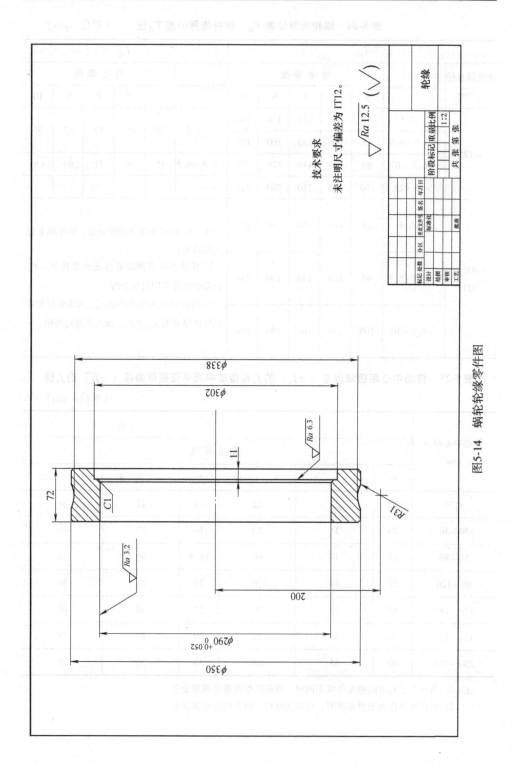

图5-14 蜗轮轮缘零件图

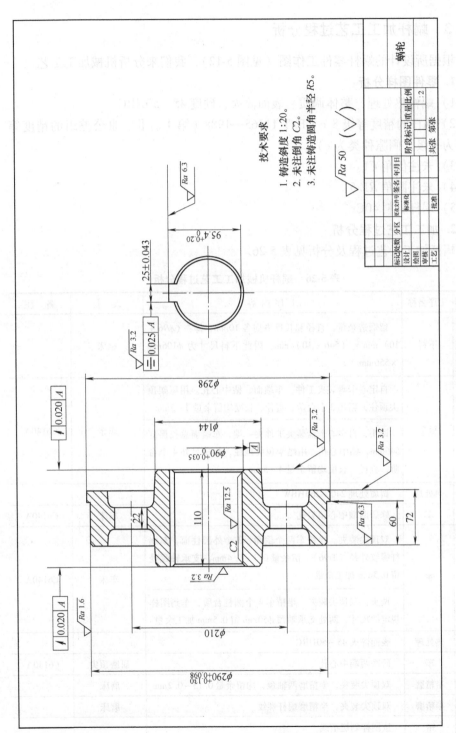

技术要求

1. 铸造斜度 1:20。
2. 未注倒角 C2。
3. 未注铸造圆角半径 R5。

蜗轮

图5-15　蜗轮轮芯零件图

5.9.3 蜗杆加工工艺过程分析

根据所设计的蜗杆零件工作图（见图 5-12），我们来分析机械加工工艺。

1. 零件图样分析

1）蜗杆热处理：整体调质、表面淬火，硬度 45～50HRC。

2）蜗杆的精度等级 8 c GB/T 11365—1988（第 Ⅰ、Ⅱ、Ⅲ 公差组的精度等级都为 8 级，侧隙种类为 c）。

3）未注倒角 $C1$。

4）未注圆角 $R1.5$。

5）蜗杆材料 40Cr。

2. 加工工艺过程分析

蜗杆加工工艺过程及分析见表 5-26。

表 5-26 蜗杆机械加工工艺过程分析

工序号	工序名称	工序内容	设 备	备 注
1	下料	留锻造余量，直径和长度方向各 10mm，即：（ϕ96 + 10）mm×（546 + 10）mm，因此下料尺寸为 ϕ106mm ×556mm	锯床	
2	粗车	自定心卡盘装夹工件，车端面，钻中心孔。用尾架顶尖顶住，粗车 3 个台阶，直径、长度均留余量 4～5mm	车床	C6140A
		调头，自定心卡盘装夹工件夹一端，车端面总长保证 546mm，钻中心孔。用尾架顶尖顶住，粗车另外 4 个台阶，直径、长度均留余量 4～5mm		
3	热处理	调质处理 240～260HBW		
4	车	修研两端中心顶尖孔	车床	C6140A
5	车	双顶尖装夹。半精车两个倒角、3 个外圆柱面，车蜗杆螺纹外径（Tr96），留余量 0.3～0.4mm，支承轴颈处留 0.5mm 加工余量	车床	C6140A
		调头，双顶尖装夹。半精车 4 个圆柱台阶，车到图样规定的尺寸。两处支承轴颈 ϕ50mm 留 0.5mm 加工余量		
6	热处理	表面淬火 45～50HRC		
7	车	研磨两端中心孔	研磨顶尖	C6140A
8	半精磨	双顶尖装夹，半精磨两轴颈，均留余量 0.15～0.2mm	磨床	
9	半精磨	双顶尖装夹，半精磨蜗杆螺纹	磨床	
10	钳	按图样划键槽线		

（续）

工序号	工序名称	工序内容	设　备	备　注
11	铣	铣键槽至图样尺寸，槽深应加上外圆余量		
12	钳	休整槽边角毛刺		如蜗杆最后精加工用剃齿或珩齿，则蜗杆应与剃齿刀或珩磨蜗杆一同精磨到相同尺寸
13	精磨	校正外圆（振摆 < 0.001mm），精磨蜗杆螺纹侧面（底径不允许磨）至图样精度要求（与相配分度蜗轮配磨）	M2110A 外圆磨	
14	精磨	精磨两处支承轴颈至图样规定的尺寸，即 $\phi 50^{+0.018}_{+0.002}$ mm		
15	入库	检验		

3. 加工工艺注意的几个问题：

1）调质处理安排在粗加工之后。

2）以主要表面的加工方案为主，对于次要加工表面，如精度要求不高的外圆表面、退刀槽、越程槽、倒角等的加工，一般应在半精加工阶段完成。

3）根据基准先行的原则，在各阶段加工外圆之前都要对基准面进行加工和修研。因此，在下料后应首先选择加工定位基面中心孔，为粗车外圆加工出基准。磨削外圆前再次修研中心孔，目的是使磨削加工有较高的定位精度，进而提高外圆的磨削精度。

4）选择定位基准和确定装夹方式。该轴的工作螺纹、轴颈直径及轴颈定位端面对轴线 A—A 均有圆跳动的要求，因此，应将蜗杆轴的轴线作为定位基准。根据该零件的结构特点及精度要求，选择用两顶尖装夹为宜。

5.9.4　蜗轮加工工艺过程及分析

根据所设计的蜗轮装配工作图，习惯也称蜗轮零件工作图（见图 5-13），我们来分析机械加工工艺过程。

1. 零件的作用

蜗轮是与蜗杆配合的传动零件，是一个运动频繁、技术要求高的运动部件。

2. 零件图样分析

1）蜗轮材料：轮缘考虑耐磨性能好，有良好的自润滑性能，易切削。本例选用 ZCuSn10P1；轮芯只起支承作用，因此选用价格低廉的 HT200。

2）蜗轮的精度等级：8 GB/T 10095.1—2008，各项检测项目指标均标注在图样中。

3）未注倒角 $C2$。

4）未注圆角 $R2$。

3. 零件的结构工艺分析

轮缘用锡青铜，切削加工性良好，无特殊加工问题，故加工中不需要采用特殊工艺措施。刀具选择范围较大，高速钢或硬质合金均能胜任。刀具几何参数可根据不同刀具类型通过相关表格查取。

为了节省贵重的锡青铜，本结构采用了齿圈压配式结构，轮缘零件图如图5-14 所示；轮芯零件图如图5-15 所示。轮缘和轮芯不需热处理，按一般车削加工的工艺过程加工即可，本例不再重复。加工完轮缘和轮芯后，轮缘和轮芯是过盈配合用热装法装配，本例只对轮缘与轮芯压配后再切齿的工艺进行分析，见表5-27。

表5-27　加工工艺过程分析

工序号	工序名称	工序内容	工艺设备
1	装配轮缘轮芯	将加工好的轮缘和加工好的轮芯取来，加热轮缘后装入铸铁轮芯外面，并用螺栓按要求紧固及配装锥销定位	加热器
2	车	车两个端面	C6140A
3	钻	钻螺栓孔 $6 \times \phi8$ 至要求，攻螺纹，拧上螺栓后，锯掉头部	Z3040
4	外磨	磨各端面；磨外圆 $\phi348mm$ 见光，其目的是为滚齿做准备。磨芯部铸铁的外圆至 $\phi290mm$	
5	内磨	磨内孔（即轮芯铸铁内圆面）至图样要求的 $\phi 90^{+0.035}_{0}mm$	
6	外磨	磨端面至图样要求的值；磨轮缘与轮芯的配合侧面，留配合间隙 $0.020 \sim 0.025mm$	
7	滚齿	找中心高、中心距；半精滚齿部，按齿厚留量 $0.20 \sim 0.25mm$（滚刀方向与图示要求一致，刀的原始齿厚截面对准蜗轮中心），用蜗轮粗滚刀加工	Y38A
8	滚齿	精滚齿部至要求，保证中心距 $200mm \pm 0.058mm$、中心高 $17.5mm$ 至要求。用蜗轮精滚刀加工	Y3780
9	钳	去齿部毛刺，切勿划伤齿面 清洗、防锈	
10	入库	检验入库	

注：1. 工序号为7和8是齿部的粗精加工，加工时要将滚刀和蜗轮定位成蜗轮蜗杆的配合。

　　2. 工序号为4、5、6三步磨削加工对表面粗糙度要求较高的面即为最终加工完的面。

第6章　轴的设计与工艺性分析

6.1　轴的类型及功用

1. 轴的类型

根据轴线形状的不同，轴可分为直轴（见图6-1）、曲轴（见图6-2）和挠性钢丝轴（见图6-3）。曲轴主要用于作往复运动的机械中。挠性钢丝轴是由几层紧贴在一起的钢丝层构成，可以把转矩和旋转运动灵活地传到任何位置，常用于振捣器等设备中。直轴应用广泛，可分为光轴和阶梯轴。

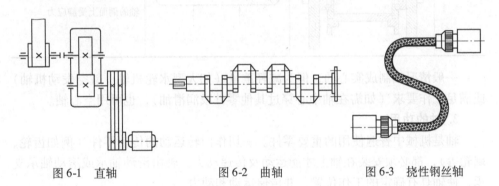

图 6-1　直轴　　　　　　图 6-2　曲轴　　　　　图 6-3　挠性钢丝轴

根据轴的承载情况不同，轴可分为转轴、心轴和传动轴三类。转轴既传递转矩又承受弯矩，如图 6-1 所示单级齿轮减速器中的轴；传动轴只传递转矩而不承受弯矩或承受弯矩很小，如汽车的传动轴；心轴则只承受弯矩而不传递转矩，如火车车辆的轴、自行车的前轴。这三种类型轴的承载情况及特点见表6-1。

表 6-1　转轴、传动轴和心轴的承载情况及特点

种类	举例	受力简图	特点
转轴			既承受弯矩又承受转矩，是机器中最常用的一种轴，剖面上受弯曲应力和扭切应力的复合作用

155

（续）

种类	举例	受力简图	特点
传动轴			主要承受转矩，不承受弯矩或承受很小弯矩；仅起传递动力的作用
转动心轴			只承受弯矩，不承受转矩；起支承作用。转动心轴的剖面上受变应力
固定心轴			只承受弯矩，不承受转矩；起支承作用。固定心轴的剖面上受静应力

一般情况轴制成实心的，但为减轻重量（如大型水轮机轴、航空发动机轴）或满足工作要求（如需在轴中心穿过其他零件或润滑油），也可用空心轴。

2. 轴的功用

轴是机械中普遍使用的重要零件。一切作回转运动的传动零件（例如齿轮、蜗轮等），都必须安装在轴上才能运动及传递动力。轴由滑动轴承或滚动轴承支承，使轴具有确定的工作位置，并传递运动和动力。

6.2 轴的结构设计

轴的结构设计就是要确定轴的合理外形和包括各轴段长度、直径及其他细小尺寸在内的全部结构尺寸。

轴的结构决定于下列因素：轴的毛坯种类，轴上作用力的大小和分布情况，轴上零件的布置及固定方式，轴承类型及位置，轴的加工和装配工艺性以及其他一些要求。由于有关的因素很多，所以轴的结构设计具有较大的灵活性和多样性。

轴主要由轴颈、轴头、轴身三部分组成（见图6-4）。轴上被支承的部分叫作

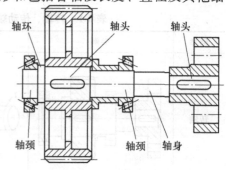

图6-4 转轴的组成

轴颈，安装轮毂部分叫作轴头，连接轴颈和轴头的部分叫作轴身。轴颈和轴头的直径应该按规范取圆整尺寸，特别是装滚动轴承的轴颈必须按轴承的内径选取。

轴颈、轴头与其相连接零件的配合要根据工作条件合理地提出，同时还要规定这些部分的表面粗糙度，这些技术条件对轴的运转性能影响很大。为使运转平稳，必要时还应对轴颈和轴头提出平行度和同轴度等要求。对于滑动轴承的轴颈，有时还需提出表面热处理的条件等。

从节省材料、减轻重量的观点来看，轴的各横截面最好是等强度的。但是从制造工艺观点来看，轴的形状是越简单越好。简单的轴制造时省工，热处理不易变形，并有可能减少应力集中。当决定轴的外形时，在能保证装配质量的前提下，既要考虑节约材料，又要考虑便于加工。因此，实际的轴多做成阶梯形（阶梯轴），只有一些简单的心轴和一些有特殊要求的轴，才做成等直径轴。

轴的结构受多方面因素的影响，不存在一个固定形式，而是随着工作条件与要求的不同而不同。轴的结构设计一般应考虑下述三方面主要问题。

6.2.1　满足使用的要求

为实现轴的功能，必须保证轴上零件有准确的工作位置，要求轴上零件沿周向和轴向固定。

1 周向固定

零件的周向固定可采用键、花键、成形、销、弹性环、过盈等连接，常见的固定方法如图 6-5 所示。

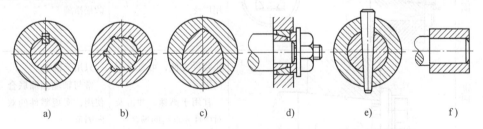

a)　　　　　b)　　　　　c)　　　　　d)　　　　　e)　　　　　f)

图 6-5　轴上零件的周向固定方法

a）键连接　b）花键连接　c）成形连接　d）弹性环连接　e）销连接　f）过盈连接

2. 轴向固定

轴上零件的轴向固定方法、特点和应用见表 6-2。其中轴肩、轴环、套筒、轴端挡圈及圆螺母应用更为广泛。为保证轴上零件沿轴向固定，可将表 6-2 中各种方法联合使用。为确保固定可靠，与轴上零件相配合的轴端长度应比轮毂略短，如表 6-2 中的套筒结构简图所示，$l = B - (1 \sim 3)\mathrm{mm}$。

表 6-2　轴上零件的轴向固定方法、特点和应用

轴向固定方法及结构简图		特点和应用	设计注意要点
轴肩与轴环	a) 轴肩　　　　b) 轴环	简单可靠，不需附加零件，能承受较大轴向力。广泛应用于各种轴上零件的固定 该方法会使轴径增大，阶梯处形成应力集中，且阶梯过多将不利于加工	为保证零件与定位面靠紧，轴上过渡圆角半径 r 应小于零件圆角半径 R 或倒角 C，即 $r < C < a$，$r < R < a$；一般取定位高度 $a = (0.07 \sim 0.1)d$，轴环宽度 $b = 1.4a$
套筒		简单可靠，简化了轴的结构且不削弱轴的强度 常用于轴上两个近距零件间的相对固定。不宜用于高速轴	套筒内孔与轴的配合较松，套筒结构、尺寸可视需要灵活设计
轴端挡圈	轴端挡圈 GB/T891—1986，GB/T892—1986	工作可靠，结构简单，能承受较大轴向力，应用广泛	只用于轴端 应采用止动垫片等防松措施
锥面		装拆方便，可兼做周向固定 宜用于高速、冲击及对中性要求高的场合	只用于轴端 常与轴端挡圈联合使用，实现零件的双向固定
圆螺母	圆螺母 (GB/T812—1988) 止动垫圈 (GB/T858—1988)	固定可靠，可承受较大轴向力，能实现轴上零件的间隙调整 常用于轴上两零件间距较大处及轴端	为减小对轴端强度的削弱，常用细牙螺纹 为防松，必须加止动垫圈或使用双螺母

（续）

轴向固定方法及结构简图	特点和应用	设计注意要点
弹性挡圈　弹性挡圈 (GB/T894.1—1986, GB/T894.2—1986)	结构紧凑、简单，装拆方便，但受力较小，且轴上切槽将引起应力集中 常用于轴承的固定	轴上切槽尺寸见 GB/T894.1—1986
紧定螺钉与锁紧挡圈　紧定螺钉 (GB/T71—1985)　锁紧挡圈 (GB/T884—1986)	结构简单，但受力较小，且不适于高速场合	

6.2.2　轴的结构工艺性

在进行轴的结构设计时，应尽可能使轴的形状简单，并且具有良好的加工工艺性能和装配工艺性能。

1. 加工工艺性

轴的直径变化应尽可能少，应尽量限制轴的最大直径与各轴段的直径差，这样既能节省材料，又可减少切削量。

轴上有磨削与切螺纹处，要留砂轮越程槽和螺纹退刀槽（见图 6-6），以保证加工的完整和方便。

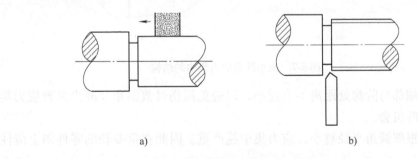

a) b)

图 6-6　砂轮越程槽与螺纹退刀槽

a) 砂轮越程槽　b) 螺纹退刀槽

轴上有多个键槽时，应将它们布置在同一直线上，以免加工键槽时多次装夹，从而提高生产效率。

如有可能，应使轴上各过渡圆角、倒角、键槽、越程槽、退刀槽及中心孔等尺寸分别相同，并符合标准和规定，以利于加工和检验。

轴上配合轴段直径应取标准值（见 GB/T2822—2005）；与滚动轴承配合的轴颈应按滚动轴承内径尺寸选取；轴上的螺纹部分直径应符合螺纹标准等。

2. 装配工艺性

为了便于轴上零件的装配，常采用直径从两端向中间逐渐增大的阶梯轴。轴上的各阶梯，除轴上零件轴向固定的可按表 6-2 确定轴肩高度外，其余仅为便于安装而设置的轴肩，轴肩高度可取 0.5 ~ 3mm。

轴端应倒角，以去掉毛刺并便于装配。

固定滚动轴承的轴肩高度通常应不大于内圈高度的 3/4，过高不便于轴承的拆卸。

6.2.3 提高轴的疲劳强度

轴通常在变应力下工作，多数因疲劳而失效，因此设计轴时，应设法提高其疲劳强度。常采取的措施有下述几种。

1. 改进轴的结构形状

尽量使轴径变化处过渡平缓，宜采用较大的过渡圆角。当相配合零件内孔倒角或圆角很小时，可采用凹切圆角（见图 6-7a）或过渡肩环（见图 6-7b）。

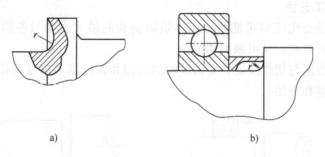

a)   b)

图 6-7　减小圆角应力集中的结构

键槽端部与阶梯处距离不宜过小，以避免损伤过渡圆角及减少多种应力集中源重合的机会。

键槽根部圆角半径越小，应力集中越严重。因此在重要轴的零件图上应注明其大小。

避免在轴上打印及留下一些不必要的痕迹，因为它们可能成为初始疲劳裂纹源。

2. 改善轴的表面状态

实践证明，采用滚压、喷丸或渗碳、氰化、氮化、高频淬火等表面强化处理方法，可以大大提高轴的承载能力。

6.3　轴的强度计算方法简介

轴的强度计算主要有三种方法：按许用切应力计算；按许用弯曲应力计算；安全系数校核计算。按许用切应力计算只需知道转矩的大小，方法简便，常用于传动轴的强度计算和转轴基本直径的估算。按许用弯曲应力计算必须先知道作用力的大小和作用点的位置、轴承跨距、各段轴径等参数，主要用于计算一般重要的、弯扭复合作用的轴。安全系数校核计算要在结构设计后进行，不仅要先已知轴的各段轴径，而且要已知过渡圆角、过盈配合、表面粗糙度等细节，主要用于重要的轴的强度计算。

1. 按许用切应力计算

传动轴只受转矩的作用，可直接按许用切应力设计其轴径。转轴受弯扭复合作用，在设计开始时，因为各轴段长度未定，轴的跨距和轴上弯矩大小是未知的，所以不能按轴所受弯矩来计算轴颈。通常是按轴所传递的转矩估算出轴上受扭转轴段的最小直径，并以其作为基本参考尺寸进行轴的结构设计。

由材料力学可知，实心圆轴的扭转强度条件为

$$\tau_{\mathrm{T}} = \frac{T}{W_{\mathrm{T}}} \approx \frac{9.55 \times 10^6 \dfrac{P}{n}}{0.2 d^3} \leqslant [\tau]_{\mathrm{T}} \tag{6-1}$$

由此得到轴的基本直径

$$d \geqslant \sqrt[3]{\frac{9.55 \times 10^6 P}{0.2 [\tau]_{\mathrm{T}} n}} = C \sqrt[3]{\frac{P}{n}} \tag{6-2}$$

式中　d——轴的直径（mm）；

　　τ_{T}——轴的扭剪应力（MPa）；

　　T——轴传递的转矩（N·mm）；

　　P——轴传递的功率（kW）；

　　n——轴的转速（r/min）；

　　C——计算常数，取决于轴的材料及受载情况，见表 6-3；

　　$[\tau]_{\mathrm{T}}$——许用扭剪应力（已考虑弯矩对轴的影响，MPa），见表 6-3；

　　W_{T}——抗扭截面模量（mm³），W_{T} 是假设为圆形截面的轴进行计算的，

　　　　$W_{\mathrm{T}} = \pi d^3/16 \approx 0.2 d^3$，不同截面形状抗扭截面模量的计算见表 6-4。

另外，当按式（6-2）求得直径的轴段上开有键槽时，应适当增大轴径；单

键槽增大 3%，双键槽增大 7%，然后按参考文献［2］将轴径圆整（GB/T2822—2005）。

表 6-3　轴常用材料的 $[\tau]_T$ 及 C 值

轴的材料	Q235A、20	Q275、35	45	40Cr、35SiMn 38SiMnMo、3Cr13
$[\tau]_T/MPa$	15～25	20～35	25～45	35～55
C	126～149	112～135	103～126	97～112

注：1. 表中的 $[\tau]_T$ 值是考虑了弯矩的影响而降低了的许用扭转切应力。

　　2. 当轴所受弯矩较小或只受转矩时，C 取小值；否则取较大值。

表 6-4　抗弯截面模量 W 和抗扭截面模量 W_T 的计算公式

截面图	截面系数	截面图	截面系数
	$W = \dfrac{\pi}{32}d^3 \approx 0.1d^3$ $W_T = \dfrac{\pi}{16}d^3 \approx 0.2d^3$	矩形花键 	$W = \dfrac{\pi d^4 + bz(D-d)(D+d)^2}{32D}$ $W_T = \dfrac{\pi d^4 + bz(D-d)(D+d)^2}{16D}$
	$W = \dfrac{\pi}{32}d^3(1-r^4)$ $W_T = \dfrac{\pi}{16}d^3(1-r^4)$ $r = \dfrac{d_1}{d}$	z——花键齿数 	$W = \dfrac{\pi}{32}d^3\left(1-1.54\dfrac{d_0}{d}\right)$ $W_T = \dfrac{\pi}{16}d^3\left(1-\dfrac{d_0}{d}\right)$
	$W = \dfrac{\pi}{32}d^3 - \dfrac{bt(d-t)^2}{2d}$ $W_T = \dfrac{\pi}{16}d^3 - \dfrac{bt(d-t)^2}{2d}$	渐开线花键轴 	$W \approx \dfrac{\pi}{32}d^3$ $W_T \approx \dfrac{\pi}{16}d^3$
	$W = \dfrac{\pi}{32}d^3 - \dfrac{bt(d-t)^2}{d}$ $W_T = \dfrac{\pi}{16}d^3 - \dfrac{bt(d-t)^2}{d}$		

2. 按许用弯曲应力计算

在设计转轴时，首先由式（6-2）估算轴的基本直径，并依此完成轴的结构设计，当轴上零件的位置确定后，轴上载荷的大小、位置以及支点跨距等便均能确定。此时就可按许用弯曲应力校核轴的强度。为简化计算，将齿轮、链轮等传动零件对轴的载荷视为作用于轮毂宽度中点的集中载荷；将支反力作用点取在轴承的载荷作用中心（见图6-8）；不计零件自重。

按许用弯曲应力校核轴强度的方法步骤归纳如下：

1）画出轴的空间受力简图（即力学模型）。轴所受的载荷是从齿轮等轴上零件传来的，应先求出轴上受力零件的载荷。通常为空间力系，把空间力分解为圆周力、径向力和轴向力，然后把它们全部转化到轴上，分解到水平面和垂直面内。

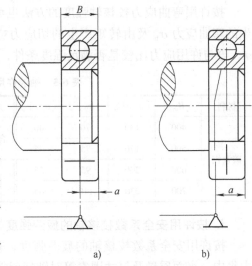

图6-8　轴支反力作用点位置的简化

2）做出水平面及垂直面弯矩图。根据水平面和垂直面的受力简图，分别求出其支反力，分别做出水平面弯距 M_H 图及垂直面弯矩 M_v 图。

3）做总弯矩 M 图。轴所受的总弯矩等于水平面弯矩与垂直面弯矩的合成，即

$$M = \sqrt{M_H^2 + M_V^2}$$

4）做转矩 T 图。

5）做当量弯矩 M_e 图。轴既受弯矩又受转矩，可由第三强度理论求出总弯矩 M_e 为

$$M_e = \sqrt{M^2 + (\alpha T^2)}$$

式中，α 是考虑转矩与弯矩应力变化性质不同的应力校正系数。对于不变的转矩，取 $\alpha = 0.3$；对于脉动循环的转矩，取 $\alpha = 0.6$；对于对称循环的转矩，取 $\alpha = 1$。如转矩变化规律不清楚，一般按脉动循环处理。

6）强度计算。

① 确定危险剖面。根据弯矩、转矩最大或弯矩、转矩较大而相对尺寸较小的原则选一个或几个危险截面。

② 求危险截面上的当量弯矩 M_e。

③ 强度校核。轴上危险截面应满足以下强度条件：

$$\sigma_e = \frac{M_e}{W} \leqslant [\sigma_{-1}]_w \tag{6-3}$$

式中　W——危险截面的抗弯截面模量（mm^3），见表6-4；

$[\sigma_{-1}]_w$——材料在对称循环状态下的许用弯曲应力（MPa），见表6-5。

按许用弯曲应力校核轴强度的方法也可以不求当量弯矩 M_e，只求由弯矩产生的弯曲应力 σ_b 及由转矩产生的切应力 τ，再用第三或第四强度理论求总应力 σ，再与许用应力比较是否满足强度条件，见 6.4 节轴的设计计算实例。

表 6-5 轴的许用弯曲应力 （单位：MPa）

材料	R_m	$[\sigma_{+1}]_w$	$[\sigma_0]_w$	$[\sigma_{-1}]_w$	材料	R_m	$[\sigma_{+1}]_w$	$[\sigma_0]_w$	$[\sigma_{-1}]_w$
碳素钢	400	130	70	40	合金钢	800	270	130	75
	500	170	75	45		1000	330	150	90
	600	200	95	55	铸钢	400	100	50	30
	700	230	110	65		500	120	70	40

3. 按许用安全系数校核轴的疲劳强度

按许用安全系数校核轴的疲劳强度，是考虑了轴上变应力的循环特性、应力集中、表面质量及尺寸因素等对轴疲劳强度影响的精确校核方法。

经过轴的结构设计，确定了轴的各部分尺寸、表面质量、和结构形状后，按弯矩、转矩最大或弯矩、转矩较大而相对尺寸较小切应力集中较严重的分析原则，可找到一个或几个危险截面，并校核其安全系数。

轴的疲劳强度安全系数校核计算公式如下：

$$S = \frac{S_\sigma S_\tau}{\sqrt{S_\sigma^2 + S_\tau^2}} \geqslant [S] \qquad (6-4)$$

$$S_\sigma = \frac{K_N \sigma_{-1}}{\dfrac{K_\sigma}{\beta \varepsilon_\sigma} \sigma_a + \psi_\sigma \sigma_m} = \frac{K_N \sigma_{-1}}{(K_\sigma)_D \sigma_a + \psi_\sigma \sigma_m} \qquad (6-5)$$

$$S_\tau = \frac{K_N \tau_{-1}}{\dfrac{K_\tau}{\beta \varepsilon_\tau} \tau_a + \psi_\tau \tau_m} = \frac{K_N \tau_{-1}}{(K_\tau)_D \tau_a + \psi_\tau \tau_m} \qquad (6-6)$$

式中　S_σ、S_τ——分别为弯矩和转矩作用下的安全系数；

　　　$[S]$——许用安全系数，一般取 $[S] = 1.5 \sim 2.5$；

　　　σ_{-1}——材料在弯曲时的对称循环疲劳极限（MPa），见表 6-6。

　　　τ_{-1}——材料在扭转时的对称循环疲劳极限（MPa），见表 6-7。

　　　K_σ、K_τ——弯曲和扭转时的有效应力集中系数，见表 6-8 ~ 表 6-9；

　　　ε_σ、ε_τ——弯曲和扭转时的绝对尺寸系数，见表 6-10；

　　　ψ_σ、ψ_τ——弯曲和扭转时的等效系数，$\psi_\sigma = \dfrac{2\sigma_{-1b} - \sigma_{0b}}{\sigma_{0b}}$，$\psi_\tau = \dfrac{2\tau_{-1} - \tau_0}{\tau_0}$

　　　　　式中各物理量计算公式见表 6-7；

　　　β——表面状态系数，见表 6-11、表 6-12；

K_N ——寿命系数，通常按无限寿命考虑，$K_N = 1$；

$(K_\sigma)_D$、$(K_\tau)_D$ ——弯曲和扭转时的综合影响系数；

σ_a、σ_m ——弯曲应力的应力幅和平均应力（MPa）；

τ_a、τ_m ——扭切应力的应力幅和平均应力（MPa）。

应当指出，如危险截面强度不足，需对轴的结构作局部修改并重新计算，直到合格为止；如强度足够，因考虑轴的刚度和工艺性等因素，除非裕量太大，一般不再改变轴径。

表 6-6　轴的常用材料及其主要力学性能

材料及 热处理	毛坯直 径/mm	硬度 （HBW）	强度极限 R_m	屈服强度 R_{eL}	弯曲疲劳 极限 σ_{-1}	备　注
			MPa			
QT400—10	—	156 ~ 197	400	300	145	
QT600—2	—	197 ~ 269	600	420	215	
Q235	≤40	—	440	225	200	用于不重要的轴
35 正火	≤100	149 ~ 187	520	270	250	有好的塑性和适当的强度，做一般轴
45 正火	≤100	170 ~ 217	600	300	275	用于较重要的轴，应用最为广泛
45 调质	≤200	217 ~ 255	650	360	300	
40Cr 调质	≤100	241 ~ 286	750	550	350	用于载荷较大而无很大冲击的重要轴
	≤200	241 ~ 266	700	550	340	
40MnB 调质	25	—	1000	800	485	性能接近于 40Cr，用于重要的轴
	≤200	241 ~ 286	750	500	335	
35CrMo 调质	≤100	207 ~ 269	750	550	390	用于重要的轴
20Cr 渗碳 淬火回火	15	表面 HRC	850	550	375	用于要求强度、韧性及耐磨性均较高的轴
	≤60	56 ~ 62	650	400	280	

表 6-7　钢、灰铸铁和轻金属的极限应力经验计算式[1]

材料	拉伸[2]		弯曲[3]			扭剪[3]		
	σ_{-1}	σ_0	σ_{-1b}	υ_{0b}	σ_{sb}[4]	τ_{-1}	τ_0	τ_b
结构钢	$0.45R_m$	$1.3\sigma_{-1}$	$0.49R_m$	$1.5\sigma_{1b}$	$1.5R_{eL}$	$0.35R_m$	$1.1\tau_{-1}$	$0.70R_{eL}$
调质钢	$0.41R_m$	$1.7\sigma_{-1}$	$0.44R_m$	$1.7\sigma_{1b}$	$1.4R_{eL}$	$0.30R_m$	$1.6\tau_{-1}$	$0.70R_{eL}$
渗碳钢	$0.40R_m$	$1.6\sigma_{-1}$	$0.41R_m$	$1.7\sigma_{-1b}$	$1.4R_{eL}$	$0.30R_m$	$1.4\tau_{-1}$	$0.70R_{eL}$
灰铸铁	$0.25R_m$	$1.6\sigma_{-1}$	$0.37R_m$	$1.8\sigma_{1b}$	—	$0.36R_m$	$1.6\tau_{-1}$	—
轻金属	$0.30R_m$	—	$0.40R_m$			$0.25R_m$		

① 本表摘自文献（中国机械工程学会，2002）。

② 受压缩时，σ_0 要大一些。例如，对于弹簧钢，$\sigma_{0c} \approx 1.3\sigma_0$；对于灰铸铁，$\sigma_{0c} \approx 3\sigma_0$。

③ 试件直径为 10mm 左右，表面抛光。

④ σ_{sb}—静应力时的弯曲应力。

表 6-8　圆角、环槽的有效应力集中系数 k_σ 和 k_τ 值

圆角

$\dfrac{D}{d}$	$\dfrac{r}{d}$	k_σ R_m/MPa						k_τ R_m/MPa			
		≤500	600	700	800	900	>1000	≤700	800	900	≥1000
$\dfrac{D}{d}$ ≤1.1	0.02	1.84	1.96	2.08	2.20	2.35	2.50	1.36	1.41	1.45	1.50
	0.04	1.60	1.66	1.69	1.75	1.81	1.87	1.24	1.27	1.29	1.32
	0.06	1.51	1.51	1.54	1.54	1.60	1.60	1.18	1.20	1.23	1.24
	0.08	1.40	1.40	1.42	1.42	1.46	1.46	1.14	1.16	1.18	1.19
	0.10	1.34	1.34	1.37	1.37	1.39	1.39	1.11	1.13	1.15	1.16
	0.15	1.25	1.25	1.27	1.27	1.30	1.30	1.07	1.08	1.09	1.11
1.1< $\dfrac{D}{d}$ ≤1.2	0.02	2.18	2.34	2.51	2.68	2.89	3.10	1.59	1.67	1.74	1.81
	0.04	1.84	1.92	1.97	2.05	2.13	2.22	1.39	1.45	1.48	1.52
	0.06	1.71	1.71	1.76	1.76	1.84	1.84	1.30	1.33	1.37	1.39
	0.08	1.56	1.56	1.59	1.59	1.64	1.64	1.22	1.26	1.30	1.31
	0.10	1.48	1.48	1.51	1.51	1.54	1.54	1.19	1.21	1.24	1.26
	0.15	1.35	1.35	1.38	1.38	1.41	1.41	1.11	1.14	1.15	1.18
1.2< $\dfrac{D}{d}$ ≤2	0.02	2.40	2.60	2.80	3.00	3.25	3.50	1.80	1.90	2.00	2.10
	0.04	2.00	2.10	2.15	2.25	2.35	2.45	1.53	1.60	1.65	1.70
	0.06	1.85	1.85	1.90	1.90	2.00	2.00	1.40	1.45	1.50	1.53
	0.08	1.66	1.66	1.70	1.70	1.76	1.76	1.30	1.35	1.40	1.42
	0.10	1.57	1.57	1.61	1.61	1.64	1.64	1.25	1.28	1.32	1.35
	0.15	1.41	1.41	1.45	1.45	1.49	1.49	1.15	1.18	1.20	1.24

环槽

$\dfrac{l}{r}$	$\dfrac{r}{d}$	k_σ R_m/MPa					$\dfrac{D}{d}$	$\dfrac{r}{d}$	k_τ R_m/MPa				
		≤650	700	800	900	≥1000			≤650	700	800	900	≥1000
$\dfrac{l}{r}$ 0.4	0.02	1.82	1.92	2.06	2.21	2.30	$\dfrac{D}{d}$ 1.02	0.02	1.29	1.32	1.39	1.46	1.50
	0.04	1.77	1.82	1.96	2.06	2.16		0.04	1.27	1.30	1.37	1.43	1.48
	0.05	1.72	1.77	1.87	1.92	1.96	$\dfrac{D}{d}$ <	0.06	1.25	1.29	1.36	1.41	1.46
	0.08	1.68	1.72	1.77	1.87	1.92		0.08	1.21	1.25	1.32	1.39	1.43
0.6≥ $\dfrac{l}{r}$	0.10	1.63	1.68	1.72	1.77	1.82	≤1.1	0.10	1.18	1.21	1.29	1.32	1.37
	0.15	1.53	1.55	1.58	1.63	1.68		0.15	1.14	1.18	1.21	1.25	1.29
0.6< $\dfrac{l}{r}$	0.02	1.85	1.95	2.10	2.25	2.35	1.1	0.02	1.37	1.41	1.50	1.59	1.64
	0.04	1.80	1.85	2.00	2.10	2.20		0.04	1.35	1.38	1.47	1.55	1.62
$\dfrac{l}{r}$ <1	0.06	1.75	1.80	1.90	1.95	2.00	$\dfrac{D}{d}$ <	0.06	1.32	1.37	1.46	1.52	1.59
	0.08	1.70	1.75	1.80	1.90	1.95		0.08	1.27	1.32	1.41	1.50	1.55
	0.10	1.65	1.70	1.75	1.80	1.85	≤1.2	0.10	1.23	1.27	1.37	1.41	1.47
	0.15	1.55	1.57	1.60	1.65	1.70		0.15	1.18	1.23	1.27	1.32	1.37
1< $\dfrac{l}{r}$	0.02	1.89	1.99	2.15	2.31	2.41	1.2	0.02	1.40	1.45	1.55	1.65	1.70
	0.04	1.84	1.89	2.05	2.15	2.26		0.04	1.38	1.42	1.52	1.60	1.68
$\dfrac{l}{r}$ ≤1.5	0.06	1.78	1.87	1.94	1.99	2.05	$\dfrac{D}{d}$ <	0.06	1.35	1.40	1.50	1.57	1.65
	0.08	1.73	1.78	1.84	1.94	1.99		0.08	1.30	1.35	1.45	1.55	1.60
	0.10	1.68	1.73	1.78	1.84	1.89	≤1.4	0.10	1.25	1.30	1.40	1.45	1.52
	0.15	1.58	1.60	1.63	1.68	1.73		0.15	1.20	1.25	1.30	1.35	1.40

表 6-9　螺纹、键槽、花键及横孔的有效应力集中系数 k_σ 和 k_τ 值

R_m/MPa	螺纹 k_σ ($k_\tau=1$)	键槽 k_σ A型	键槽 k_σ B型	键槽 k_τ A、B型	花键 k_σ (齿轮轴 $k_\sigma=1$)	花键 k_τ 矩形	花键 k_τ 渐开线(齿轮轴)	横孔 k_σ d_0/d 0.05~0.1	横孔 k_σ d_0/d 0.15~0.25	横孔 k_τ d_0/d 0.05~0.15	横孔 k_τ d_0/d 0.05~0.25	蜗杆 k_σ	蜗杆 k_τ
400	1.45	1.51	1.30	1.20	1.35	2.10	1.40	1.90	1.70	1.70		2.3~2.5	1.7~1.9
500	1.78	1.64	1.38	1.37	1.45	2.25	1.43	1.95	1.75	1.75			
600	1.96	1.76	1.46	1.54	1.55	2.35	1.46	2.00	1.80	1.80			
700	2.20	1.89	1.54	1.71	1.60	2.45	1.49	2.05	1.85	1.80			
800	2.32	2.01	1.62	1.88	1.65	2.55	1.52	2.10	1.90	1.85			
900	2.47	2.14	1.69	2.05	1.70	2.65	1.55	2.15	1.95	1.90			
1000	2.61	2.26	1.77	2.22	1.72	2.70	1.58	2.20	2.00	1.90			
1200	2.90	2.50	1.92	2.39	1.75	2.80	1.60	2.30	2.10	2.00			

蜗杆：$R_m \leqslant 700$MPa 取小值；$R_m \geqslant 1000$MPa 取大值

注：表中数值为标号 1 处的有效应力集中系数，标号 2 处 $k_\sigma=1$，$k_\tau=$ 表中值。

表 6-10　尺寸系数 ε_σ 和 ε_τ

毛坯直径/mm	碳 钢		合 金 钢	
	ε_σ	ε_τ	ε_σ	ε_τ
>20~30	0.91	0.89	0.83	0.89
>30~40	0.88	0.81	0.77	0.81
>40~50	0.84	0.78	0.73	0.78
>50~60	0.81	0.76	0.70	0.76
>60~70	0.78	0.74	0.68	0.74
>70~80	0.75	0.73	0.66	0.73
>80~100	0.73	0.72	0.64	0.72
>100~120	0.70	0.70	0.62	0.70
>120~140	0.68	0.68	0.60	0.68

表 6-11　加工表面的表面状态系数 β

加 工 方 法	抗拉强度 R_m/MPa		
	400	800	1200
磨光（Ra 为 0.4~0.2μm）	1	1	1
车光（Ra 为 3.2~0.8μm）	0.95	0.90	0.80
粗加工（Ra 为 25~6.3μm）	0.85	0.80	0.65
未加工表面（氧化铁层等）	0.75	0.65	0.45

表 6-12　强化表面的表面状态系数 β

表面强化方法	心部材料的强度 R_m/MPa	表 面 系 数 β		
		光 轴	有应力集中的轴	
			$k_\sigma \leqslant 1.5$	$k_\sigma \geqslant 1.8~2$
高频淬火①	600~800	1.5~1.7	1.6~1.7	2.4~2.8
	800~1100	1.3~1.5	—	—
渗氮②	900~1200	1.1~1.25	1.5~1.7	1.7~2.1
渗碳淬火	400~600	1.8~2.0	3	—
	700~800	1.4~1.5	—	—
	1000~1200	1.2~1.3	2	—
喷丸处理③	600~1500	1.1~1.25	1.5~1.6	1.7~2.1
滚子碾压④	600~1500	1.1~1.3	1.3~1.5	1.6~2.0

① 数据是在实验室中用 $d=10~20$mm 的试件求得，淬透深度（0.05~0.20）d；对于大尺寸的试件，表面状态系数低些。

② 氮化层深度为 0.01d 时，宜取低限值；深度为（0.03~0.04）d 时，宜取高限值。

③ 数据是用 $d=8~40$mm 的试件求得；喷射速度较小时宜取低值，较大时宜取高值。

④ 数据是用 $d=17~130$mm 的试件求得。

6.4　轴的设计计算实例及轴零件工作图

1. 轴的设计计算实例

设计图 6-9 所示的热处理车间零件清洗设备减速装置输出轴。已知：低速轴传递的功率 $P_3 = 3.02\text{kW}$，转速 $n_3 = 40.15\text{r/min}$，齿轮 4 分度圆直径 $d_4 = 291.215\text{mm}$，齿轮宽度 $b_4 = 98\text{mm}$，$\beta = 9.76°$。该传送设备的动力由电动机经减速装置后传至输送带。每日两班制工作，工作期限为 8 年，中批量生产。

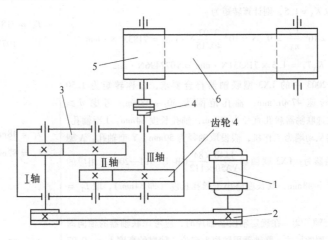

图 6-9　两级展开式圆柱齿轮减速器传动装置简图
1—电动机　2—带传动　3—减速器　4—联轴器　5—输送带带轮　6—输送带

设计计算详细步骤及结果见表 6-13。

表 6-13　设计计算详细步骤及结果

设计项目及依据	设计结果
1. 选择轴的材料 因传递的功率不大，并对重量及结构尺寸无特殊要求，故查表 6-6 选用常用的材料 45 钢，调质处理	45 钢，调质处理
2. 初算轴径 由表 6-3 得 $C = 103 \sim 126$，考虑轴端只承受转矩，故取较小值，$C = 106$，则 $$d_{\min} = C\sqrt[3]{\dfrac{P_3}{n_3}} = 106 \times \sqrt[3]{\dfrac{3.02}{40.15}}\text{mm} = 44.75\text{mm}$$ 轴与联轴器连接，有一个键槽，轴径应增大 3% ~ 5%，轴端最细处直径为 $d_1 \geqslant [44.75 + 44.75 \times (0.03 \sim 0.05)]\text{mm} = (46.09 \sim 46.98)\text{mm}$	$d_{\min} = 44.75\text{mm}$ $d_1 \geqslant (46.09 \sim 46.98)\text{mm}$

（续）

设计项目及依据	设计结果
3. 结构设计 轴的结构构想如图 6-10 所示 （1）轴承部件的结构设计　该减速器发热小，轴不长，故轴承采用两端固定的方式。按轴上零件的安装顺序，从最小轴径开始设计 （2）联轴器及轴端①　轴端①上安装联轴器，此段设计应与联轴器的选择同步进行。为补偿联轴器所连接两轴的安装误差、隔离振动，选用弹性柱销联轴器 　　由表 6-14，取 $K_A = 1.5$，则计算转矩为 $$T_3 = 9.55 \times 10^6 \frac{P_3}{n_3} = 9.55 \times 10^6 \frac{3.02}{40.15} \mathrm{N \cdot mm} = 718331 \mathrm{N \cdot mm}$$ $$T_c = K_A T_3 = 1.5 \times 718331 \mathrm{N \cdot mm} = 1077496 \mathrm{N \cdot mm}$$ 　　GB/T 5014—2003 中的 LX3 型联轴器符合要求，公称转矩为 1250 N·mm，许用转速 4750r/min，轴孔范围为 30 ~ 48mm。考虑 $d \geqslant$ 46.98mm，因此选联轴器毂孔直径为 48mm，轴孔长度 84mm，J 型轴孔，A 型键，联轴器从动端为工作机，假设取轴径为 50mm，Y 型轴孔，A 型键，则选取联轴器为：LX3 联轴器 $\dfrac{\mathrm{JA}48 \times 84}{\mathrm{YA}50 \times 112}$ GB/T 5014—2003，相应的轴段①的直径 $d_1 = 48$mm，其长度略小于毂孔长度（即 84mm），取 $L_1 = 82$mm （3）密封圈与轴段②　在确定轴段②直径时，应考虑联轴器的轴向固定及轴承盖密封圈的尺寸。联轴器用轴肩来定位，轴肩的高度 $h = (0.07 ~ 0.1)d_1 = (0.07 ~ 0.1) \times 48$mm $= (3.36 ~ 4.8)$mm。轴段②轴径 $d_2 = d_1 + 2h = 48 + 2 \times (3.36 ~ 4.8)$mm $= (54.72 ~ 57.8)$mm，最终由密封圈确定。该轴的圆周速度小于 3m/s，可选用毡圈油封，由表 6-15，选毡圈 55 JB/ZQ4606—1997，则取 $d_2 = 55$mm （4）轴承与轴段③及轴段⑥的设计　轴段③和轴段⑥上安装轴承，其直径应既便于轴承安装，又应符合轴承的内径系列。考虑齿轮有轴向力存在，选用角接触球轴承。根据 $d_2 = 55$mm，装轴承处应起一个台阶以便于装拆轴承，因此装轴承处的轴径应为 $d_3 = 60$mm。根据载荷不大，因此预选直径系列为轻系列、宽度系列为窄系列、精度等级为普通级的轴承，代号为 7212C 　　由表 6-16 查得轴承内径 $d = 60$mm，外径 $D = 110$mm，宽度 $B = 22$mm，内圈定位轴肩直径 $d_a = 69$mm，外圈定位内径 $D_a = 101$mm，轴上定位端面圆角半径最大为 $r_a = 1.5$mm，对轴的力作用点与外圈大端面的距离 $a_3 = 22.4$mm。由于齿轮速度较低，因此轴承采用脂润滑，用挡油板防止漏油，挡油板的厚度为 $b_2 = 1$mm，套筒长 $S_1 = 14$mm，则轴段③长为 $$L_3 = S_1 + b_2 + B = (14 + 1 + 22)\mathrm{mm} = 37\mathrm{mm}$$	$T_3 = 718331 \mathrm{N \cdot mm}$ $T_c = 1077496 \mathrm{N \cdot mm}$ $d_1 = 48$mm $L_1 = 82$mm $d_2 = 55$mm $d_3 = 60$mm $L_3 = 37$mm

（续）

设计项目及依据	设计结果
为了保证轴的同轴度，减速器箱体上每根轴的两个轴承座孔必须是用同一把刀同时镗出来，不能掉头镗。因此一根轴上的两个轴承应取相同的型号，则 $d_6 = 60\text{mm}$。	$d_6 = 60\text{mm}$
（5）齿轮与轴段⑤　该段上安装齿轮 4，为了便于齿轮的安装，d_5 应略大于 d_6，可初步确定轴段⑤直径 $d_5 = 62\text{mm}$，齿轮 4 轮毂的宽度范围为 $(1.2 \sim 1.5)d_5 = (74.4 \sim 93)\text{mm}$，而齿轮的宽度为 $b_4 = 98\text{mm}$，考虑轮毂的宽度与齿轮宽度相差不多，取其轮毂宽度等于齿轮宽度。齿轮右端采用轴肩定位，左端采用套筒固定。为使套筒端面能够顶住齿轮端面，轴段⑤的长度应比轮毂略短，故取 $L_5 = 96\text{mm}$	$d_5 = 62\text{mm}$ $L_5 = 96\text{mm}$
（6）轴段④　该轴段为齿轮提供定位和固定作用，定位轴间的高度为 $h = (0.07 \sim 0.1)d_5 = (0.07 \sim 0.1) \times 62\text{mm} = (4.34 \sim 6.2)\text{mm}$，取 $h = 5\text{mm}$，则 $d_4 = 72\text{mm}$	$d_4 = 72\text{mm}$
箱体内壁间距离 $B_X = 217\text{mm}$，齿轮左端面与箱体内壁距离 $\Delta_3 = 19\text{mm}$，齿轮宽 $b_4 = 98\text{mm}$，轴段③轴肩到右侧轴承左端面距离 $\Delta_1 = 14.5\text{mm}$，轴承左端面到箱体内壁距离 $\Delta_2 = 6\text{mm}$（因齿轮圆周速度较低，因此轴承采用脂润滑，因此取轴承端面到箱体内壁距离为 $5 \sim 10\text{mm}$，本例取 $\Delta_2 = 6\text{mm}$）。以上各数据是由减速器结构设计时定的尺寸，设计过程略，具体方法可查参考文献 [3]、[2]。因此轴段④长度为 $L_4 = B_X - \Delta_3 - b_4 - (\Delta_1 - \Delta_2) = [217 - 19 - 98 - (14.5 - 6)]\text{mm} = 91.5\text{mm}$	$L_4 = 91.5\text{mm}$
（7）轴段②与轴段⑥的长度	
1）轴段②的长度。轴段②的长度除与轴上零件有关外，还与轴承座宽度及轴承端盖等有关。轴承端盖连接螺栓为 GB/T 5781 M8×25（见表 6-17）。为使联轴器不与轴承端盖相碰，并留一定的装拆空间，故取联轴器轮毂端面与端盖外端面距离为 $K_2 = 10\text{mm}$。经计算轴承盖厚为 $B_d = 9.6\text{mm}$（见表 6-17）。取箱体内壁与箱体外壁之间距离 $L = 53\text{mm}$（考虑剖分面凸缘连接螺栓留有扳手空间）。查表 6-16，轴承 7212C 的宽度为 $B = 22\text{mm}$；取垫片厚 $\delta_1 = 1\text{mm}$，则有 　　$L_2 = K_2 + B_d + (L - B - \Delta_2 + \delta_1) = [10 + 10 + (53 - 22 - 6 + 1)]\text{mm}$ 　　　$= 46\text{mm}$	$L_2 = 46\text{mm}$
2）轴段⑥的长度。套筒长度 $S_2 = 24.5\text{mm}$，取挡油板厚度 $b_2 = 1\text{mm}$，过渡圆角 $r = 2\text{mm}$，则轴段⑥的长度为 　　　$L_6 = B + b_2 + S_2 + r = (22 + 1 + 24.5 + 2)\text{mm}$ 　　　　$= 49.5\text{mm}$	$L_6 = 49.5\text{mm}$
（8）轴上力作用点的间距　轴承反力的作用点与轴承外圈大端面的距离 $a_3 = 22.4\text{mm}$（参考表 6-16），则由图 6-10 可得轴的支点及受力点间的距离为	

（续）

设计项目及依据	设计结果

$$l_1 = L_6 + L_5 - \frac{b_4}{2} - a_3 = (49.5 + 96 - \frac{98}{2} - 22.4)\text{mm} = 74.1\text{mm}$$

$$l_2 = L_3 + L_4 + \frac{b_4}{2} - a_3 = (37 + 91.5 + \frac{98}{2} - 22.4)\text{mm} = 155.1\text{mm}$$

$$l_3 = a_3 + L_2 + \frac{84}{2} = (22.4 + 46 + 42)\text{mm} = 110.4\text{mm}$$

4. 键连接

联轴器与轴段①及齿轮4与轴段⑤间均采用 A 型普通平键连接，参考 GB/T1096—2003

1）轴段①：由轴径 $d_1 = 48\text{mm}$，选键的宽度是 14mm；由轴段长 $L_1 = 82\text{mm}$，取键长 $L = 70\text{mm}$；标记为：键 14×70 GB/T1096—2003。

2）轴段⑤：由轴径 $d_5 = 62\text{mm}$，选键的宽度是 18mm；由轴段长 $L_5 = 96\text{mm}$，取键长 $L = 90\text{mm}$；标记为：键 18×90 GB/T1096—2003。

5. 轴的受力分析

（1）画轴的受力简图 轴的受力简图如图 6-11b 所示

（2）计算支反力 齿轮受力计算：

$$F_{t4} = \frac{2T_3}{d_4} = \frac{2 \times 9.55 \times 10^6 \frac{P_3}{n_3}}{d_4} = \frac{2 \times 9.55 \times 10^6 \frac{3.02}{40.15}}{291.25}\text{N} = 4933\text{N}$$

$$F_{r4} = \frac{F_{t4}\tan\alpha_n}{\cos\beta} = \frac{4933 \times \tan20°}{\cos9.76°}\text{N} = 1822\text{N}$$

$$F_{a4} = F_{t4}\tan\beta = 4933\text{N} \times \tan9.76° = 849\text{N}$$

1）水平面上的支反力

轴承1：

$$R_{1H} = \frac{F_{r4}l_2 - F_{a4}\frac{d_4}{2}}{l_1 + l_2}$$

$$= \frac{1822 \times 155.1 - 849 \times \frac{291.215}{2}}{74.1 + 155.1}\text{N} = 694\text{N}$$

$R_{1H} = 694\text{N}$

$R_{2H} = 1128\text{N}$

轴承2：

$$R_{2H} = F_{r4} - R_{1H} = 1822\text{N} - 694\text{N} = 1128\text{N}$$

2）垂直平面上的支反力

轴承1：

$$R_{1V} = \frac{F_{t4}l_2}{l_1 + l_2} = \frac{4933 \times 155.1}{74.1 + 155.1}\text{N} = 3338\text{N}$$

$R_{1V} = 3338\text{N}$

轴承2：

$$R_{2V} = F_{t4} - R_{1V} = 4933\text{N} - 3338\text{N} = 1595\text{N}$$

$R_{2V} = 1595\text{N}$

3）求总的支反力

（续）

设计项目及依据	设计结果
轴承 1： $$R_1 = \sqrt{R_{1H}^2 + R_{1V}^2} = \sqrt{694^2 + 3338^2}\,\text{N} = 3409\text{N}$$ 轴承 2： $$R_2 = \sqrt{R_{2H}^2 + R_{2V}^2} = \sqrt{1128^2 + 1595^2}\,\text{N} = 1954\text{N}$$ （4）画弯矩图 1）水平面 a—a 剖面右侧弯矩为 $$M_{aH} = R_{1H}l_1 = 694\text{N} \times 74.1\text{mm} = 51425\text{N}\cdot\text{mm}$$ a—a 剖面左侧弯矩为 $$M'_{aH} = R_{2H}l_2 = 1128\text{N} \times 155.1\text{mm} = 174953\text{N}\cdot\text{mm}$$ 水平面弯矩图如图 6-11c 所示 2）垂直面 a—a 剖面弯矩为 $$M_{aV} = -R_{1V}l_1 = -3338\text{N} \times 74.1\text{mm} = -247346\text{N}\cdot\text{mm}$$ 垂直面弯矩图如图 6-11d 所示 3）合成弯矩图 a—a 剖面左侧为 $$M_a = \sqrt{M_{aH}^2 + M_{aV}^2} = \sqrt{51425^2 + (-247346)^2}$$ $$= 252635\text{N}\cdot\text{mm}$$ a—a 剖面右侧为 $$M'_a = \sqrt{M_{aH}^2 + M_{aV}^2} = \sqrt{174953^2 + (-247346)^2}\,\text{N}\cdot\text{mm}$$ $$= 302966\text{N}\cdot\text{mm}$$ 合成弯矩图如图 6-11e 所示 （5）画转矩图 $$T_3 = 718331\text{N}\cdot\text{mm}$$ 转矩图如图 6-11f 所示	$R_1 = 3409\text{N}$ $R_2 = 1954\text{N}$ $M_{aH} = 51425\text{N}\cdot\text{mm}$ $M'_{aH} = 174953\text{N}\cdot\text{mm}$ $M_{aV} = 247346\text{N}\cdot\text{mm}$ $M_a = 252635\text{N}\cdot\text{mm}$ $M'_a = 302966\text{N}\cdot\text{mm}$ $T_3 = 718331\text{N}\cdot\text{mm}$
6. 校核轴的强度 因 a—a 剖面右侧弯矩大，且作用有转矩，故 a—a 剖面右侧为危险截面 a—a 剖面的抗弯截面模量为（查表 6-4） $$W = \frac{\pi d_5^3}{32} - \frac{bt\,(d_5 - t)^2}{2d_5} = \frac{\pi \times 62^3}{32}\text{mm}^3 - \frac{18 \times 7 \times (62-7)^2}{2 \times 62}\text{mm}^3$$ $$= 20324\text{mm}^3$$ a—a 剖面的抗扭截面模量为（查表 6-4） $$W_t = \frac{\pi d_5^3}{16} - \frac{bt\,(d_5 - t)^2}{2d_5} = \frac{\pi \times 62^3}{16}\text{mm}^3 - \frac{18 \times 7 \times (62 - 7)^2}{2 \times 62}\text{mm}^3$$ $$= 43722\text{mm}^3$$ 弯曲应力为：$\sigma_b = \dfrac{M'_a}{W} = \dfrac{302966}{20324}\text{MPa} = 14.91\text{MPa}$	 $W = 20324\text{mm}^3$ $W_t = 43722\text{mm}^3$ $\sigma_b = 14.91\text{MPa}$

（续）

设计项目及依据	设计结果
扭切应力为：$\tau = \dfrac{T_3}{W_t} = \dfrac{718331}{43722}\text{MPa} = 16.43\text{MPa}$ 按弯扭合成强度进行校核计算，对于单向传动的转轴，转矩按脉动循环处理，故取折合系数 $\alpha = 0.6$，则当量应力为 $\sigma_e = \sqrt{\sigma_b^2 + 4(\alpha\tau)^2} = \sqrt{14.91^2 + 4\times(0.6\times16.43)^2}\text{MPa}$ $= 24.72\text{MPa}$ 由表6-6查得45钢调质处理抗拉强度 $R_m = 650\text{MPa}$，则查表6-5并按插值法算出 $R_m = 650\text{MPa}$ 时的许用弯曲应力 $[\sigma_{-1}]_w = 60\text{MPa}$ 比较强度：$\sigma_e = 24.72\text{MPa} < [\sigma_{-1}]_w = 60\text{MPa}$，满足强度要求	$\tau = 16.43\text{MPa}$ $\sigma_e = 24.72\text{MPa}$ 轴强度满足要求

表6-14　工作情况系数 K

工作机		动 力 机			
工作情况	实 例	电动机 汽轮机	四缸以上 内燃机	双缸 内燃机	单缸 内燃机
转矩变化很小	发电机、小型通风机、小型离心泵	1.3	1.5	1.8	2.2
转矩变化小	透平压缩机、木工机床、运输机	1.5	1.7	2.0	2.4
转矩变化中等	搅拌机、增压泵、往复式压缩机、冲床	1.7	1.9	2.2	2.6
转矩变化中等，有冲击	拖拉机、织布机、水泥搅拌机	1.9	2.1	2.4	2.8
转矩变化较大，有较大冲击	造纸机、挖掘机、起重机、碎石机	2.3	2.5	2.8	3.2
转矩变化大，有强烈冲击	压延机、轧钢机	3.1	3.3	3.6	4.0

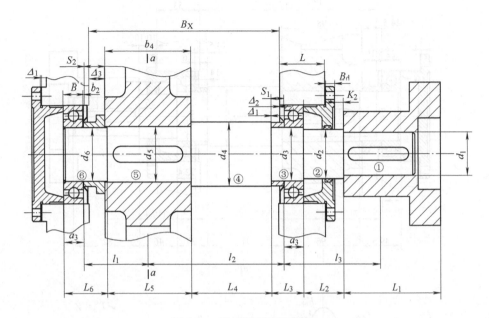

图 6-10   低速轴结构构想图

表 6-15   毡圈油封及槽　　　　　　　（单位：mm）

	轴径	毡	圈		槽				
								B_{min}	
	d	D	d_1	b_1	D_0	d_0	b	钢	铸铁
	25	39	24	7	38	26	6	12	15
	30	45	29		44	31			
	35	49	34		48	36			
	40	53	39		52	41			
	45	61	44	8	60	46	7		
	50	69	49		68	51			
	55	74	53		72	56			
	60	80	58		78	61			

毡圈

标记示例   轴径 $d = 40$mm 的毡圈
记为   毡圈 40 JB/ZQ4606—1997

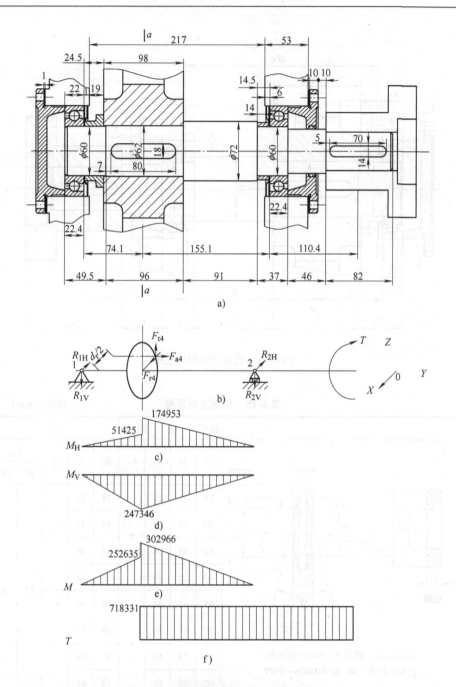

图 6-11 低速轴结构尺寸与受力分析

a) 轴结构图   b) 空间受力图   c) 水平面弯矩图（N·mm）

d) 垂直面弯矩图（N·mm）   e) 合成弯矩图（N·mm）   f) 转矩图（N·mm）

表 6-16　角接触球轴承（GB/T 292—2007、GB/T 5868—2003）

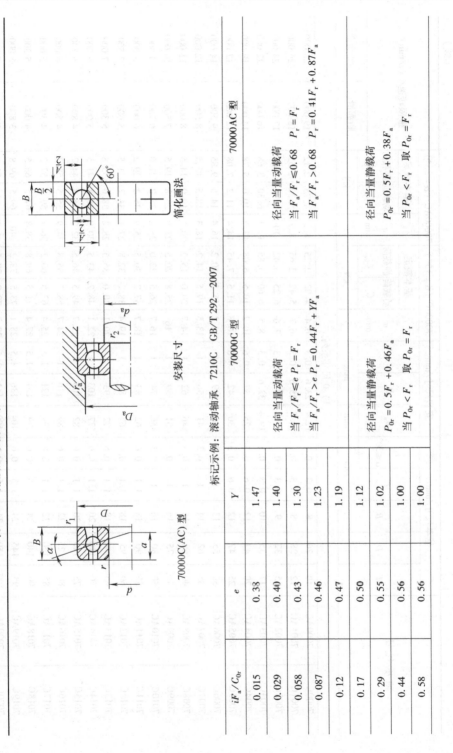

70000C（AC）型　　安装尺寸　　简化画法

标记示例：滚动轴承　7210C　GB/T 292—2007

iF_a/C_{0r}	e	Y	70000C 型	70000AC 型
0.015	0.33	1.47	径向当量动载荷	径向当量动载荷
0.029	0.40	1.40	当 $F_a/F_r \leq e$　$P_r = F_r$	当 $F_a/F_r \leq 0.68$　$P_r = F_r$
0.058	0.43	1.30	当 $F_a/F_r > e$　$P_r = 0.44F_r + YF_a$	当 $F_a/F_r > 0.68$　$P_r = 0.41F_r + 0.87F_a$
0.087	0.46	1.23		
0.12	0.47	1.19		
0.17	0.50	1.12	径向当量静载荷	径向当量静载荷
0.29	0.55	1.02	$P_{0r} = 0.5F_r + 0.46F_a$	$P_{0r} = 0.5F_r + 0.38F_a$
0.44	0.56	1.00	当 $P_{0r} < F_r$　取 $P_{0r} = F_r$	当 $P_{0r} < F_r$　取 $P_{0r} = F_r$
0.58	0.56	1.00		

（续）

(1) 0 尺寸系列

轴承代号	轴承代号	基本尺寸/mm				r₁ α≤30°	安装尺寸/mm			70000C（α=15°）a/mm	基本额定 动载荷 C_r/kN	基本额定 静载荷 C_{0r}/kN	70000AC（α=25°）a/mm	基本额定 动载荷 C_r/kN	基本额定 静载荷 C_{0r}/kN	极限转速/(r/min) 脂润滑	极限转速/(r/min) 油润滑
		d	D	B	r min	r₁ min	d_a min	D_a max	r_a								
7000C	7000AC	10	26	8	0.3	0.1	12.4	23.6	0.3	6.4	4.92	2.25	8.2	4.75	2.12	19 000	28 000
7001C	7001AC	12	28	8	0.3	0.1	14.4	25.6	0.3	6.7	5.42	2.65	8.7	5.20	2.55	18 000	26 000
7002C	7002AC	15	32	9	0.3	0.1	17.4	29.6	0.3	7.6	6.25	3.42	10	5.95	3.25	17 000	24 000
7003C	7003AC	17	35	10	0.3	0.1	19.4	32.6	0.3	8.5	6.60	3.85	11.1	6.30	3.68	16 000	22 000
7004C	7004AC	20	42	12	0.6	0.3	25	37	0.6	10.2	10.5	6.08	13.2	10.0	5.78	14 000	19 000
7005C	7005AC	25	47	12	0.6	0.3	30	42	0.6	10.8	11.5	7.45	14.4	11.2	7.08	12 000	17 000
7006C	7006AC	30	55	13	1	0.3	36	49	1	12.2	15.2	10.2	16.4	14.5	9.85	9 500	14 000
7007C	7007AC	35	62	14	1	0.3	41	56	1	13.5	19.5	14.2	18.3	18.5	13.5	8 500	12 000
7008C	7008AC	40	68	15	1	0.3	46	62	1	14.7	20.0	15.2	20.1	19.0	14.5	8 000	11 000
7009C	7009AC	45	75	16	1	0.3	51	69	1	16	25.8	20.5	21.9	25.8	19.5	7 500	10 000
7010C	7010AC	50	80	16	1	0.3	56	74	1	16.7	26.5	22.0	23.2	25.2	21.0	6 700	9 000
7011C	7011AC	55	90	18	1.1	0.6	62	83	1	18.7	37.2	30.5	25.9	35.2	29.2	6 000	8 000
7012C	7012AC	60	95	18	1.1	0.6	67	88	1	19.4	38.2	32.8	27.1	36.2	31.5	5 600	7 500
7013C	7013AC	65	100	18	1.1	0.6	72	93	1	20.1	40.0	35.5	28.2	38.0	33.8	5 300	7 000
7014C	7014AC	70	110	20	1.1	0.6	77	103	1	22.1	48.2	43.5	30.9	45.8	41.5	5 000	6 700
7015C	7015AC	75	115	20	1.1	0.6	82	108	1	22.7	49.5	46.5	32.2	46.8	44.2	4 800	6 300
7016C	7016AC	80	125	22	1.1	0.6	89	116	1.5	24.7	58.5	55.8	34.9	55.5	53.2	4 500	6 000
7017C	7017AC	85	130	22	1.1	0.6	94	121	1.5	25.4	62.5	60.2	36.1	59.2	57.2	4 300	5 600
7018C	7018AC	90	140	24	1.5	0.6	99	131	1.5	27.4	71.5	69.8	38.8	67.5	66.5	4 000	5 300
7019C	7019AC	95	145	24	1.5	0.6	104	136	1.5	28.1	73.5	73.2	40	69.5	69.8	3 800	5 000
7020C	7020AC	100	150	24	1.5	0.6	109	141	1.5	28.7	79.2	78.5	41.2	75	74.8	3 800	5 000

表 6-17 螺钉连接外装式轴承盖（材料：HT150）

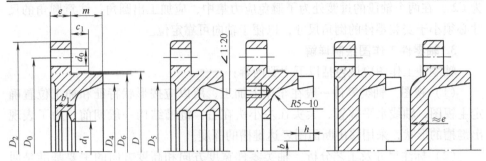

$d_0 = d_3 + 1mm$，d_3 为端盖连接螺栓直径，尺寸如下：

轴承外径 D/mm	螺钉直径 d_3/mm	轴承盖的 螺钉数
45 ~ 65	6	6
70 ~ 100	8	
110 ~ 140	10	
150 ~ 230	12 ~ 16	

$D_0 = D + 2.5d_3$；$D_2 = D_0 + 2.5d_3$；$e = 1.2d_3$；$e_1 \geqslant e$；m 由结构确定；$D_4 = D - (10 \sim 15)$mm；
$D_5 = D_0 - 3d_3$；$D_6 = D - (2 \sim 4)$mm；d_1、b_1 由密封尺寸确定；b（进油孔宽）$= 5 \sim 10$，$h = (0.8 \sim 1)b$。

2. 轴结构设计及工艺性分析

轴的结构设计是根据轴上零件的安装、定位以及轴的制造工艺等方面的要求，合理地确定轴的结构形式和尺寸。轴的结构设计不合理，会影响轴的工作能力和轴上零件的工作可靠性，还会增加轴的制造成本和轴上零件装配的困难等。因此，轴的结构设计是轴设计中的重要内容。

轴的结构设计在 6.4.1 节中已经详细介绍，在此不再赘述。

用作轴的材料主要是碳钢和合金钢。由于碳钢比合金钢廉价，对应力集中敏感性较低，同时也可以用热处理或化学热处理的办法提高其耐磨性和疲劳强度，故采用碳钢制造轴尤为广泛，其中最常用的是 45 钢。合金钢比碳钢具有更好的力学性能和更好的淬火性能。因此在传递大动力，并要求减小尺寸与重量，提高轴颈的耐磨性，以及处于高温或低温条件下工作的轴，常采用合金钢。

钢轴的毛坯多数采用轧制圆钢或锻件。锻件可以获得更"致密"的金属组织，对提高强度有一定的作用，所以轴的毛坯大部分采用锻造的加工方法，形成最初的棒料。根据不同加工要求，加工出轴零件。本例为减速器上的低速轴，可直接选用锻造好的棒料，上车床加工。

为了便于轴上零件的安装，通常轴要设计成阶梯轴，且加工出倒角，通常为 $C2$，在两个轴段的过渡处为了避免应力集中，应加工出圆角，注意圆角的尺寸必须小于安装零件的倒角尺寸，以便于轴向可靠定位。

3. 轴零件工作图绘制详解

轴零件工作图应该包括以下主要内容：

（1）视图　轴类零件一般在车床上加工，所以应按形状特征和加工位置确定主视图，轴线水平放置，大头在左小头在右，键槽结构一般朝前，为了表现出键槽的形状，采用移出断面图表达键槽的深度。

（2）标注尺寸及工艺分析　轴类零件宽度方向和高度方向的主要基准是回转轴线，长度方向的主要基准是端面或台阶面。轴类零件的主要形体是同轴回转体组成的，因而省略了两个方向（宽度和高度）的定位尺寸。功能尺寸必须直接标注出来（如安装齿轮部分的尺寸、联轴器部分的尺寸）。为了清晰和便于测量，表达键槽的断面图应按标准确定尺寸和标注（如键槽的深度尺寸）。

（3）标出尺寸公差及工艺分析　主要尺寸及公差：

1）轴段①：轴段①上安装联轴器，$d_1 = 48\text{mm}$，$L_1 = 82\text{mm}$，参考表 6-18，选择联轴器与轴的配合为 $\dfrac{\text{H7}}{\text{k6}}$。由 GB/T 1800.2—2009 查得轴的极限偏差值为 $\phi\,48^{+0.018}_{+0.002}$；由 GB/T 1096—2003 查得键槽宽极限偏差值 $14^{\ 0}_{-0.043}$ 及键槽深极限偏差值 $42.5^{\ 0}_{-0.2}$。

2）轴段②：轴段②的作用是联轴器的轴向固定，不需标注尺寸公差。

3）轴段③和轴段⑥：轴段③和轴段⑥安装轴承，当轴承内径公差带与轴公差带构成配合时，在一般基孔制属于过渡配合的公差代号将变为过盈配合，但过盈量不大，如 k5、k6、m5、m6、n6 等。本例采用 k6，由 GB/T1800.2—2009 查得安装轴承的轴段③和轴段⑥的极限偏差值为 $\phi\,60^{+0.021}_{+0.002}$。

4）轴段④：轴段④的作用是齿轮的轴向固定，不需标注尺寸公差。

5）轴段⑤：轴段⑤上安装齿轮，采用过渡配合 $\dfrac{\text{H7}}{\text{k6}}$，由 GB/T 1800.2—2009 查得极限偏差值 $\phi\,62^{+0.021}_{+0.002}$；由 GB/T 1096—2003 查得键槽宽极限偏差值 $18^{\ 0}_{-0.043}$ 及键槽深极限偏差值 $55^{\ 0}_{-0.02}$。

（4）几何公差（GB/T 1182—2008）及工艺分析　输出轴的下面几个部分需要标注几何公差：

1）安装轴承的轴段。安装轴承的轴段对圆柱度有要求，由 GB/T1182—2008 查得圆柱度公差值为 0.005mm；其次安装轴承的轴段外径对中心线的圆跳动有要求，其公差值为 0.015mm；再次右轴承左侧轴的定位轴肩，要求对中心线有轴向圆跳动要求，其公差为 0.015mm。

2）装齿轮的轴段。齿轮右端的轴肩作为齿轮的定位端面，因此要求对中心线有轴向圆跳动要求，其公差由 GB/T1182—2008 查得为 0.015mm。

装齿轮的轴段其外径要求对轴心线有圆跳动要求，其公差由 GB/T1182—2008 查得均为 0.01mm。

3）键槽。装齿轮和装联轴器的轴段开有键槽，为了保证键槽的安装精度，键槽的宽度对其轴心线有对称度的要求，其公差值由 GB/T1182—2008 查得均为 0.012mm（按齿轮为 8 级精度、键槽宽分别是 18mm 和 14mm 查出的值）；同理查出轴段⑤键槽相对其轴线对称度为 0.012mm。

（5）表面粗糙度及工艺性分析 各轴段表面粗糙度值主要根据其功能确定，轴加工表面推荐的粗糙度 Ra 值见表 6-19；不同的加工方法得到不同的表面粗糙度 Ra 值，详见表 6-20。典型零件表面粗糙度的参考值见表 6-21。

轴段①安装联轴器，轴段⑤安装齿轮，属于配合表面，在满足要求的情况下考虑加工成本，采取车削加工，达到表面粗糙度 Ra 为 1.6 ~ 3.2μm，本例取 Ra 为 3.2μm；轴段③和轴段⑥安装轴承，属配合性质要求较高的过盈配合表面，因此综合考虑加工难度和配合要求等因素，一般需要磨削加工，本例取 Ra 为 0.8μm；键槽两个侧面是与键配合的工作面，因此对表面粗糙度要求较高，通常要求表面粗糙度 Ra 为 3.2μm；轴段②虽然不是配合表面，但考虑与固定在轴承盖上的密封件羊毛毡相接触，为了减少羊毛毡的磨损，轴的表面必须加工得光滑一些，因此选择了车削精加工，又因本例轴的速度不高，表面粗糙度 Ra 选为 1.6μm，如果轴的速度很高，则表面粗糙度 Ra 可选为 0.8μm，但需要磨削，加工费用较高。

其余非配合面、非工作面不需要很高的光洁度，为了降低成本、减少工时，通常采用车削加工，表面粗糙度 Ra 达到 6.3 ~ 25μm 即可，本例 Ra 选为 6.3μm。

所有的加工面必须逐一标注出表面粗糙度，本例输出轴各处表面粗糙度标注如图 6-12 所示。

（6）编写技术要求 技术要求是零件工作图的重要组成部分，内容是图中没表现出来，而在轴加工时又必须用到的内容，例如通常有以下内容：

1）对材料表面性能的要求，如热处理方法，热处理后应达到的硬度值。

2）对图中未标明的圆角、倒角尺寸及其他特殊要求的说明等。

（7）画出工作图的标题栏 轴零件图标题栏的主要内容包括：名称、比例、材料、图号、日期、设计人、审阅人等。这些内容一定要准确、详细，尤其是材料和比例必须要写出。

本例所设计的轴零件工作图如图 6-12 所示。

表 6-18　减速器主要零件的荐用配合

配合零件	荐用配合	装拆方法
大中型减速器的低速级齿轮（蜗轮）与轴的配合，轮缘与轮芯的配合	$\dfrac{H7}{r6}$；$\dfrac{H7}{s6}$	用压力机或温差法（中等压力的配合，小过盈配合）
一般齿轮、蜗轮、带轮、联轴器与轴的配合	$\dfrac{H7}{r6}$	用压力机（中等压力的配合）
要求对中性良好及很少装拆的齿轮、蜗轮、联轴器与轴的配合	$\dfrac{H7}{n6}$	用压力机（较紧的过渡配合）
小锥齿轮及较常装拆的齿轮、联轴器与轴的配合	$\dfrac{H7}{m6}$；$\dfrac{H7}{k6}$	手锤打入（过渡配合）
滚动轴承内孔与轴的配合（内圈旋转）	j6（轻负荷）；k6，m6（中等负荷）	用压力机（实际为过盈配合）
滚动轴承外圈与机体的配合（外圈不转）	H7，H6（精度高时要求）	
轴套、挡油盘、溅油轮与轴的配合	$\dfrac{D11}{k6}$；$\dfrac{F9}{k6}$；$\dfrac{F9}{m6}$；$\dfrac{H8}{h7}$；$\dfrac{H8}{h8}$	
轴承套杯与机孔的配合	$\dfrac{H7}{js6}$；$\dfrac{H7}{h6}$	木槌或徒手装拆
轴承盖与箱体孔（或套杯孔）的配合	$\dfrac{H7}{d11}$；$\dfrac{H7}{h8}$	
嵌入式轴承盖的凸缘厚与箱体孔凹槽之间的配合	$\dfrac{H11}{h11}$	
与密封件相接触轴段的公差带	F9；h11	

表 6-19　轴加工表面粗糙度 *Ra* 荐用值　　　（单位：μm）

加工表面	表面粗糙度			
与传动件及联轴器等轮毂相配合的表面	3.2；1.6～0.8；0.4			
与滚动轴承相配合的表面	1.0（轴承内径 $d\le80$mm）　1.6（轴承内径 $d>80$mm）			
与传动件及联轴器相配合的轴肩端面	6.3；3.2；1.6			
与滚动轴承相配合的轴肩端面	2.0（$d\le80$mm）　2.5（$d>80$mm）			
平键键槽	6.3；3.2（工作面）　12.5；6.3（非工作面）			
密封处的表面	毡圈式	橡胶密封式		油沟及迷宫式
	与轴接触处的圆周速度/（m/s）			6.3；3.2；1.6
	≤3	>3～5	>5～10	
	3.2；1.6；0.8	1.6；0.8；0.4	0.8；0.4；0.2	

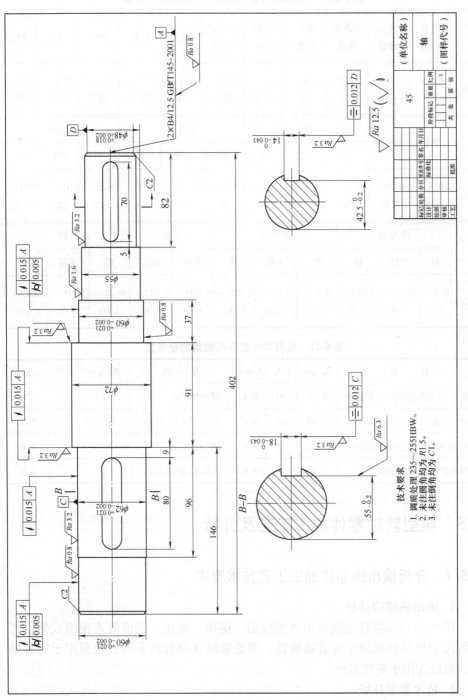

图6-12　输出轴零件图

技术要求
1. 调质处理 235～255HBW。
2. 未注圆角均为 R1.5。
3. 未注倒角均为 C1。

表 6-20 不同加工方法得到的表面粗糙度 *Ra* 值

加工方法	砂模铸造	型壳铸造	金属模铸造	离心铸造	精密铸造	压力铸造	热轧	冷扎	挤压	冷拉	锉
Ra	6.3 ~ 100	6.3 ~ 100	1.60 ~ 100	1.6 ~ 25	0.8 ~ 12.5	0.4 ~ 6.3	6.3 ~ 100	0.2 ~ 12.5	0.4 ~ 12.5	0.2 ~ 12.5	0.4 ~ 25

加工方法	钻孔	金刚镗	镗			车外圆			车端面		
			粗	半精	精	粗	半精	精	粗	半精	精
Ra	0.8 ~ 25	0.05 ~ 0.40	6.3 ~ 50	0.8 ~ 6.3	0.4 ~ 1.6	6.3 ~ 25	1.6 ~ 12.5	0.2 ~ 1.6	6.3 ~ 25	1.6 ~ 12.5	0.4 ~ 1.6

加工方法	磨外圆			磨平面			珩磨		研磨		
	粗	半精	精	粗	半精	精	平面	圆柱	粗	半精	精
Ra	0.8 ~ 6.3	0.2 ~ 1.6	0.025 ~ 0.40	1.6 ~ 3.2	0.04 ~ 1.60	0.025 ~ 0.40	0.025 ~ 1.60	0.012 ~ 0.40	0.20 ~ 1.60	0.05 ~ 0.40	0.012 ~ 0.100

表 6-21 典型零件表面粗糙度的参考值

表 面	$Ra/\mu m$	$t/℃$	l/mm	表 面	$Ra/\mu m$	$t/℃$	l/mm
和滑动轴承配合的支撑轴颈	0.32	30	0.8	蜗杆牙侧面	0.32		0.25
和青铜轴瓦配合的轴颈	0.45	15	0.8	青铜箱体的主要孔	1.0 ~ 2.0		0.8
和铸铁轴瓦配合的支撑轴颈	0.32	40	0.8	钢箱体上的孔	0.63 ~ 1.6		0.8
和齿轮孔配合的轴颈	1.6		0.8	箱体和盖的结合面			2.5

6.5 典型转轴零件加工工艺及分析

6.5.1 分析输出轴零件加工工艺技术要求

1. 输出轴结构分析

图 6-12 所示零件结构是由外圆柱面、键槽、倒角、端面等表面组成的。其中轴段①外圆轴颈用于安装联轴器，两处轴段③和轴段⑥外圆轴颈用于安装轴承，轴段⑤用于安装齿轮。

2. 技术要求分析

分析零件图，该减速器输出轴零件的主要技术要求见表6-22。

表 6-22　减速器输出轴零件的技术要求

加 工 表 面	加工尺寸/mm	主要尺寸公差等级	表面粗糙度 Ra/μm	几何公差/mm
$\phi\,48^{+0.018}_{+0.002}$ mm 外圆	$\phi\,48^{+0.018}_{+0.002}\times82$，倒角 $C2$	IT6	3.2	
$\phi\,48^{+0.018}_{+0.002}$ mm 外圆柱面上的键槽	$42.5^{\ 0}_{-0.2}$，$14^{\ 0}_{-0.043}$	IT9	底面 6.3侧面 3.2	键槽侧面相对于基准 C 的对称度公差 0.012
$\phi 55$mm 外圆	$\phi 55\times46$	IT6	1.6	
两处 $\phi\,60^{+0.021}_{+0.002}$ mm 外圆	$\phi\,60^{+0.021}_{+0.002}\times37$，$\phi\,60^{+0.021}_{+0.002}\times49.5$ 倒角 $C2$，台阶圆弧 $R1$	IT6	0.8	圆柱度公差 0.005；圆柱面相对于基准 A 径向跳动公差 0.015
$\phi 72$mm 外圆	$\phi 72\times91.5$	IT9	6.3	
$\phi 72$mm 外圆台阶相关面	定位端面	IT6	3.2	相对于基准 A 的径向圆跳动公差 0.015
$\phi\,62^{+0.021}_{+0.002}$ mm 外圆	$\phi\,62^{+0.021}_{+0.002}\times96$	IT6	3.2	圆柱面相对于基准 A 径向跳动公差 0.015
$\phi\,62^{+0.021}_{+0.002}$ mm 外圆柱面上的键槽	$55^{\ 0}_{-0.2}$，$18^{\ 0}_{-0.043}$	IT6	底面 6.3侧面 3.2	键槽侧面相对于基准 B 的对称度公差 0.012
两端面中心孔 $2\times B4/$12.5GB/T145—2001	B4/12.5	IT6	1.6	

经以上分析可知，减速器输出轴的主要加工面是 $\phi\,48^{+0.018}_{+0.002}$ mm 外圆、两处 $\phi\,60^{+0.021}_{+0.002}$ mm外圆、$\phi\,62^{+0.021}_{+0.002}$ mm 外圆以及 $\phi 55$mm 外圆。尤其是两处 $\phi\,60^{+0.021}_{+0.002}$ mm 外圆轴颈加工过程将是减速器输出轴加工工艺路线的主线。

3. 热处理要求分析

该减速器输出轴的热处理要求是调质处理后硬度达到 235 ~ 255HBW。调质处理是指淬火加高温回火，以获得回火索氏体的热处理加工工艺。将输出轴进行调质的主要目的是得到强度、塑性都比较好的综合力学性能。清楚了零件的热处理要求，就可以在工艺设计过程中合理地安排热处理在工艺路线中的位置。

4. 生产批量分析

减速器输出轴的生产批量是中批量，其工艺特征表现为：毛坯采用型材，易于采购，成本低，准备周期短；加工设备采用通用机床；工艺装备采用通用夹具、通用刀具、通用量具等。

6.5.2 确定输出轴零件的加工毛坯

1. 确定输出轴零件的毛坯类型

因减速器输出轴结构台阶直径相差不大，可用棒料，以节约材料和减少机械加工工作量，故减速器输出轴的毛坯选用圆棒料。

2. 绘制输出轴的毛坯图

要绘制毛坯图，得先知道毛坯尺寸。对于采用轧制圆钢的减速器输出轴毛坯，可以查表6-23来确定毛坯尺寸。经计算，零件的长度与公称尺寸之比 $402/72 = 5.58$，根据图6-12，轴的最大直径为 $\phi72$，再查表6-23，得知零件的毛坯直径可取80mm（按表6-23，本应取 $\phi77$，但圆棒料尺寸无 $\phi77$，只好取 $\phi80$）。再查表6-24得知零件的单面加工余量为7mm，故零件毛坯尺寸可以为 $\phi80mm \times (402 + 2 \times 7)mm$。

表6-23 轴类零件采用精轧圆棒料时毛坯直径 （单位：mm）

零件公称尺寸	零件长度与公称尺寸之比				零件公称尺寸	零件长度与公称尺寸之比			
	≤4	>4~8	>8~12	>12~20		≤4	>4~8	>8~12	>12~20
	毛坯直径					毛坯直径			
5	7	7	8	8	8	10	10	10	11
6	8	8	8	10	10	12	12	13	13
11	14	14	14	14	40	43	45	45	45
12	14	14	15	15	42	45	48	48	48
14	16	16	17	18	44	48	48	50	50
16	18	18	18	19	45	48	48	50	50
17	19	19	20	21	46	50	52	52	52
18	20	20	21	22	50	54	54	55	55
19	21	21	22	23	55	58	60	60	60
20	22	22	23	24	60	65	65	65	70
21	24	24	24	25	65	70	70	70	75
22	25	25	26	26	70	75	75	75	80
25	28	28	28	28	75	80	80	85	85
27	30	30	32	32	80	85	85	90	90

表6-24 轧制圆棒料切断和端面加工余量 （单位：mm）

公称尺寸	切断后不加工时的余量				端面需要加工时的余量			
	机械弓锯	切断机床上用圆盘锯	车床上用切断刀	铣床上用圆盘铣刀	零件长度			
					≤300	>300~1000	>1000~5000	>5000
≤30	2	2	3	3	2	2	4	5
>30~50	2	—	4	4	2	4	5	7
>50~60	2	—	5	—	3	6	7	9
>60~80	2	6	—	—	3	6	8	10
>80~150	2	6	—	—	4	8	10	12

6.5.3　设计输出轴零件机加工工艺路线

零件机械加工的工艺路线是指零件生产过程中，由毛坯到成品所经过的工序先后顺序。这一工艺路线指出了零件加工所经过的整个过程，即仅列出工序名称的简略工艺过程。其主要任务是选择各个加工面的加工方案，确定所有加工面间的加工顺序、热处理和辅助工序的位置。

1. 选择加工方案

由前面的分析知道，减速器输出轴的加工表面由不同精度要求的外圆柱面、键槽、端面等组成，加工面加工方案的选择就是针对这些加工面的"个体"进行的。选择加工方案时依据相应技术要求来查阅外圆柱表面加工的经济精度、端面加工的经济精度、外圆柱面加工的经济精度等，综合考虑。

减速器输出轴的加工面加工方案见表 6-25。

表 6-25　减速器输出轴的加工面加工方案

加 工 面	加 工 方 案	
	尺寸公差等级及表面粗糙度要求	加工方法
$\phi 48^{+0.018}_{+0.002}$ mm 外圆	IT6，$Ra3.2\mu m$	粗车→半精车
$\phi 48^{+0.018}_{+0.002}$ mm 外圆柱面上的键槽	IT9，键槽侧面相对于基准 D 的对称度公差 0.012mm，底面 $Ra6.3\mu m$，侧面 $Ra3.2\mu m$	铣
$\phi 55$mm 外圆	IT6，$Ra1.6\mu m$	车
两处 $\phi 60^{+0.021}_{+0.002}$ mm 外圆	IT6，圆柱度公差 0.005；圆柱面相对于基准 A 径向跳动公差 0.015mm，$Ra0.8\mu m$	粗车→半精车→精车→粗磨→精磨
$\phi 72$mm 外圆	IT9，$Ra6.3\mu m$	车
$\phi 72$mm 外圆台阶相关面	相对于基准 A 的径向圆跳动公差 0.015mm，$Ra3.2\mu m$	粗车→半精车
$\phi 62^{+0.021}_{+0.002}$ mm 外圆	IT6，圆柱面相对于基准 A 径向跳动公差 0.015mm，$Ra3.2\mu m$	粗车→半精车
$\phi 62^{+0.021}_{+0.002}$ mm 外圆柱面上的键槽	IT9，键槽侧面相对于基准 C 的对称度公差 0.012mm，底面 $Ra6.3\mu m$，侧面 $Ra3.2\mu m$	铣
两端面中心孔 $2\times B4/12.5$GB/T 145—2001	$Ra0.8\mu m$	钻、研修

2. 安排机加工顺序

安排机加工顺序，要先划分加工阶段。按加工性质和作用不同，工艺过程一般可划分为三个加工阶段，即粗加工、半精加工、精加工。此外某些精密零件加工时还需要精整（超精磨、镜面磨、研磨和超精加工等）或光整（滚压、抛光等）几个阶段。

对于零件上的每个加工表面，都可能存在这三个加工阶段，已经在加工面加工方案选择阶段完成；对于零件整体加工，也存在着这些加工阶段，此时要整理清楚每个加工阶段所加工的那些表面的加工顺序。

减速器输出轴的机加工顺序：粗车各段外圆→调质→半精车各段外圆、倒角→铣键槽→磨削 $\phi 60^{+0.021}_{+0.002}$ mm 两处轴颈。

3. 安排热处理位置

为了提高零件材料的力学性能和表面质量，改善金属材料的切削加工性及消除应力，安排工序时，应把热处理工序安排在恰当的位置。

减速器输出轴的"调质"热处理技术要求，安排在零件整体加工工艺路线的粗加工和半精加工之间。

4. 安排辅助工序

辅助工序一般包括去毛刺、倒棱、清洗、防锈、退磁、检验等。其中检验工序是主要的辅助工序。检验工序分为加工质量检验和特种检验，它们是保证产品质量的有效措施之一，是工艺过程中不可缺少的内容。

减速器输出轴的辅助工序在工艺过程卡中体现。

除检验工序外，还要考虑去毛刺、清洗、涂装、防锈等辅助工序的安排。辅助工序在生产中不是可有可无的，辅助工序依据需要安排后，将和其他工序同等重要。

5. 设计工艺路线

经过以上分析准备，现在以表格的形式表达出设计的减速器输出轴零件的工艺路线，见表6-26。

表6-26 减速器输出轴零件工艺路线

工序号	工序名称	工序内容	定位基准
1	备料	圆钢棒料 $\phi 80$mm $\times 416$mm	
2	粗车	用卡盘夹左端，粗车右端端面，钻中心孔 B4，粗车 $\phi 48^{+0.018}_{+0.002}$ mm 外圆、$\phi 55$mm 外圆、$\phi 60^{+0.021}_{+0.002}$ mm 外圆、$\phi 72$mm 外圆	$\phi 80$ 外圆轴线
3	粗车	掉头，用卡盘装夹右端面，车左端面，钻中心孔，粗车 $\phi 62^{+0.021}_{+0.002}$ mm 外圆、$\phi 60^{+0.021}_{+0.002}$ mm 外圆	$\phi 60^{+0.021}_{+0.002}$ mm 部分粗车后的外圆轴线
4	热处理	调质处理 235~255HBW	
5	研	修研中心孔	
6	半精车	两顶尖装夹工件，半精车 $\phi 48^{+0.018}_{+0.002}$ mm 外圆及外圆倒角、$\phi 60^{+0.021}_{+0.002}$ mm 外圆及 $\phi 55$mm 外圆、$\phi 72$mm 外圆台阶相关面	整体轴线

（续）

工序号	工序名称	工 序 内 容	定 位 基 准
7	半精车	掉头，两顶尖装夹工件，半精车 $\phi 48^{+0.018}_{+0.002}$ mm 外圆、$\phi 60^{+0.021}_{+0.002}$ mm 外圆、$\phi 55$mm 外圆及外圆倒角	整体轴线
8	精车	两顶尖装夹工件，精车两处 $\phi 60^{+0.021}_{+0.002}$ mm 外圆及 $\phi 55$mm 外圆	整体轴线
9	铣	用铣床附件装夹工件，铣两处键槽	整体轴线
10	磨	用两顶尖装夹工件，磨两处 $\phi 60^{+0.021}_{+0.002}$ mm 外圆	整体轴线
11	检	检验	

工艺路线设计的结果，只是对所设计零件的整体加工顺序的整理，每处加工面的各个加工阶段（或者在各个加工工序中）的具体加工尺寸等内容，还需要在工序设计部分进行细化表达。

第 7 章　减速器设计与工艺性分析

7.1　减速器的作用和分类

减速器是在原动机和工作机或执行机构之间起匹配转速和传递转矩作用的装置，其主要作用是降速的同时提高输出转矩，输出转矩为电动机输出转矩乘减速比；降低负载的惯量，惯量的减少为减速比的平方。

减速器的种类很多，不同类型的减速器有不同的特点，选择减速器类型时应根据各类减速器的特点进行选择。常用的减速器形式、特点及应用见表 7-1。

表 7-1　常用减速器的形式、特点及应用

名称		运动简图	推荐传动比	特点及应用
单级圆柱齿轮减速器			$i \leqslant 8 \sim 10$	齿轮可以做成直齿、斜齿和人字齿。直齿用于速度较低（$v \leqslant 8\text{m/s}$）、载荷较轻的传动；斜齿轮用于速度较高的传动，人字齿轮用于载荷较重的传动中，箱体通常用铸铁做成，单件小批生产有时采用焊接结构。轴承一般采用滚动轴承，重载或特别高速时采用滑动轴承。其他形式的减速器与此类同
两级圆柱齿轮减速器	展开式		$i = 8 \sim 60$	两级展开式圆柱齿轮减速器的结构简单，但齿轮相对轴承的位置不对称，因此轴应设计得具有较大的刚度。高速级齿轮布置在远离转矩的输入端，这样轴在转矩的作用下产生扭转变形，将能减弱轴在弯矩作用下产生弯曲变形所引起的载荷沿齿宽分布不均匀的现象，建议用在载荷比较平稳的场合。高速级可以做成斜齿，低速级可以做成直齿或斜齿
	同轴式		$i = 8 \sim 60$	减速器长度较短，两对齿轮浸入油中深度大致相等，但减速器的轴向尺寸及重量较大；高速级齿轮的承载能力难以充分利用；中间轴较强，刚性差，载荷沿齿宽分布不均匀，仅能有一个输入和输出轴端，限制了传动布置的灵活性

（续）

名称		运动简图	推荐传动比	特点及应用
单级锥齿轮减速器		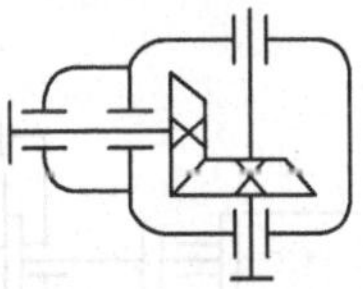	$i \leq 6$	用于输入轴和输出轴两轴线垂直相交的传动，可做成卧式或立式。由于锥齿轮制造较复杂，仅在传动布置需要时才采用
锥齿轮-圆柱齿轮减速器		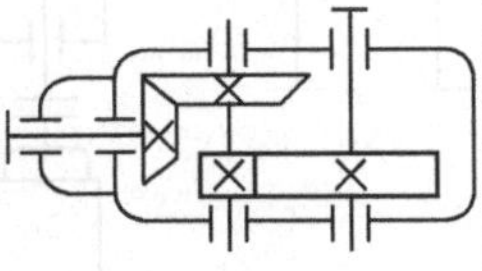	$i = 8 \sim 40$	特点同单级锥齿轮减速器。锥齿轮应布置在高速级，以使锥齿轮的尺寸不致过大，否则加工困难。锥齿轮可做成直齿、斜齿或曲线齿，圆柱齿轮可做成直齿或斜齿
蜗杆减速器	蜗杆下置式	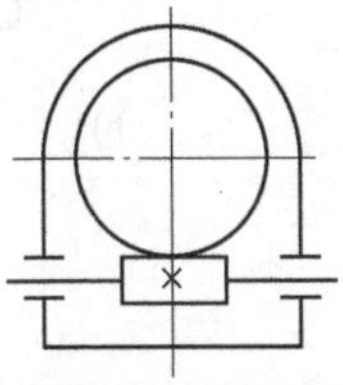	$i = 10 \sim 80$	蜗杆布置在蜗轮的下面，啮合处的冷却和润滑都较好，同时蜗杆轴承的润滑也较方便。但蜗杆圆周速度太大时，油的搅动损失太大，一般用于蜗杆圆周速度 $v \leq 10 \mathrm{m/s}$ 的情况
	蜗杆上置式	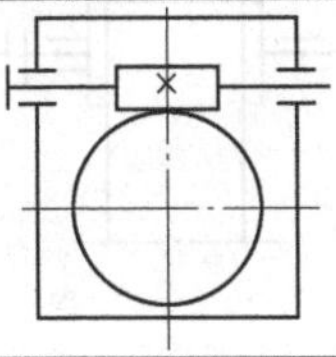	$i = 10 \sim 80$	蜗杆布置在蜗轮的上面，装拆方便，蜗杆的圆周速度允许高一些，但蜗杆轴承的润滑不太方便，需采取特殊的结构措施

7.2 斜齿圆柱齿轮减速器设计

7.2.1 传动装置的总体设计

传动装置的总体设计包括拟定传动方案、选择电动机、确定总传动比、合理分配各级传动比，以及计算传动装置的运动参数和动力参数，为后续工作做准备。

1. 减速器的类型选择

合理选择减速器的类型是拟定传动方案的重要环节，要合理选择减速器类型必须对各类减速器的特点进行了解。可参考表 7-1 中各种减速器的特点来选。

2. 传动方案的确定

完整的机械系统通常由原动机、传动装置和工作机组成。传动装置位于原动机和工作机之间，用来传递、转换运动和动力，以适应工作机的要求。传动方案拟定的合理与否对机器的性能、尺寸、重量及成本影响很大。

传动方案通常用传动示意图表示。图 7-1 列出了带式运输机的几种传动方案。要从多种传动方案中选出好的方案，除了了解各种减速器特点外，还必须了解各种传动的特点和选择原则。

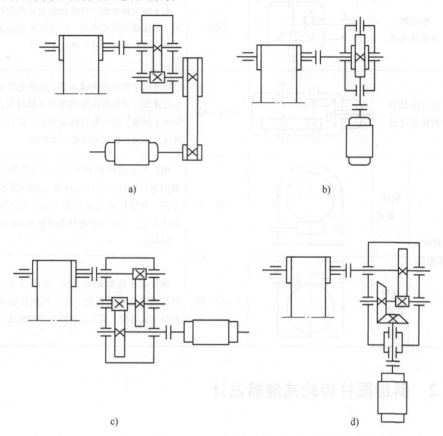

a)   b)

c)   d)

图 7-1　传动方案的确定

3. 电动机的选择

（1）电动机的类型和结构形式的选择　电动机分交流电动机和直流电动机。无特殊要求时应选用三相交流电动机，其中三相异步交流电动机应用最为广泛。Y 系列笼型三相异步电动机是一般用途的全封闭自冷式电动机。由于其结构简单、价格低廉、工作可靠、维护方便而被广泛应用于不易燃、不易爆、无腐蚀性气体和无特殊要求的机械上。

（2）电动机功率的选择　电动机功率主要依据其所要带动的机械系统的功率来确定。对于载荷比较平稳、长期连续运行的机械，只要所选电动机的额定功率 P_{ed} 等于或稍大于所需的工作功率 P_0 即可。

（3）电动机转速的确定　三相异步电动机的转速通常为 750r/min、

1000r/min、1500r/min、3000r/min。电动机极对数越少，结构尺寸越小，价格越低，但极对数越少则同步转速越高，传动装置尺寸越大，传动装置制造成本越高。所以，一般应该分析、比较、综合考虑。电动机常用的同步转速为 1000r/min、1500r/min。

4. 传动装置的总传动比和分配各级传动比

传动装置总传动比 i 由已经选定的电动机满载转速 n_d 和工作机工作转速 n_w 确定，即

$$i = \frac{n_d}{n_w}$$

传动装置的传动比等于各级传动的传动比连乘积，即

$$i = \prod_{j=1}^{k} i_j$$

因此，在总传动比相同的情况下，各级传动比有无穷多解，但每一级传动比都有一定范围，所以应进行传动比的合理分配。

5. 传动装置的运动、动力参数计算

传动装置的运动、动力参数包括轴的转速、功率、转矩等。当选定电动机类型、分配传动比之后，应将传动装置中各轴的运动、动力参数计算出来，为传动零件和轴的设计计算做准备。

7.2.2　传动零件的设计计算

1. 减速器外传动零件的设计计算

减速器外的传动，一般常用带传动、链传动或开式齿轮传动。设计时需要注意传动零件与其他部件的协调问题。

带传动是减速器外最常用的传动方式，设计时应注意检查带轮尺寸与传动装置外廓尺寸的相互关系，还要注意带轮轴孔尺寸与电动机轴或减速器输入轴尺寸是否相适应。带轮直径确定后，应验算带传动实际传动比和大带轮转速，并以此修正减速器传动比和输入转矩。

2. 减速器内传动零件的设计计算

（1）传动零件设计的参数选择

1）材料的选择。齿轮材料应考虑毛坯制造方法和齿轮尺寸。齿轮直径较大时，多用铸造毛坯，齿轮分度圆直径 d 与轴的直径 d_s 相差很小时（$d \leqslant 1.8 d_s$），可做成齿轮轴。同一减速器中各级传动的小齿轮（或大齿轮）的材料无特殊要求时应选择同一牌号，以减少材料品种和工艺要求。

2）齿面硬度的选择。应按工作条件和尺寸要求来选择齿面硬度，一般用途的减速器为了降低成本，通常选择软齿面的齿轮。为了使大小齿轮等寿命，通常使

小齿轮齿面硬度高一些，即小齿轮和大齿轮的齿面硬度差一般为 30～50HBW。

3）齿数 z 的选择。齿数 z 的选择首先要满足不发生根切条件。闭式齿轮传动中，在齿根弯曲强度满足的条件下，一般可取 $z_1 = 20～40$；开式齿轮传动 $z_1 = 17～20$。

4）传动比误差。传动比误差 $\Delta_i = \left| \dfrac{i - i'}{i} \right| \leqslant 2\%$，式中，$i$ 为理论传动比，i' 为实际传动比。

5）模数。模数必须符合标准，对于传递动力齿轮，m（或 m_n）$\geqslant 1.5$ mm。

6）螺旋角。螺旋角最好为 $8° \leqslant \beta \leqslant 20°$。

7）齿宽系数。齿宽系数的选择取决于齿轮在轴上的位置。齿轮在轴上相对于轴承对称布置时，取大值；悬臂时取小值。

（2）齿轮传动几何尺寸计算

1）正确配凑中心距 a。中心距个位数字最好为"0"或"5"。且 a 的最后计算值精确到小数点后三位，因为中心距一般有标准公差，其公差多为小数点后 2～4 位，为此，相关分度圆的取值也应精确到小数点的后两位。

2）齿轮理论计算所得数值一般为非整数，且小数点后位数较多，这将给设计、计算、制造等带来很大不便，必须圆整，尽量采用优先数系中的数或个位数为"0"或"5"等数值，以便于设计、制造、装配与检验等。

7.2.3 减速器装配草图的设计

1. 选择比例，合理布置图面

装配图一般采用 A0 图纸，采用合适比例绘制，并且应符合机械制图国家标准。在开始绘制时，可根据减速器内传动零件的特征尺寸（如中心距 a）估计减速器的外廓尺寸，并考虑标题栏、零件明细栏、零件序号、尺寸标注及技术条件等所需空间。减速器装配图一般多用三个视图来表达（必要时可增加其他表达方法）。

2. 传动零件位置及轮廓的确定

如果是两级传动，则在俯视图上画出中间轴上的两个齿轮的轮廓尺寸，即齿顶圆直径和齿轮宽度。为了保证全齿宽啮合并降低安装要求，通常取小齿轮比大齿轮宽 5～10mm。且保证两个传动件之间有足够大的距离 Δ_3，一般可取 $\Delta_3 = 8～15$ mm。如果是单级传动，则先从高速级小齿轮画起。

3. 画箱体内壁线

在俯视图上，先按小齿轮端面与箱体壁间的距离 $\Delta_2 \geqslant 1.2\delta$ 的关系，画出沿箱体长度方向（与轴线垂直）的两条内壁线，再按 $\Delta_1 \geqslant 1.2\delta$ 的关系，画出沿箱体宽度方向低速级大齿轮一侧的内壁线，如图 7-2 所示。而图 7-2 沿减速器中心距方向的另一侧（即高速级齿轮一侧）的内壁线在初绘草图阶段的俯视图中不能直接确定，暂不画出，留待完成草图阶段在主视图上结合俯视图作图法确定。

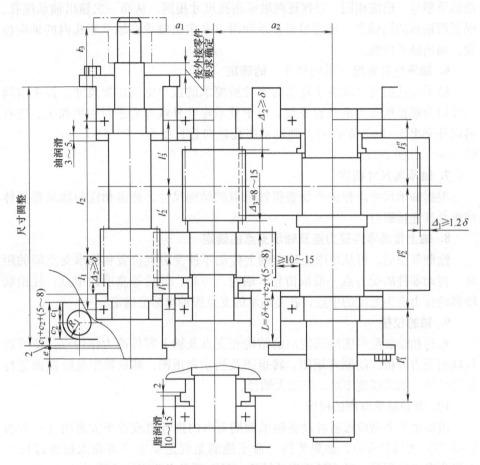

图 7-2 两级圆柱齿轮减速器初绘草图

4. 轴的结构设计

按照转矩用下列公式分别初步计算输入轴、中间轴、输出轴的直径：

$$d \geqslant C\sqrt[3]{\frac{P}{n}} \qquad (7\text{-}1)$$

式中 C——与轴材料有关的系数，查表 6-3 可知，根据不同材料，通常取 $C = 106 \sim 160$；

P——轴传递功率（kW）；

n——轴的转速（r/min）。

当轴上有键槽时，应适当增大轴径：单键增大 3% ~ 5%，双键增大 7% ~ 10%，并圆整成标准直径，然后确定各轴段的径向尺寸和轴向尺寸。

5. 轴承型号及尺寸的确定

根据轴的径向尺寸设计，可初步选定轴承型号及具体尺寸，同一根轴上的两轴承型号一般应相同，以保证两轴承座孔尺寸相同，从而一次镗出轴承座孔，保证两轴承的同轴度。然后根据轴承润滑方式定出轴承在轴承座孔内的轴向位置，画出轴承轮廓。

6. 轴承座孔宽度（轴向尺寸）的确定

轴承座孔的宽度取决于轴承旁螺栓所要求的扳手空间位置尺寸，扳手空间尺寸即为螺栓所需要的凸台宽度。由于轴承座孔外端面要进行切削加工，应有再向外突出 5～8mm 的凸台，则轴承座孔轴向总长度为：$L = \delta + c_1 + c_2 + (5 \sim 8)$ mm（见图 7-2）。

7. 轴承盖尺寸确定

根据轴承尺寸由相关手册查得轴承盖的结构尺寸，画出相应的轴承盖具体结构及其连接螺钉。

8. 轴上传动零件受力点及轴承支点的确定

绘制草图后，可从草图上确定轴上传动零件受力点位置和轴承支点间的距离。传动零件的受力点一般取齿轮、蜗轮、带轮、链轮等宽度的中点；柱销联轴器的受力点为宽度的中点；各类轴承的支点按轴承标准确定。

9. 轴的校核

根据初绘装配草图阶段定出的结构和支点及轴上零件的力作用点，便可进行轴的受力分析，绘制弯矩图、转矩图及当量弯矩图，然后确定危险截面进行强度校核。如果强度不足，应加大轴径。

10. 滚动轴承寿命的校核

滚动轴承寿命应按各种设备轴承预期寿命的推荐值或设备大修期（一般为 2～3 年）为设计寿命，如果算得寿命不能满足规定要求（寿命太短或过长），一般先考虑选用另一种直径系列的轴承，其次再考虑改变轴承类型。

11. 键连接强度的校核计算

键连接强度的校核计算主要验算它的挤压应力，使计算应力小于材料的许用应力。许用挤压应力应按键、轴、轮毂三者材料强度最弱的选取，一般是轮毂材料最弱。

如果计算应力超过许用应力，可通过改变键长、改用双键、采用花键、加大轴径、改选较大剖面的键等途径来满足强度要求。

12. 完成减速器装配草图的设计

减速器装配草图的设计包括轴系部件的结构设计、减速器箱体的结构设计、减速器附件的选择和设计三方面内容。许多减速器设计资料对此进行了详细论述，在此不再赘述。

7.2.4　减速器装配图的设计

1. 对减速器装配工作图视图的要求

减速器装配工作图应选择两个或三个视图，附以必要的剖视图和局部视图。要求全面、正确地反映出各零件的结构形状及相互装配关系，各视图间的投影应正确、完整。

2. 减速器装配图的内容

（1）减速器装配图底稿　在装配草图完成之后，重新在一张空白图纸上画正式装配图底稿，完成底稿后再加深，以保证图面整洁、干净。

（2）加深及剖面线　减速器装配图加深时应按照制图要求选择合适线宽进行加深，加深时粗细实线应分明。

（3）标注尺寸　减速器装配图上应标注的尺寸有特性尺寸、配合尺寸、安装尺寸、外形尺寸。

（4）零件编号　零件编号要完整，不重复，不漏编，图上相同的零件只标一个零件编号，编号引线不应相交，并尽量不与剖面线平行；独立组件（如滚动轴承、通气器）可作为一个零件编号；装配关系清楚的零件组（如螺栓、螺母及垫圈）可利用公共引线标出多个零件。编号应按顺时针或逆时针同一方向整齐顺次排列，编号的数字高度应比图中所注尺寸的数字高度大一号。

（5）标题栏和明细栏　标题栏和明细栏尺寸应该按照国家标准规定绘于图样右下角指定位置。

明细栏是减速器所有零件的详细目录，对每一个编号的零件都应在明细栏内列出，非标准件应写出材料、数量及零件图号；标准件必须按照规定标记，完整地写出零件名称、材料、规格及标准代号。

（6）减速器技术特性　减速器的技术特性包括输入功率、输入转速、传动效率、总传动比及各级传动比、传动特性（如各级传动件的主要几何参数、公差等级）等。减速器的技术特性可在装配图上适当的位置列出表示。

（7）编写技术条件　技术条件包括减速器的润滑与密封、滚动轴承轴向游隙及其调整方法、传动侧隙、接触斑点、减速器的实验、外观和包装以及运输的要求。

（8）检查装配工作图　完成工作图后，对应此阶段的设计再进行一次检查。主要内容包括：

1）视图数量是否足够，是否能够清楚地表达减速器工作原理和装配关系。

2）尺寸标注是否正确，配合和精度的选择是否适当。

3）技术条件和技术特性是否完善、正确。

4）零件编号是否齐全，标题栏和明细栏是否符合要求，有无多余或遗漏。

5）所有文字和数字是否清晰，是否按制图规定书写。

7.2.5　减速器零件工作图的设计

零件工作图是制造、检验和制定零件工艺规程的基本技术文件，在装配工作图的基础上拆绘和设计而成。其基本尺寸与装配图中对应零件尺寸必须一致，如果必须改动，则应对装配工作图做相应的修改。零件图既要反映设计者的意图，又要考虑到制造、装拆方便和结构的合理性。零件工作图应包括制造和检验零件所需的全部详细内容。

零件工作图设计包含视图的选择、尺寸及公差的标注、零件表面粗糙度的标注、几何公差的标注、技术条件的编写、标题栏的填写。减速器零件工作草图设计主要有轴零件工作图设计、齿轮零件工作图设计、箱体零件工作图设计，具体范例请参看本书相关章节。

7.2.6　减速器设计说明书的撰写

设计说明书是整个设计过程的整理和总结，是图样设计的理论依据，而且也是审核设计是否合理的技术文件之一。

设计说明书应写出全部计算过程、所用各种参数选择依据及最后结论，并且还应有必要的草图。减速器的设计说明书大致包括以下几个方面：

1）目录。

2）设计任务书。

3）传动方案的分析和拟定，包括传动方案简图。

4）电动机选择。

5）传动装置的运动和动力参数计算（分配各级传动比、计算各轴的转速、功率和转矩）。

6）传动零件的设计计算（必要的结构草图和计算简图）。

7）轴的设计计算。

8）滚动轴承的选择和计算。

9）键连接的选择和验算。

10）联轴器的选择。

11）润滑方式、润滑油牌号及密封装置的选择。

12）参考资料（资料编号、作者、书名、版次、出版地、出版社及年份）。

7.3　典型铸造减速器箱体零件工作图

1. 主要结构尺寸

作为减速器箱体设计范例，前期的设计计算工作都应已完成，此例中直接应用所需数据，而不再对所用数据进行理论推导或计算。

本例所得减速器箱体的主要结构尺寸见表7-2。

表 7-2　两级展开式圆柱齿轮减速器箱体的主要结构尺寸

名　称	代　号	尺寸/mm
高速级中心距	a_1	100
低速级中心距	a_2	150
下箱座壁厚	δ	8
上箱座壁厚	δ_1	8
下箱座剖分面处凸缘厚度	b	12
上箱座剖分面处凸缘厚度	b_1	12
地脚螺栓地脚厚度	p	20
箱座上的肋厚	m	10
箱盖上的肋厚	m_1	10
地脚螺栓直径	d_ϕ	M16
地脚螺栓通孔直径	d'_ϕ	17
地脚螺栓沉头座直径	D_0	35
地脚凸缘尺寸	L_1	27
	L_2	25
地脚螺栓数目	n	4
轴承旁连接螺栓（螺钉）直径	d_1	M12
轴承旁连接螺栓通孔直径	d'_1	17
轴承旁连接螺栓沉头座直径	D_0	26
剖分面凸缘尺寸（扳手空间）	c_1	20
	c_2	16
上下箱连接螺栓（螺钉）直径	d_2	M10
上下箱连接螺栓通孔直径	d'_2	11
上下箱连接螺栓沉头座直径	D_0	24

（续）

名　　称	代　号	尺寸/mm
箱缘尺寸（扳手空间）	c_1	18
	c_2	14
轴承盖螺钉直径	d_3	M8
检查孔盖连接螺栓直径	d_4	M6
圆锥定位销直径	d_4	10
减速器中心高	H	160
轴承旁凸台高度	h	62
轴承旁凸台半径	R_δ	16
轴承端盖（轴承座）外径	D_2	150，90，90
轴承旁连接螺栓距离	S	193，277
箱体外壁至轴承座端面的距离	K	44
轴承座孔长度（箱体内壁至轴承座端面的距离）		52
大齿轮齿顶圆与箱体内壁的距离	Δ_1	10
齿轮端面与箱体内壁间的距离	Δ_2	10

2. 视图的选择

1）箱体类零件多数经过较多的工序制造而成，各工序的加工位置不尽相同，而主视图主要按形体特征和工作位置确定。

2）箱体类零件结构形状一般都较复杂，常常需要用三个以上的基本视图进行表达。对内部结构形状采用剖视图表达。如果外部结构形状简单，内部结构形状复杂，且具有对称平面时，可采用半剖视图，如果外部结构形状比较复杂，内部结构形状简单，且具有对称面时，可采用局部视图或用细虚线表示；如果内外结构形状都比较复杂，且投影都不重叠时，也可采用局部剖视；重叠时，外部结构形状和内部结构形状应分别表达；对局部的内部、外部形状可采用局部剖视图、局部视图和断面图来表示。

3. 标注尺寸及工艺分析

箱体的尺寸标注比轴、齿轮等零件要复杂得多，标注尺寸时应注意以下方面：

1）选好基准。最好采用加工基准作为标注尺寸的基准，这样便于加工和测量。如箱体和箱盖的高度方向尺寸最好以剖分面（加工基准面）为基准；箱体宽度方向尺寸应采用宽度对称中心线作为基准；箱体长度方向尺寸可取轴承孔中心线作为基准。

2）机体尺寸可分为形状尺寸和定位尺寸。形状尺寸是箱体各部位形状大小的尺寸，如壁厚，圆角半径，槽的深度，箱体的长、宽、高，各种孔的直径和深度，以及螺纹孔的尺寸等，这类孔的尺寸应直接标出，而不应有任何计算。定位尺寸是确定箱体各部位相对基准的位置尺寸，如孔的中心线、曲线的中心位置及其他有关部位的平面和基准距离等，对这类尺寸应从基准（或辅助基准）直接标注。

3）对于影响机械加工性能的尺寸，如箱体轴承座孔的中心距及其偏差应直接标出，以保证加工准确性。

4）配合尺寸都应标出其偏差。标注尺寸时应避免出现封闭尺寸链。

5）所有圆角、倒角、拔模斜度等都必须标注，或在技术条件中加以说明。

6）各基本形体部分的尺寸，在基本形体的定位尺寸标注之后，都应从自己的基准出发进行标注。

4. 标注尺寸公差及工艺分析

减速器箱体主要位置尺寸公差及工艺分析见表 7-3。

表 7-3　减速器箱体主要位置尺寸公差及工艺分析

位　　置	尺寸公差	工艺分析
轴承座孔	$\phi 150^{+0.04}_{0}$ mm	箱体轴承座的内孔与轴承外圆一般按基轴制设计，轴承座的内孔一般选择 H7，所以公差为 +0.04mm
轴承座孔	$\phi 90^{+0.035}_{0}$ mm	箱体轴承座的内孔与轴承外圆一般按基轴制设计，轴承座的内孔一般选择 H7，所以公差为 +0.035mm
轴承座孔	$\phi 90^{+0.035}_{0}$ mm	箱体轴承座的内孔与轴承外圆一般按基轴制设计，轴承座的内孔一般选择 H7，所以公差为 +0.035mm
高速级中心距	(100 ± 0.09) mm	箱体中心距在减速器安装后转化为相互啮合齿轮副的中心距，中心距大小控制齿轮副的侧隙大小，要求较高，所以为 ±0.09mm
低速级中心距	(150 ± 0.105) mm	箱体中心距在减速器安装后转化为相互啮合齿轮副的中心距，中心距大小控制齿轮副的侧隙大小，要求较高，所以为 ±0.105mm
箱盖宽	$230^{0}_{-0.5}$ mm	箱盖的宽度不是配合尺寸，不需要很高的精度，在装配中由于没有配合要求，螺钉安装后盖不可以露出箱体，所以宽度公差为 -0.5mm
箱盖高	$142^{+0.5}_{0}$ mm	箱盖的高度为非配合尺寸，装配后不和箱体内的转动工件干涉即可，为了安全一般选择正公差
油标孔直径	$\phi 12^{+0.035}_{0}$ mm	油标孔与油标尺为配合尺寸，一般按基轴制设计，油标和油标孔在安装时要有一定的紧度，为过渡配合

（续）

位　置	尺寸公差	工艺分析
下箱体宽	$230_{-0.5}^{\ 0}$ mm	箱体的宽度不是配合尺寸，在减速器安装中要有足够空间，不可超出设计空间，设计时按负公差
下箱体高	$160_{-0.5}^{\ 0}$ mm	下箱体的上面为设计基准面，而箱体的高度不影响减速器的使用，为了留有足够的加工余量，公差为负公差
轴承盖插槽	$5_{\ 0}^{+0.018}$ mm	该槽与轴承盖有配合关系，安装后要密封，不可以有漏油漏气的现象，所以要求的精度较高，公差为 $+0.018$mm

5. 标注几何公差及工艺分析

减速器箱体主要位置的几何公差及工艺分析见表7-4。

表7-4　减速器箱体主要位置的几何公差及工艺分析

位　置	几何公差	工艺分析
上箱盖结合面	平面度 0.03mm	上下箱盖的平面度是保证此处装配后的密封情况的，平面度过大会漏气漏油，所以要求较高的平面度
下箱盖结合面	平面度 0.03mm	上下箱盖的平面度是保证此处装配后的密封情况的，平面度过大会漏气漏油，所以要求较高的平面度
两 $\phi 90_{\ 0}^{+0.035}$ mm 轴承座孔轴线	相对于基准 A 平行度 0.073mm	两边轴相对于中间轴的平行度，主要决定了两边轴上齿轮和中间轴上齿轮的装配精度，平行度的大小会影响齿轮的运转精度
$\phi 150_{\ 0}^{+0.04}$ mm 轴承座孔轴线	相对于基准 D 位置度	该轴线的位置度决定了上下箱体的分型面的位置

6. 标注表面粗糙度及工艺分析

箱体加工主要表面粗糙度及工艺分析见表7-5。

表7-5　箱体加工主要表面粗糙度及工艺分析

位　置	表面粗糙度 $Ra/\mu m$	工艺分析
剖分面	3.2	剖分面为配合面，需要密封好，所以要求有较好的表面粗糙度
轴承座孔	3.2	轴承座孔与轴承外径为配合尺寸，轴承座孔的公差为 $+0.04$mm，表面粗糙度的设计要求不能大于尺寸公差，选择为 $Ra3.2\mu m$
销孔	1.6	该销孔通过销来固定下箱体和上箱盖的位置，位置要求的精度较高，所以销孔也要有较高的表面粗糙度
轴承座外端面	3.2	无配合关系，表面粗糙度要求不高
箱体底面	12.5	没有装配关系，保证底面平就可以，表面粗糙度要求不高
螺栓孔、沉头座	25 ~ 12.5	没有配合要求，表面粗糙度要求不高

7. 编写技术要求

技术条件应包含内容如下所述，也可根据需要补充必要的技术条件：

1）清砂及时效处理。

2）应将箱盖和箱座剖分面上的定位销孔固定后配钻、配铰。

3）箱盖与箱座的轴承孔应装入定位销并连接后镗孔。

4）箱盖与箱座合箱后，边缘的平齐性及错位量的允许值。

5）铸件斜度及圆角半径。

6）箱体内表面需用煤油清洗并涂防锈漆。

编写减速器上箱盖、下箱体技术要求如下：

1）非加工表面涂底漆。

2）未注明铸造圆角 $R5$。

3）尖角倒钝 $C0.5$。

4）铸件人工时效处理。

5）未注明表面粗糙度的紧固孔，定位孔等加工面 $Ra6.3\mu m$。

6）箱体做煤油渗漏实验。

编写上箱盖、下箱体合箱技术要求如下：

1）装配钳工进行减速器合箱时，要进行去毛刺、刮硬点等影响合箱精度的必要操作。

2）减速器的上箱盖与下箱体合箱时要保证结合面的充分接触。

3）减速器合箱后上箱盖与下箱体要配合紧密、连接牢靠。

8. 画出箱体工作图的标题栏

减速器箱体零件图标题栏的主要内容包括名称、比例、材料、图号、日期、设计人、审阅人等。这些内容一定要准确、详细。

7.4　典型铸造减速器箱体零件加工工艺及分析

7.4.1　分析减速器箱体零件加工工艺技术要求

1. 减速器箱体零件的功用与结构分析

减速器在原动机和工作机或执行机构之间起匹配转速和传递转矩的作用，在现代的机械中应用极为广泛。减速器的组成构件之一的箱体是各传动零件的底座和基础，是减速器重要的组成部分。减速器箱体（以下简称减速箱）如图 7-3 所示，分为上箱盖（见图 7-4）和下箱体（见图 7-5）两部分。

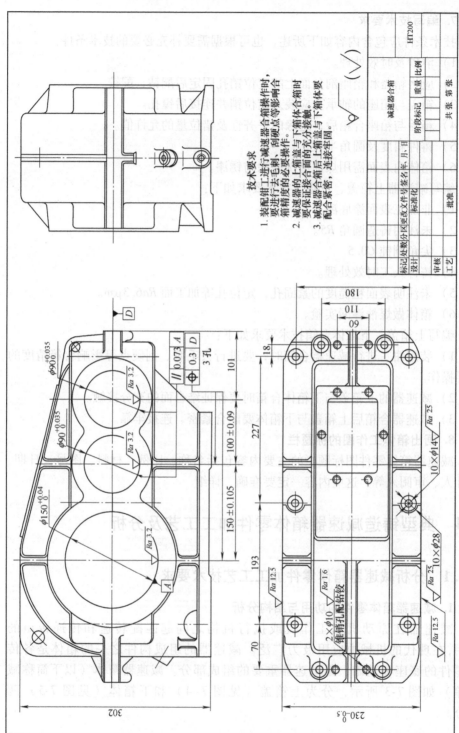

图7-3　减速器箱体合箱结构

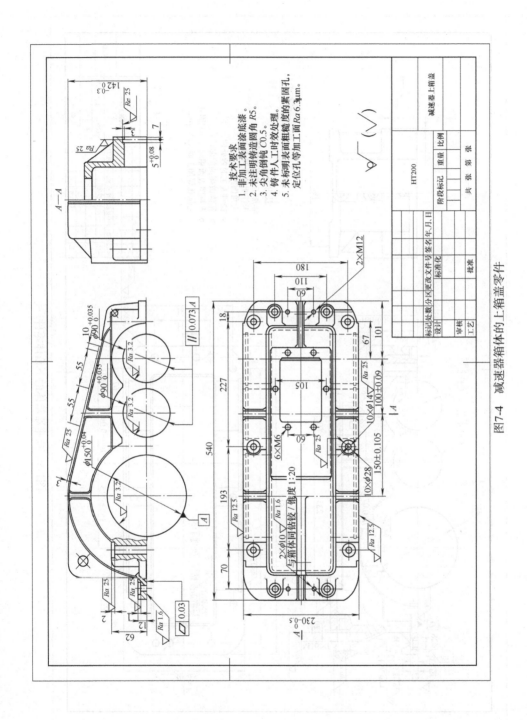

图7-4 减速器箱体的上箱盖零件

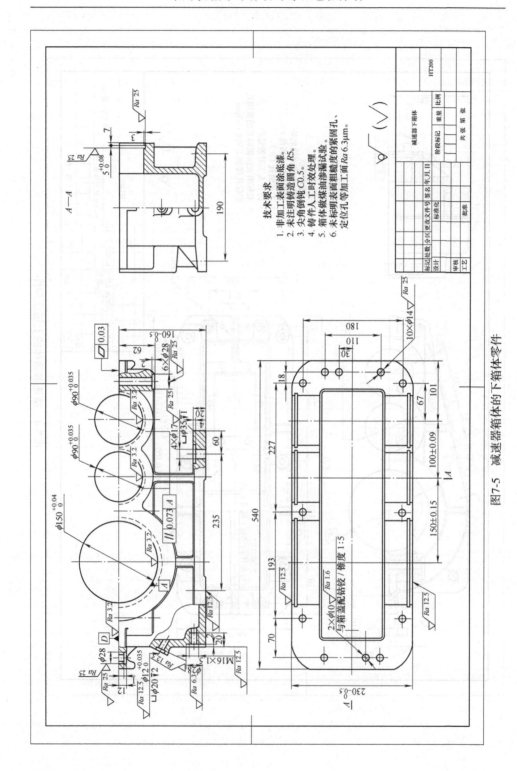

技术要求
1. 非加工表面涂底漆。
2. 未注明铸造圆角 R5。
3. 尖角倒钝 C0.5。
4. 铸件人工时效处理。
5. 箱体做煤油渗漏试验。
6. 未标明表面粗糙度的紧固孔、定位孔等加工面 Ra 6.3μm。

图7-5　减速器箱体的下箱体零件

2. 减速器箱体零件的加工工艺要求分析

减速器箱体零件的主要加工技术要求见表7-6。除了表中主要加工技术要求，还有下箱体底面上的 $4 \times \phi17$mm 孔、$M16 \times 1.5$mm 的螺纹孔以及侧油孔 $\phi12_0^{+0.035}$ mm、锪孔 $\phi20$mm 等加工面。

表 7-6　减速器零件的主要加工技术要求

加 工 表 面	加 工 尺 寸	加工公差等级	表面粗糙度 $Ra/\mu m$	几何公差 /mm
顶斜面	3 等		25	
顶斜面上 $6 \times M6$	M6，60mm，105mm		6.3	
上箱盖、下箱盖的结合面	230mm，540mm	IT7	1.6	平面度公差 0.03mm
$2 \times \phi10$mm 孔	$\phi10$mm，锥度 1:5 等		1.6	
$2 \times M12$	M12 等		6.3	
$10 \times \phi28$mm，$10 \times \phi14$mm	$\phi28$mm　$\phi14$mm		25	
$\phi150_0^{+0.04}$ mm 轴承孔	$\phi150_0^{+0.04}$ mm	IT7	3.2	相对基准 D 的位置公差为 0.3mm
$\phi90_0^{+0.035}$ mm 轴承孔	$\phi90_0^{+0.035}$ mm	IT7	3.2	孔轴线相对于基准 A 的平行度公差为 $\phi0.073$
$\phi90_0^{+0.035}$ mm 轴承孔	$\phi90_0^{+0.035}$ mm	IT7	3.2	相对于基准 A 的平行度公差为 $\phi0.073$
轴承孔的前后端面	$230_{-0.5}^{~~0}$ mm	IT12	12.5	

7. 4. 2　确定减速器零件加工毛坯

箱体类零件常用材料大多为灰铸铁 HT150 ~ HT350，可根据实际需要选用，用得较多的是 HT200。灰铸铁的铸造性能和加工性能好，价格低廉，具有较好的吸振性和耐磨性。

箱体零件的毛坯，依加工余量与生产批量、毛坯尺寸、结构、精度和铸造方法不同而变化。单件小批量生产的铸铁箱体，常用木模手工砂型铸造，毛坯精度低，加工余量大；大批量生产中大多数用金属模机器造型铸造，毛坯精度高，加工余量小。铸铁箱体毛坯上直径单件生产孔径大于 $\phi50$mm、成批生产孔径大于 $\phi30$mm 的孔大多都预先铸出，以减小孔的加工余量。毛坯铸造时，应防止砂眼和气孔的产生。为了减小毛坯制造时产生的残余应力，应尽量使箱体壁厚均匀，并在浇注后安排时效或退火工序。

综上所述，该减速器箱体零件上箱盖和下箱体的毛坯采用铸造成形。

7.4.3 设计减速器箱体零件机加工工艺路线

1. 确定减速器箱体零件加工面加工方案

箱体的主要加工面有零件和孔系。

（1）箱体平面的加工 箱体平面的加工常用的方法有刨削、铣削和磨削三种。刨削和铣削常用作平面的粗加工、半精加工，而磨削则用作平面的精加工。刨削因刀具结构简单，机床调整方便，加工较大平面的生产效率低，适合单件小批量生产。铣削的优势表现在成批、大批量生产中的生产效率较刨削高，故在成批、大批量生产中常用。箱体平面的精加工，单件生产时，一般多以精刨代替传统的手工刮研；生产批量较大且精度要求较高时，多采用磨削。

（2）箱体的孔系加工 箱体的孔系加工，主要从以下三种相互位置来讨论：

1）平行孔系的加工。平行孔系的技术要求一般是各平行轴心线之间以及轴心线与基面之间的尺寸精度和位置精度。

2）同轴孔系加工。在成批生产时，箱体的同轴孔系的同轴度由镗模来保证。在单件小批量生产中，主要采用导向法（用已加工孔做支撑导向、用镗床后立柱上的导向套作为支撑导向等）来保证。

3）交叉孔系加工。箱体上交叉孔系的加工主要是控制有关孔的垂直度误差。在成批生产中采用镗模法保证。在单件小批量生产中，一般在通用机床上采用找正法保证精度。

减速器箱体加工面的加工方案见表7-7。

表7-7 减速器箱体零件加工面的加工方案

加 工 面	加 工 方 案	
	公差等级及表面粗糙度 $Ra/\mu m$	加工方法
顶斜面	$Ra25$	刨
顶斜面上 $6 \times M6$	$Ra6.3$	钻→攻螺纹
上箱盖、下箱盖结合面	IT7，$Ra1.6$	粗刨→精刨→磨
$2 \times \phi10mm$ 孔	$Ra1.6$	钻
$2 \times M12$	$Ra6.3$	钻→攻螺纹
$10 \times \phi28mm$ $10 \times \phi14mm$	$Ra25$	钻，锪
$\phi150_{0}^{+0.04}mm$ 轴承孔	IT7，$Ra3.2$	粗镗→半精镗→精镗
$\phi90_{0}^{+0.035}mm$ 轴承孔	IT7，$Ra3.2$	粗镗→半精镗→精镗
$\phi90_{0}^{+0.035}mm$ 轴承孔	IT7，$Ra3.5$	粗镗→半精镗→精镗
轴承孔的前后端面	IT12，$Ra12.5$	铣
底面 $4 \times \phi17mm$ 孔、锪孔 $\phi35mm$	$Ra25$	钻，锪
测油孔 $\phi12_{0}^{+0.035}mm$、锪孔 $\phi20mm$	IT8，$Ra12.5$	钻→铰，锪
$M16 \times 1.5$、锪孔 $\phi28mm$	$Ra6.3$	钻→攻螺纹，锪

2. 安排减速器箱体零件加工顺序

（1）定位基准的选择 箱体零件的加工，是箱盖、下箱体、合箱分别加工的。所以，上箱盖的加工粗基准为上、下箱体结合面；下箱体的粗基准依然是选择重要的上、下箱体结合面。

精基准的选择，多数是考虑到定位基准与工序基准（或者设计基准）重合原则，不管是箱盖、箱体还是合箱加工，多是选择结合面、底面等作为精基准。

（2）热处理的安排 箱体结构一般较复杂，壁厚不均匀，铸造残余内应力大。为消除内应力、减速器箱体在使用中的变形，保持精度稳定，铸造后一般均需进行时效处理。一般采用人工时效处理。箱体经过粗加工后，应存放一段时间再进行精加工，以消除粗加工积聚的内应力。精密机床的箱体或特别复杂的箱体，应在粗加工后安排一次人工时效，促进铸造和粗加工造成的内应力释放。

减速器整个箱体壁薄，容易变形，在加工前要进行人工时效处理，以消除铸件内应力。加工时，要注意夹紧位置和夹紧力的大小，防止变形。

（3）加工顺序的安排 箱体零件加工顺序的安排如下：

1）先面后孔的原则。由于箱体加工和装配大多以平面为基准，先以孔为粗基准加工平面，切去铸件的硬皮和凸凹不平的粗糙面，有利于后续支撑孔的加工，也可以为精度要求较高的支撑孔提供精基准（一般情况下，这样的基准就是支撑孔的工序基准）。

2）先主后次的原则。先加工主要平面或主要孔。

3）粗、精加工分开原则。对于刚度差、批量大、精度要求较高的箱体，在主要平面和各支撑孔的粗加工之后再进行主要平面和各支撑孔的精加工，以便于消除由粗加工所造成的内应力、切削热等对加工精度的影响。但是，粗、精加工分开会使机床、夹具的数量及工件安装次数增加，而使成本提高，所以对单件小批量、精度要求不高的箱体，常常将粗、精加工合在一起。

减速器箱盖、下箱体主要加工部分是结合面、轴承孔、通孔和螺纹孔，其中轴承孔要在箱盖、下箱体合箱后再进行镗孔加工，以保证三个轴承孔中心线和结合面的位置，以及三个孔中心线的平行度和中心距。对于箱盖和箱体来说，先从主要平面的结合面开始（顶斜面和底面的加工是为结合面加工准备好精基准），然后再加工面上的紧固孔等。和箱盖、箱体"先面后孔"确定布局加工面几个顺序类似，合箱加工轴承孔时，也是先加工前后端面，再加工轴承孔。

3. 设计减速器箱体零件机加工工艺路线

减速器箱体机加工工艺路线分上箱盖、下箱体、合箱加工来表达，见表7-8 ~ 表7-10。

表 7-8　减速箱零件的上箱盖加工工艺路线　　　　（单位：mm）

工序号	工序名称	工 序 内 容
1	铸造	
2	清砂	清除浇铸系统、冒口、型砂、飞边等
3	热处理	人工时效
4	涂漆	非加工面涂防锈漆
5	划线	划结合面加工线、三个轴承孔以及三个轴承孔端面的加工线、顶斜面加工线
6	刨	刨顶部斜面
7	刨	刨结合面
8	钻	钻 10×φ14mm 孔，锪 10×φ28mm 孔，钻攻 2×M12 螺纹
9	钻	钻攻斜面上 6×M6 螺纹
10	磨	磨削结合面至图样精度要求
11	检	检验各部分精度

表 7-9　减速箱零件的下箱体加工工艺路线　　　　（单位：mm）

工序号	工序名称	工 序 内 容
1	铸造	
2	清砂	清除浇铸系统、冒口、型砂、飞边等
3	热处理	人工时效
4	涂漆	非加工面涂防锈漆
5	划线	划结合面加工线、三个轴承孔以及三个轴承孔端面的加工线、底面加工线
6	刨	刨削结合面
7	刨	刨削底面
8	钻	钻底面 10×φ14mm 孔，其中两个铰至 $\phi17.5^{+0.01}_{0}$ mm（工艺用），锪 4×φ35mm 孔
9	钻	钻 10×φ14mm 孔，锪 10×φ28mm 孔
10	钻	钻、铰 $\phi12^{+0.035}_{0}$ mm 侧油孔，锪 φ20mm
11	钻	钻 M16×1.5 底孔，攻 M16×1.5 螺纹，锪孔 φ28mm
12	磨	磨削结合面至图样精度要求
13	钳	箱体底面用煤油做渗透试验
14	检	检验各部分精度

表 7-10　减速箱零件的合箱加工工艺路线　　　　（单位：mm）

工序号	工序名称	工序内容
1	钳	将上箱盖、下箱体对准合箱，用 2×M12 螺栓、螺母紧固
2	钻	钻、铰 2×φ10mm、1:5 锥度销孔，装入锥销
3	钳	将箱盖、箱体做标记编号

（续）

工序号	工序名称	工序内容
4	铣	铣削轴承孔两端面
5	划线	划三个轴承孔加工线
6	镗	粗镗、半精镗 $\phi150^{+0.04}_{0}$ mm 轴承孔和两个 $\phi90^{+0.035}_{0}$ mm 轴承孔
7	镗	精镗三个轴承孔至图样精度要求，镗环槽
8	钳	拆箱，清理毛刺
9	检	检验各部分精度
10	入库	入库

7.5　典型套筒零件工作图

1. 视图的选择

套筒属于轴套类零件，一般在车床上加工，所以应按形状特征和加工位置确定主视图，轴线水平放置，大头在左，小头在右。由于该套筒结构简单，因此采用一个全剖视图表达即可，套筒零件如图 7-6 所示。

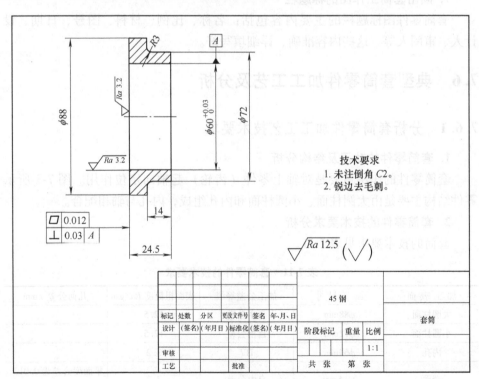

技术要求
1. 未注倒角 C2。
2. 锐边去毛刺。

图 7-6　套筒零件工作图

2. 标注尺寸及工艺分析

套筒零件宽度方向和高度方向的主要基准是回转轴线，长度方向的主要基准是端面或台阶面。套筒零件的主要形体是同轴回转体组成的，因而省略了两个方向（宽度和高度）的定位尺寸。

3. 标注尺寸公差及工艺分析

套筒的内孔与轴相配合，需标注尺寸公差，如无特殊要求 IT7 级即可。

4. 标注几何公差及工艺分析

套筒作为齿轮的轴向定位元件，大端面与齿轮端面相接触，要求其平面度为 0.012mm，此外要求其关于自身轴线的垂直度为 0.03mm。

5. 标注表面粗糙度及工艺分析

内孔与轴相配合，其表面粗糙度为 $Ra3.2$，大端面与齿轮端面相接触，其表面粗糙度为 $Ra3.2$。小端与轴承内圈接触，其表面粗糙度也为 $Ra3.2$。

6. 编写技术要求

套筒的大部分加工要求已经在视图有标注，为了安装方便，在内孔处加工 $C2$ 倒角，此外为了防止刮伤工人，便于安装，需对锐边去毛刺。

7. 画出套筒工作图的标题栏

套筒零件图标题栏的主要内容包括：名称、比例、材料、图号、日期、设计人、审阅人等。这些内容准确、详细填写好。

7.6　典型套筒零件加工工艺及分析

7.6.1　分析套筒零件加工工艺技术要求

1. 套筒零件的功用及结构分析

套筒零件的作用主要是对轴上零件（齿轮）起轴向定位作用。图 7-3 所示零件结构主要是由大圆柱面、小圆柱面和内孔组成，内孔与轴相配合。

2. 套筒零件的技术要求分析

套筒的技术要求见表 7-11。

表 7-11　套筒零件的技术要求

加工表面	加工尺寸	加工公差等级	表面粗糙度 $Ra/\mu m$	几何公差 /mm
大圆柱面	$\phi 88mm$	自由公差	12.5	
小圆柱面	$\phi 72mm$	自由公差	12.5	
内孔	$\phi 60mm$	IT7	3.2	
端面	24.5mm	自由公差	3.2	平面度公差为 0.012，垂直度公差为 0.03

7.6.2 确定套筒零件的加工毛坯

套筒零件毛坯的选择与其材料、结构尺寸和生产批量有关。孔径小的套筒一般选择热轧或冷拉棒料，也可采用实心铸件；孔径较大的套筒，常选用无缝钢管。大量生产时，可采用冷挤压和粉末冶金等先进的毛坯制造工艺，既提高生产率又节约材料。用于减速器输出轴的套筒选 45 钢就可以满足要求，单侧端面和径向都留有 2mm 的加工余量，毛坯尺寸为 $\phi 92\text{mm} \times 28\text{mm}$。

7.6.3 套筒零件机加工工艺路线

1. 确定套筒零件加工方案

套筒零件的加工方案见表 7-12。

表 7-12 套筒零件加工方案

加 工 面	加 工 方 案	
	公差等级及表面粗糙度 $Ra/\mu\text{m}$	加 工 方 法
大圆柱面 $\phi 88\text{mm}$	$Ra12.5$	粗车
小圆柱面 $\phi 72\text{mm}$	$Ra12.5$	粗车
内孔 $\phi 60\text{mm}$	IT7，$Ra3.2$	钻→扩→粗车→半精车→精车
端面 24.5mm	$Ra1.6$	粗车→半精车→精车

2. 安排套筒零件加工顺序

套筒的加工顺序是先加工大外圆、端面，然后掉头加工小外圆、端面，再钻孔、扩孔、车内孔。

3. 设计套筒机加工工艺路线

套筒机加工工艺路线见表 7-13。

表 7-13 套筒机加工工艺路线

工 序 号	工 序 名 称	工 序 内 容
1	备料	棒料毛坯 $\phi 92\text{mm} \times 28\text{mm}$
2	车	粗车 $\phi 88\text{mm}$ 外圆，粗精车端面，倒角 $C2$
3	车	掉头装夹，车 $\phi 72\text{mm}$ 外圆，粗精车端面 24.5mm，倒角 $C2$
4	钻	钻直径 $\phi 60\text{mm}$ 通孔
5	扩	扩孔至 55mm
6	车	精车 60mm 内孔
7	车	车内倒角 $C2$
8	检	检验

7.7 轴承盖零件工作图

1. 透盖主要结构尺寸

由表 7-4 可知，地脚螺栓直径 $d_\phi = 16\text{mm}$，轴承盖螺钉直径 $d_3 = 8\text{mm}$，由参考文献 [2] 表 G. 5 可计算出轴承透盖的结构尺寸（见图 7-7）见表 7-14，根据所得数据可绘制轴承透盖的零件图，如图 7-8 所示。

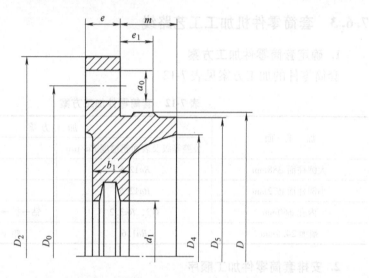

图 7-7　轴承透盖结构

表 7-14　轴承透盖结构尺寸

代　号	结构尺寸计算	计算结果
d_0	$d_0 = d_3 + 1\text{mm} = 9\text{mm}$	$d_0 = 9\text{mm}$
D_0	$D_0 = D + 2.5d_3 = （110 + 2.5 \times 8）\text{mm} = 130\text{mm}$，$D$ 为轴承外径，由轴的结构设计可知 $D = 110\text{mm}$	$D_0 = 130\text{mm}$
D_2	$D_2 = D_0 + 2.5d_3 = （130 + 2.5 \times 8）\text{mm} = 150\text{mm}$	$D_2 = 150\text{mm}$
e	$e = 1.2d_3 = 1.2 \times 8\text{mm} = 9.6\text{mm}$	$e = 9.6\text{mm}$
e_1	$e_1 \geqslant e$，取 $e_1 = 10\text{mm}$	$e_1 = 10\text{mm}$
m	m 由结构尺寸确定，根据轴的设计计算及结构图可知 $m = 26\text{mm}$	$m = 26\text{mm}$
D_4	$D_4 = D - （10 \sim 15）\text{mm} = [110 - （10 \sim 15）]\text{mm} = （95 \sim 100）\text{mm}$，取 $D_4 = 100\text{mm}$	$D_4 = 100\text{mm}$
D_6	$D_6 = D - （2 \sim 4）\text{mm} = [110 - （2 \sim 4）]\text{mm} = （106 \sim 108）\text{mm}$，取 $D_6 = 108\text{mm}$	$D_6 = 108\text{mm}$
d_1、b_1	轴径 $d = 60$ 时可取 $d_1 = 61\text{mm}$，$b_1 = 7\text{mm}$	$d_1 = 61\text{mm}$ $b_1 = 7\text{mm}$

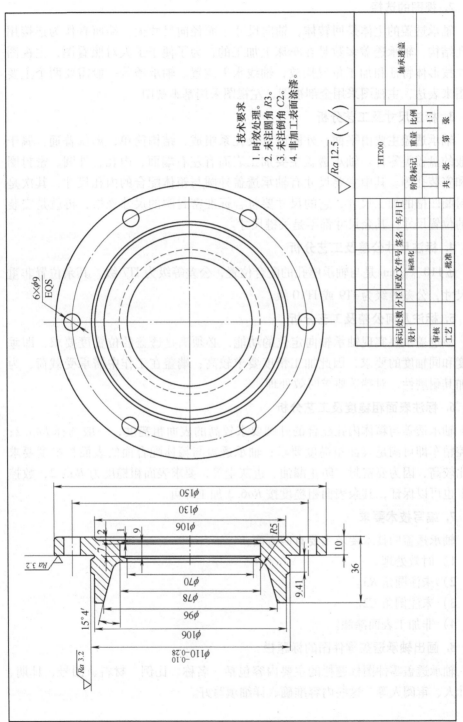

图7-8　轴承透盖零件图

2. 视图的选择

轴承透盖的主体是回转体，轴向尺寸小而径向尺寸大，端面有作为连接用的孔结构。轴承透盖多数是在车床上加工的，为了便于工人对照看图，主视图往往按形体特征和加工位置摆放，轴线水平放置。轴承透盖一般需要两个主要视图来表达，主视图采用全剖视图，左视图采用基本视图。

3. 标注尺寸及工艺分析

轴承透盖主要由平面、外圆面以及孔系组成，结构简单，形状普通，属于一般的盘盖类零件。轴承透盖主要加工表面有左右端面、内孔、外圆、密封圈槽和安装孔等。其中主要尺寸有轴承透盖外圆与箱体配合的内孔尺寸，其次是密封圈凹槽的加工尺寸，它的尺寸要符合标准密封圈的尺寸规格，再就是安装孔的位置尺寸，其余尺寸都不是关键尺寸。

4. 标注尺寸公差及工艺分析

$\phi 110_{-0.28}^{-0.1}$mm 是与轴承座孔的配合位置，公差等级为 IT7 级，其余位置非重要尺寸，公差等级为 IT9 或 IT10 级。

5. 标注几何公差及工艺分析

该透盖主要实现轴承轴向定位的功能，必须满足透盖的位置度要求，即垂直度和同轴度的要求，因此加工精度要求较高；端盖在工作中需承受载荷，为增加其耐磨性，对端盖要求时效处理。

6. 标注表面粗糙度及工艺分析

轴承透盖与箱体内孔配合的外圆要求较高的表面粗糙度，一般选择 $Ra3.2$；数控精车即可满足表面粗糙度要求；轴承透盖与箱体配合面的表面粗糙度要求也比较高，因为要密封、防止漏油、进灰尘等，要求表面粗糙度为 $Ra3.2$，数控精车也可以保证，其余表面粗糙度按 $Ra6.3$ 加工即可。

7. 编写技术要求

轴承透盖的技术要求主要有四方面：

1）时效处理。

2）未注圆角 $R3$。

3）未注倒角 $C2$。

4）非加工表面涂漆。

8. 画出轴承透盖零件图的标题栏

轴承透盖零件图标题栏的主要内容包括：名称、比例、材料、图号、日期、设计人、审阅人等。这些内容准确、详细填写好。

7.8　轴承透盖零件加工工艺及分析

1. 分析轴承透盖零件加工工艺技术要求

（1）轴承透盖零件的功用及结构分析　轴承透盖的主要作用是对轴承起轴向定位作用，透盖的密封件孔装上密封元件后可以防止轴承的润滑油外漏。轴承透盖主要由圆盘、密封件孔、螺栓孔组成。

（2）轴承透盖零件的加工技术要求分析　轴承透盖的加工技术要求分析见表 7-15。

表 7-15　轴承透盖加工技术要求分析

加 工 表 面	尺寸偏差/mm	公差及精度等级	表面粗糙度/μm	几何公差/mm
端盖左端面	10	IT9	3.2	
端盖右端面	10	IT9	3.2	
右端凸台端面	26	IT7	3.2	
外圆面 $\phi150$	$\phi150$	IT10	6.3	
外圆面 $\phi110$	$\phi110$ h6	IT7	1.6	◎ 0.03 A
内圆面 $\phi106$	$\phi106$	IT10	6.3	
内圆面 $\phi70$	$\phi70$	IT9	3.2	
$\phi9$ 通孔	$6 \times \phi9$	IT9	3.2	

2. 确定轴承透盖零件的加工毛坯

由于该透盖在工作过程中要承受冲击载荷，为增强强度和冲击韧度，获得纤维组织，毛坯选用铸件。材料采用灰铸铁 HT200，它具有容易变形、吸振性好、耐磨性强及切削性好等优点。该透盖的轮廓尺寸不大，生产类型为中批产量，为提高生产率和铸件精度，减少加工余量，宜采用金属模机器造型方法铸造毛坯，毛坯拔模斜度为5°。此外为消除残余应力还应安排人工时效。

3. 轴承透盖零件机加工工艺路线

轴承透盖的加工工艺路线见表 7-16。

表 7-16　轴承透盖的机加工工艺路线

工序号	工序名称	加工表面	加工方案	技术要求	机床设备	刀 具	夹 具
1	铸造		金属模机器造型，HT200	CT-10			
2	清理		清除浇冒口、型砂、分边、毛刺等				

（续）

工序号	工序名称	加工表面	加工方案	技术要求	机床设备	刀具	夹具
3	热处理		人工时效				
4	粗车退刀槽	ϕ110 外圆面	粗车	Ra12.5	车床 C6140A	切槽刀	自定心卡盘
5	粗车 $C1$ 倒角		粗车		车床 C6140A	端面车刀	自定心卡盘
6	车端面	右端面	粗车、半精车	Ra3.2	车床 C6140A	端面车刀	自定心卡盘
		右端凸台端面	粗车、半精车、精车	Ra1.6			
7	车内、外圆	ϕ110 外圆面	粗车、半精车、精车	Ra1.6	车床 C6140A	内圆车刀	自定心卡盘
		ϕ70 内圆面	粗车	Ra6.3		外圆车刀	
8	车内槽	ϕ7 内槽	粗车	Ra12.5	车床 C6140A	内切槽刀	自定心卡盘
9	车端面	左端面	粗车、半精车	Ra3.2	车床 C6140A	端面车刀	自定心卡盘
10	车外圆	ϕ150 外圆面	粗车	Ra6.3	车床 C6140A	内圆车刀	自定心卡盘
11	钻—扩 $6 \times \phi9$ 孔	右端面	钻、扩	Ra6.3	钻床	麻花钻、扩孔钻	自定心卡盘
12	去毛刺				钳工台	平锉	
13	清洗				清洗机		自定心卡盘
14	终检						

4. 确定轴承透盖加工余量

轴承透盖零件各表面的加工余量是由各个表面的粗糙度、加工方法以及加工等级来确定的。

（1）左端面加工余量的确定 左端面加工余量的确定见表7-17。

表 7-17 左端面加工余量的确定

工序名称	工序加工余量/mm	工序尺寸/mm	表面粗糙度/μm	总余量/mm
半精车	0.6	10	3.2	
粗车	1.5	10.6	6.3	2.1
毛坯		12.1		

（2）右端凸台端面加工余量的确定 右端凸台端面加工余量的确定见表7-18。

表 7-18 右端凸台端面加工余量的确定

工序名称	工序加工余量/mm	工序尺寸/mm	表面粗糙度/μm	总余量/mm
精车	0.4	26	1.6	
半精车	0.7	26.4	3.2	
粗车	1.5	27.1	6.3	2.6
毛坯		28.6		

（3）右端面加工余量的确定 右端面加工余量的确定见表 7-19。

表 7-19 右端面加工余量的确定

工序名称	工序加工余量/mm	工序尺寸/mm	表面粗糙度/μm	总余量/mm
半精车	0.6	12.1	3.2	
粗车	1.5	12.7	6.3	2.1
毛坯		14.2		

（4）ϕ150 外圆面加工余量的确定 ϕ150 外圆面加工余量的确定见表 7-20。

表 7-20 ϕ150 外圆面加工余量的确定

工序名称	工序加工余量（单面）/mm	工序尺寸/mm	表面粗糙度/μm	总余量/mm
粗车	1.5	150	6.3	3
毛坯		153		

（5）ϕ110 外圆面加工余量的确定 ϕ110 外圆面加工余量的确定见表 7-21。

表 7-21 ϕ110 外圆面加工余量的确定

工序名称	工序加工余量（单面）/mm	工序尺寸/mm	表面粗糙度/μm	总余量/mm
精车	0.4	110	1.6	
半精车	0.7	110.8	3.2	5.2
粗车	1.5	112.2	6.3	
毛坯		115.2		

（6）ϕ106 内圆面加工余量的确定 ϕ106 内圆面加工余量的确定见表 7-22。

表 7-22 ϕ106 内圆面加工余量的确定

工序名称	工序加工余量（单面）/mm	工序尺寸/mm	表面粗糙度/μm	总余量/mm
半精车	0.7	106	3.2	
粗车	1.5	104.6	6.3	4.4
毛坯		101.6		

（7）ϕ70 内圆面加工余量的确定 ϕ70 内圆面加工余量的确定见表 7-23。

表 7-23 ϕ70 内圆面加工余量的确定

工序名称	工序加工余量（单面）/mm	工序尺寸/mm	表面粗糙度/μm	总余量/mm
粗车	1.5	70	6.3	3
毛坯	67	31		

（8）6×φ9 均布通孔加工余量的确定　6×φ9 均布通孔加工余量的确定见表 7-24。

表 7-24　6×φ9 均布通孔加工余量的确定

工 序 名 称	工序加工余量/mm	工序尺寸/mm	表面粗糙度/μm	总余量/mm
扩	1.8	9	6.3	
钻	7.2	7.2	12.5	7
毛坯		0		

第8章　滑动轴承设计与工艺性分析

8.1　滑动轴承分类及应用

轴承是支承轴颈的部件，根据轴承中摩擦性质的不同，轴承可分为滑动摩擦轴承（简称滑动轴承）和滚动摩擦轴承（简称滚动轴承）两大类。

1. 滑动轴承的分类

（1）按工作面润滑状态分类　按照相对运动表面（即工作面）间的润滑（或摩擦）状态的不同，滑动轴承可分为：

1）液体润滑轴承。润滑油形成油膜将轴与轴承完全隔离开（润滑油膜在$1.5 \sim 2.0 \mu m$以上），此时的摩擦阻力是液体的内摩擦力，所以摩擦力小。液体润滑（摩擦）轴承按照润滑机理的不同，又可以分为液体动压滑动轴承和液体静压滑动轴承两种。

2）不完全流体润滑轴承（或称非液体润滑轴承）。滑动表面间处于边界润滑或混合润滑状态，润滑油部分将轴承和轴隔离开，部分接触，所以摩擦阻力大。

3）无润滑（干摩擦）轴承。滑动表面间不加任何润滑剂，固体表面间直接接触。

（2）按承受的载荷方向　按照承受载荷方向的不同，滑动轴承可分为：

1）径向滑动轴承。轴承承受径向载荷，即受力方向垂直于轴的中心线。

2）推力滑动轴承（止推轴承）。轴承承受轴向载荷，即受力方向与轴中心线平行。

（3）按液体润滑承载机理　按照液体润滑承载机理的不同，液体滑动轴承又可以分为流（液）体动压润滑滑动轴承和流（液）体静压润滑滑动轴承。

1）流体动压润滑轴承。利用运动副表面的相对运动和几何形状，借助流体黏性，把润滑剂带进摩擦面之间，依靠自然建立的流体压力膜，将运动副表面分开的润滑方法称为流体动压润滑，处于流体动压润滑的轴承称为流体动压润滑轴承。

2）液体静压润滑轴承。在滑动轴承与轴颈表面之间输入高压润滑剂以承受外载荷，使运动副表面分离的润滑方法称为流体静压润滑，处于流体静压润滑的轴承称为流体静压润滑轴承。

2. 滑动轴承的特点及应用

（1）滑动轴承特点

滑动轴承的优点：

1）液体滑动轴承因为油膜将轴与轴承完全隔离开，可以大大减小摩擦损失和表面磨损，且油膜具有良好的耐冲击性和吸振性，因此运转平稳、可靠、无噪声，旋转精度高。

2）高速时比滚动轴承的寿命长，且承载能力大。

3）可做成剖分式，因此可用于曲轴。

4）不完全流体润滑轴承（或称非液体润滑轴承）结构简单，成本低，制造装拆方便。

滑动轴承的主要缺点：

1）维护复杂。

2）对润滑条件要求高。

3）不完全流体润滑轴承（或称非液体润滑轴承）的摩擦损耗较大。

由于滑动轴承具有很多独特的优点，使得它在某些场合仍占有重要地位。

（2）滑动轴承的应用　滑动轴承和滚动轴承各有其优缺点和适用场合。由于滚动轴承是由专业工厂大批量生产并已标准化，且具有摩擦因数小、起动灵活、互换性好、使用维护方便等特点，故目前应用较广泛。

但是，滑动轴承由于具有一些独特的优点，因此在航空发动机附件、仪表、金属切削机床、内燃机、铁路机车及车辆、轧钢机、雷达、卫星通信地面站及天文望远镜等方面还广泛地应用着，这是因为：

1）当要求轴承的径向尺寸很小时，一般的滚动轴承就不适宜。

2）当承受很大的振动和冲击载荷时，滚动轴承由于是高副接触，对振动特别敏感而不适用。

3）因装配原因必须做成剖分式轴承（如连杆大端轴承）时，则只能用滑动轴承。

4）对于重型的、单件或批量很少的轴承，定制滚动轴承成本将是很高的，只能用滑动轴承。

5）工作转速特别高或要求回转精度特别高时，滚动轴承达不到要求，只能采用液体或气体润滑的高精度动压或静压滑动轴承。

3. 滑动轴承的失效形式及常用材料

（1）失效形式

1）磨损。进入轴承间隙的杂质（砂粒、铁削、灰尘等）在轴颈和轴瓦间随轴颈一起转动，从而造成轴瓦和轴颈的磨损，导致几何尺寸的改变、轴承间隙的加大和精度的降低，使轴承的性能降低、寿命降低。

2）胶合。在滑动轴承的载荷过大、温度过高，润滑油膜破裂或润滑油不足的情况下，轴颈和轴瓦表面间的材料会相互粘连，在强行运动时材料发生迁移，从而造成轴承的失效的现象——胶合（俗称烧瓦或抱轴）。

3）疲劳剥落。滑动轴承在载荷的反复作用下，轴瓦表面出现与运动方向垂直的裂纹，随着裂纹扩展，当裂纹穿透轴承衬达到衬背面结合处时，轴承衬将发生剥落，从而造成轴承的失效。

4）腐蚀。在滑动轴承的使用过程中，润滑剂不断氧化，所产生的酸性物质对轴承材料产生腐蚀作用，特别是铸造铜铅合金中的铅，受腐蚀后容易形成斑点状的脱落。锡基巴氏合金的氧化会使轴承表面形成由 SnO_2 和 SnO 组成的黑色硬质氧化层，容易划伤轴颈表面。此外，空气、润滑油中的水分以及硫等物质对轴承材料也有氧化和腐蚀作用。

5）刮伤。在轴承运转过程中，进入轴承间隙的杂质（如砂粒、铁屑等）在轴承表面间研出沟痕，使润滑效果下降或失效的现象叫刮伤。

（2）滑动轴承轴瓦和轴承衬的常用材料　轴瓦和轴承衬的材料统称为轴承材料。根据滑动轴承的工作特点，轴瓦材料应该具有足够的强度，较好的塑性、减摩性、耐磨性、顺应性、嵌藏性、磨合性。为了充分利用各种金属的各自特点和节省贵重金属，通常把轴瓦做成复合结构，即在强度比较大的材料制成的轴瓦内表面附上一层耐磨性、减摩性、顺应性、嵌藏性、磨合性等比较好的轴承衬。常用的轴瓦和轴承衬材料有：

1）轴承合金。又称巴氏合金，即 Cu、Sn、Pb、Sb 的合金，以 Sn、Pb 为基础，悬浮锑锡及铜锡的硬晶粒，均匀地分布于基体内，硬晶粒起抗磨作用，软基体则增加轴承的塑性，巴氏合金在所有的轴承合金中的嵌入性、顺应性最好，容易与轴颈磨合，同时它的抗胶合能力强，但是，其强度低，不能单独制造成轴瓦，只能贴附在青铜、钢、铸铁等强度高的材料制成的轴瓦的内表面上作轴承衬使用。这样制成的轴承适用于高速、重载场合，但是价格昂贵。

2）铸铁和耐磨铸铁。灰铸铁或耐磨灰铸铁或者球墨铸铁中的石墨可以在润滑表面形成一层起润滑作用的石墨层，所以具有一定的耐磨性和减摩性。石墨吸附碳氢化合物也有助于边界润滑，但是，由于铸铁比较脆，只适用于低速、轻载场合的不重要轴承。

3）粉末冶金。粉末冶金是金属粉末加石墨高压成形再经高温烧制而成的含有孔隙轴承材料，孔隙占总体积的 15%～35%，可预先浸满油，工作时自行润滑，所以又称含油轴承。

4）非金属材料。如尼龙、塑料等，具有耐水、耐酸、耐碱、减摩性好以及一定的自润滑性等优点，但导热性差，塑性以及强度差。多用于在水、酸、碱等金属容易腐蚀的场合下工作的轴承材料。

8.2 不完全流体润滑滑动轴承的设计计算

1. 不完全流体润滑滑动轴承的失效形式

不完全流体润滑滑动轴承因为轴与轴瓦的表面间处于边界润滑或混合润滑状态，润滑油部分将轴承和轴隔离开，部分接触，所以摩擦阻力大，其失效形式主要有磨损和胶合。在变载作用下，还可能产生疲劳破坏。因此确保轴颈与轴瓦间的边界润滑油膜不遭破坏，是防止失效的必要条件。

不完全流体润滑滑动轴承适合于工作可靠性要求不高的低速、载荷不大的场合。不完全流体润滑滑动轴承的承载能力和使用寿命取决于轴承材料的减摩性、机械强度及边界油膜的强度，如果在不完全流体润滑滑动轴承的两摩擦面间有一层油膜，就可以防止失效。所以设计准则就是保证两摩擦面间的吸附膜不破坏，尽量减少轴承材料的磨损，降低功耗、温升和磨损率。由于影响边界膜的因素很复杂，目前尚无完善的计算方法，一般设计时选定轴承类型、确定轴瓦材料和结构尺寸，只做条件性的校核计算。

2. 径向滑动轴承的设计计算

（1）限制轴承的压强 p 限制轴承压强 p 的目的是限制磨损失效，是保证润滑油不致被过大的压力挤出摩擦面，使摩擦表面之间保留一定的润滑剂，避免轴承过度磨损而缩短寿命，校核式为

$$p = \frac{F}{dB} \leqslant [p]$$

式中 F——轴承所受载荷（N）；

  $[p]$——轴瓦材料的许用比压（MPa），其值见表 8-1；

  d——轴颈直径（mm）；

  B——轴承宽度（mm）。

设计时，先选取轴承的宽径比 B/d，因轴径 d 已知，则可求得轴承宽度 B，如图 8-1 所示。

（2）限制压强和轴颈圆周速度的乘积 pv 限制 pv 值就是限制胶合失效，因为 pv 值主要反映单位面积上的摩擦功耗即发热量，限制轴承的 pv 值的目的就是限制摩擦功耗及其发热温升，防止油温超过油膜破坏温度导致油膜破坏发生胶合，计算式为

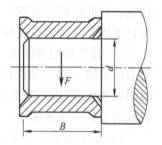

图 8-1 轴承的工作宽度

$$pv = \frac{F}{dB} \cdot \frac{\pi d n}{60 \times 1000} \leqslant [pv]$$

式中 n——轴的工作转速（r/min）；

[pv]——轴瓦材料的许用值（MPa·m/s），其值见表 8-1。

（3）限制滑动速度 v　限制滑动速度 v 是既限制了磨损失效，又限制了胶合失效，因为当平均压强较小时，即使 p 和 pv 都在许用范围内，也有可能由于滑动速度过高，加速磨损而使轴承报废。因为 p 只是平均的压力，实际上，在轴发生弯曲或不同心等一系列误差及振动的影响下，轴承边缘可能产生相当高的压力，因而局部区域的 pv 值还会超过许用值。计算式为

$$v = \frac{\pi dn}{60 \times 1000} \leqslant [v]$$

式中　[v]——许用滑动速度（m/s），其值见表 8-1。

3. 止推滑动轴承的设计计算

不完全流体润滑止推滑动轴承计算方法与径向轴承完全相同，只不过止推滑动轴承的受力面积为环形，表达式与径向轴承有所不同。按其承载面的个数不同可分为单环止推轴承和多环止推轴承，其设计计算与非液体径向滑动轴承基本相同，且通常只验算 p 和 pv。

（1）验算轴承的平均压力 p　如图 8-2 所示，止推轴承的平均压力 p 为

$$p = \frac{F_a}{z \dfrac{\pi}{4}(d_2^2 - d_1^2)} \leqslant [p]$$

式中　F_a——轴向载荷（N）；

　　　z——承载环面数目；

　　[p]——许用压力（MPa），适用性，$z > 1$ 时，表中值下降 5%，其值见表 8-2。

　　d_1、d_2——止推轴承承载环的内径和外径（mm）。

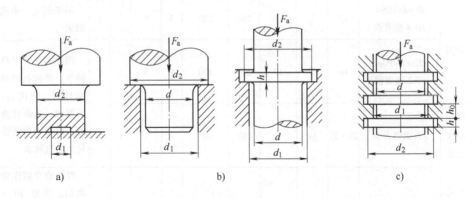

图 8-2　止推轴承的类型及结构

a）空心端面轴颈　b）环状轴颈　c）多环轴颈

表 8-1　常用金属轴承材料性能及应用

材料类别	牌号（名称）	最大许用值[1]			最高工作温度/℃	轴颈硬度（HBW）	性能比较[2]				备注
		$[p]$/MPa	$[v]$/(m/s)	$[pv]$/(MPa·m/s)			抗咬粘性	顺应性嵌入性	耐蚀性	疲劳强度	
锡基轴承合金	ZSnSb11Cu6 ZSnSb8Cu4	平稳载荷			150	150	1	1	1	5	用于高速、重载下工作的重要轴承，变载荷下易于疲劳、价格昂贵
		25	80	20							
		冲击载荷									
		20	60	15							
铅基轴承合金	ZPbSb16Sn16Cu2	15	12	10	150	150	1	1	3	5	用于中速、中等载荷的轴承，不宜受显著冲击，可作为锡锑轴承合金的代用品
	ZPbSb15Sn5Cu3Cd2	5	8	5							
锡青铜	ZCuSn10P1 （10-1 锡青铜）	15	10	15	280	300～400	3	5	1	1	用于中速、重载及受变载荷的轴承
	ZCuSn5Pb5Zn5 （5-5-5 锡青铜）	8	3	15							用于中速、中载的轴承
铅青铜	ZCuPb30 （30 铅青铜）	25	12	30	280	300	3	4	4	2	用于高速、重载轴承，能承受变载和冲击
铝青铜	ZCuAl10Fe3 （10-3 铝青铜）	15	4	12	280	300	5	5	5	2	最宜用于润滑充分的低速重载轴承
黄铜	ZCuZn16Si4 （16-4 硅黄铜）	12	2	10	200	200	5	5	1	1	用于低速、中载轴承
	ZCuZn40Mn2 （40-2 锰黄铜）	10	1	10	200	200	5	5	1	1	用于高速、中载轴承，是较新的轴承材料，强度高，耐腐蚀、表面性能好。可用于增压强化柴油机轴承
铝基轴承合金	2% 铝锡合金	28～35	14	—	140	300	4	3	1	2	
三元电镀合金	铝-硅-镉镀层	14～35	—	—	170	200～300	1	2	2	2	镀铅锡青铜作中间层，再镀 10～30μm 三元减摩层，疲劳强度高，嵌入性好

（续）

材料类别	牌号（名称）	最大许用值[1]			最高工作温度/℃	轴颈硬度（HBW）	性能比较[2]				备 注
		$[p]$/MPa	$[v]$/(m/s)	$[pv]$/(MPa·m/s)			抗咬粘性	顺应性嵌入性	耐蚀性	疲劳强度	
银	镀层	28~35	—	—	180	300~400	2	3	1	1	镀银，上附薄层铅，再镀铟，常用于飞机发动机、柴油机轴承
耐磨铸铁	HT300	0.1~6	3~0.75	0.3~4.5	150	<150	4	5	1	1	宜用于低速、轻载的不重要轴承、价廉
灰铸铁	HT150-HT250	1~4	2~0.5	—	—	—	4	5	1	1	

① $[pv]$ 为不完全液体润滑下的许用值。

② 性能比较：1~5 依次由佳到差。

表 8-2 止推滑动轴承的材料及其 $[p]$、$[pv]$ 值

轴（轴环端面、凸缘）	轴 承	$[p]$/MPa	$[pv]$/MPa·m/s
未淬火钢	铸铁	2.0~2.5	1~2.5
	青铜	4.0~5.0	
	轴承合金	5.0~6.0	
淬火钢	青铜	7.5~8.0	1~2.5
	轴承合金	8.0~9.0	

（2）验算平均压力和轴颈圆周速度的乘积 pv 值 轴承环面平均直径处的圆周速度为

$$v = \frac{n\pi(d_1 + d_2)}{2 \times 60 \times 1000}$$

则 $pv = \frac{F_a}{A}v = \frac{F_a}{z\frac{\pi}{4}(d_2^2 - d_1^2)} \times \frac{n\pi(d_1 + d_2)}{2 \times 60 \times 1000} = \frac{nF_a}{30000z(d_2 - d_1)} \leqslant [pv]$

式中 n——轴颈转速（r/min）；

$[pv]$——许用值，见表 8-2，为止推滑动轴承材料及 p、$[pv]$ 值。

多环轴承设计时应考虑受力不均。

对于动力润滑的滑动轴承，初步计算时也要计算 p、pv、v，在起动和停车过程中往往处于混合润滑状态。因此，在设计液体动力润滑轴承时，常用以上条件性计算作为初步计算。

4. 不完全液体润滑轴承的设计计算实例

有一混合摩擦向心滑动轴承轴颈直径 $d = 60\text{mm}$，轴承宽度 $B = 60\text{mm}$，轴瓦材料为 ZCuAl10Fe3，试求：

1) 当载荷 $F = 36000\text{N}$，转速 $n = 150\text{r/min}$ 时，校核轴承是否满足非液体润滑轴承的使用条件；

2) 当载荷 $F = 36000\text{N}$ 时，轴的允许转速 n；

3) 当轴的转速 $n = 900\text{r/min}$ 时的允许载荷 F；

4) 轴的允许最大转速 $n_{\max}$。

解：

1) 校核轴承使用条件。查表 8-1，得 ZCuAl10Fe3 的 $[p]$ $= 15\text{N/mm}^2$，$[v]$ $= 4\text{m/s}$；$[pv]$ $= 12\text{MPa}\cdot\text{m/s}$，则

$$v = \frac{\pi d n}{60 \times 1000} = \frac{\pi \times 60 \times 150}{60 \times 1000}\text{m/s} = 0.47\text{m/s} < [v]$$

$$p = \frac{F}{dB} = \frac{36000}{60 \times 60}\text{N/mm}^2 = 10\text{MPa} < [p]$$

$$pv = 10 \times 0.47\text{MPa}\cdot\text{m/s} = 4.7\text{MPa}\cdot\text{m/s} < [pv]$$

满足使用要求。

2) 求 $F = 36000\text{N}$ 时轴的允许转速 n。由 $pv = \frac{F}{Bd} \cdot \frac{\pi d n}{60 \times 1000} \leqslant [pv]$ 可求得速度 n 为

$$n \leqslant \frac{B \times 60 \times 1000 \times [pv]}{F \times \pi} = \frac{60 \times 60 \times 1000 \times 12}{36000 \times \pi}\text{r/min} = 382\text{r/min}$$

3) 求 $n = 900\text{r/min}$ 时的允许载荷。同样由 $pv = \frac{F}{Bd} \cdot \frac{\pi d n}{60 \times 1000} \leqslant [pv]$ 可求得载荷 F，即

$$F \leqslant \frac{B \times d \times 1000 \times [pv]}{n \times \pi} = \frac{60 \times 60 \times 1000 \times 12}{900 \times \pi}\text{N} = 15279\text{N}$$

4) 求轴的允许最大转速 $n_{\max}$。由 $v \leqslant [v] = 4\text{m/s}$ 可求得转速 $n_{\max}$ 为

$$n_{\max} = \frac{60 \times 1000[v]}{\pi d} = \frac{60 \times 1000 \times 4}{\pi \times 60}\text{r/min} = 1273\text{r/min}$$

8.3 流体动压润滑滑动轴承的设计计算

1. 流体动压润滑的基本方程

(1) 流体动压润滑基本方程——雷诺方程　描述润滑油膜压强规律的数学

表达式称为雷诺方程，雷诺方程的导出是建立在以下假设的基础上：流体为牛顿流体；流体膜中流体的流动是层流；忽略压力对流体黏度的影响；略去惯性力及重力的影响；认为流体不可压缩；流体膜中的压力沿膜厚方向是不变的。在此基础上，推导出一维雷诺动力润滑方程为

$$\frac{\partial p}{\partial x} = \frac{6\eta v}{h^3}(h - h_0)$$

式中　　η——润滑油动力黏度；

$\quad\quad v$——平板移动速度；

$\quad\quad h$——油膜厚度，与 x 有关；

$\quad\quad h_0$——$\dfrac{\partial p}{\partial x} = 0$ 处的油膜厚度。

值得注意的是：

1）$\dfrac{\partial p}{\partial x}$ 与平板移动速度 v 成正比，速度 v 小，$\dfrac{\partial p}{\partial x}$ 也小。

2）$\dfrac{\partial p}{\partial x}$ 与黏度 η 成正比，黏度 η 大，$\dfrac{\partial p}{\partial x}$ 也大。

从实际的观点来看，雷诺理论最重要的结论是油楔的形成，液体动力润滑可以获得足够厚的油膜，保证二表面不直接接触，避免磨损出现。

（2）油楔承载机理　通过对上式的分析可以看出，油膜承载能力与润滑油的黏度成正比、与两表面滑动速度成正比，且薄油膜比厚油膜能承受的载荷大。要获得流体动压润滑的三个必要条件为：

1）两相对滑动表面间形成收敛的楔形间隙。

2）被油膜分开的两表面间必须有足够的相对滑动速度，其运动方向必须使润滑油从大口进入，小口流出。

3）润滑油有一定的黏度，且供油要充分。

如不满足上述中的任意一个条件，$\partial p / \partial x = 0$，也就无法形成动压润滑。

2. 径向滑动轴承形成动压油膜过程

径向滑动轴承的轴径与轴承孔间必须留有间隙，径向滑动轴承形成流体动压润滑的过程，可分为三个阶段，如图 8-3 所示，即

1）起动前阶段，如图 8-3a 所示。

2）起动阶段，如图 8-3b 所示。

3）液体润滑阶段，如图 8-3c 所示。

当轴颈静止时，如图 8-3a 所示，轴颈处于轴承孔的最低位置，并与轴瓦接触。此时，两表面间自然形成一收敛的楔形空间。当轴颈开始转动时，速度极低，带入轴承间隙中的油量较少，这时轴瓦对轴颈摩擦力的方向与轴颈表面圆周速度方向相反，迫使轴颈在摩擦力作用下沿孔壁向右爬升，如图 8-3b 所示。

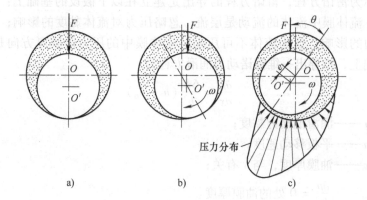

图 8-3　径向滑动轴承形成流体动力润滑的过程

随着转速的增大，轴颈表面的圆周速度增大，带入楔形空间的油量也逐渐加多，右侧楔形油膜产生了一定的动压力，将轴颈向左浮起，当轴颈达到稳定运转时，轴颈便稳定在一定的偏心位置上，如图 8-3c 所示。轴承处于流体动力润滑状态，油膜产生的动压力与外载荷 F 相平衡，由于轴承内的摩擦阻力仅为液体的内阻力，故摩擦因数达到最小值。

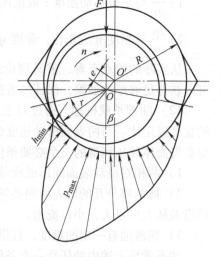

图 8-4　径向滑动轴承的几何关系

3. 径向滑动轴承的几何参数

径向滑动轴承能形成楔形间隙，产生压力油膜，如图 8-4 所示。轴承孔和轴颈分别用 D 和 d 表示，R 为轴承孔半径，r 为轴颈半径，B 为轴承宽度，则径向滑动轴承的主要几何关系及参数为：

（1）半径间隙 δ　半径间隙 δ 为轴承孔半径 R 与轴颈半径 r 之差，即 $\delta = R - r$。

（2）相对间隙 ψ　相对间隙 ψ 为半径间隙与轴颈半径之比，即 $\psi = \dfrac{\Delta}{d} = \dfrac{\delta}{r}$。

（3）偏心距 e　偏心距 e 为轴颈中心 O 与轴承孔中心 O_1 的距离。

（4）偏心率 ε　偏心率 ε 为偏心距与半径间隙的比值，即 $\varepsilon = \dfrac{e}{\delta}$。如果偏心率为 0，意味着轴颈中心与轴承孔中心重合；而当偏心率为 1 时，意味着偏心距最大，即这时轴和轴承孔是金属与金属直接接触。

（5）最小油膜厚度 $h_{\min}$　　$h_{\min} = \delta - e = r\psi(1 - \varepsilon)$。轴承的油膜厚度，部分决定于轴承压力，即单位面积的载荷，也决定于轴颈与轴承孔之间的间隙大小，综合反映在偏心率 ε 上，偏心率 ε 越大，油膜越薄，但如果轴承间隙很大，则薄油膜只是很窄的一段弧长，可产生较高油膜压力的区域很小，轴承的承载能力也不会很大。因此从理论上分析，采取尽可能小的轴承间隙、适中的偏心率，轴承的承载效果最好。

4. 径向滑动轴承的承载能力计算

（1）设计计算

1）承载能力和索氏数 S_0

$$S_0 = \frac{F\psi^2}{Bd\eta\omega} = 3\varepsilon \int_{\varphi_1}^{\varphi_2}\Big[\int_{\varphi_1}^{\varphi}\frac{(\cos\varphi - \cos\varphi_0)}{(1 + \varepsilon\cos\varphi)^3}\mathrm{d}\varphi\Big]\cos[180° - (\varphi + \theta)]r\mathrm{d}\varphi$$

式中　S_0——索氏数；

　　　F——轴承的载荷（N）；

　　　η——润滑油在轴承平均工作温度下的动力黏度（Pa·s）；

　　　d——轴径（m）；

　　　B——轴承宽度（m）；

　　　ω——角速度（rad/s）；

　　　ψ——相对间隙，$\psi = \delta/r$，其中，$\delta = (R - r)$，R 为轴承孔半径（mm），r 为轴颈的半径（mm）。

上式右端的值称为索氏数，用 S_0 表示。索氏数是轴承包角 $\beta(\beta = \varphi_2 - \varphi_1)$ 和偏心率 ε 的函数，是量纲一的数群。

2）流量计算

$$q_v = \psi d^3\omega\overline{q_v}$$

式中　$\overline{q_v}$——流量系数，是 ε、B/d、β 的函数，可由图 8-5 查得。

3）功耗计算　径向轴承在承载区的摩擦动耗为

$$P_\mu = \mu F \cdot v = \overline{\mu}\psi F \cdot v$$

式中　P_μ——功耗（W）；

$\overline{\mu} = \dfrac{\mu}{\psi}$——摩擦特性系数，是 ε、B/d、β 的函数，由图 8-6 查得。

4）热平衡计算　轴承工作时，摩擦功耗将转变为热量，使润滑油温度升高，黏度下降。如果油的平均温度超过计算承载能力时所假定的数值，则轴承承载能力就要降低。因此必须要进行热平衡计算，计算油的温升 Δt，并确保其在允许的范围内。

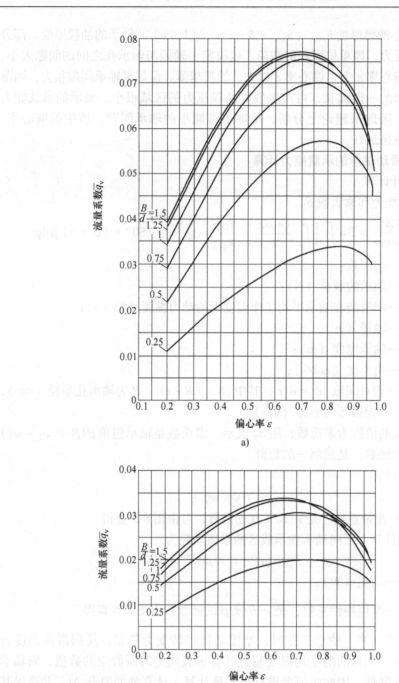

图 8-5　液体动压径向滑动轴承的流量系数 $\overline{q}_v$

a) $\beta = 180°$　b) $\beta = 120°$

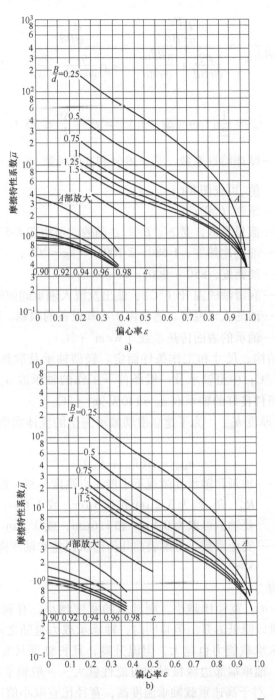

图 8-6　液体动压径向滑动轴承的摩擦特性系数 $\bar{\mu}$

a) $\beta=180°$　b) $\beta=120°$

$$\Delta t = \frac{\mu F v}{c_p \rho q_v + \pi B d \alpha_b} = \frac{\dfrac{\mu F v}{\psi v B d}}{\dfrac{c_p \rho q_v}{\psi v B d} + \dfrac{\pi B d \alpha_b}{\psi v B d}} = \frac{\dfrac{\mu F}{\psi B d}}{c_p \rho \dfrac{q_v}{\psi v B d} + \dfrac{\pi \alpha_b}{\psi v}} = \frac{\overline{\mu} p}{2 c_p \rho \dfrac{d}{B} \overline{q_v} + \dfrac{\pi \alpha_b}{\psi v}}$$

平均温度：

$$t_m = \frac{1}{2} \left[t_1 + (\Delta t + t_1) \right] = t_1 + \frac{\Delta t}{2} \le 75\,^\circ\text{C}$$

式中　$\overline{\mu} = \dfrac{\mu}{\psi}$——摩擦特性系数，是 ε、B/d 和 β 的函数，β 为 180° 和 120° 时的 $\overline{\mu}$

　　　　　　值，可查图 8-6；

　　　　p——压强（MPa）；

　　　　$\overline{q_v}$——流量系数，是 ε、B/d、β 函数，可由图 8-5 查得；

　　　　c_p——油的比热容，1 680 ~ 2 100J/（kg·℃）；

　　　　ρ——油密度，850 ~ 900kg/m³；

　　　　Δt——润滑油的温升（℃），流出及流入轴承间隙的润滑油的温差；

　　　　t_i——油的入口温度，通常由于冷却设备的限制，取为 35 ~ 40℃；

　　　　α_b——轴承的表面传热系数（W/m²·℃）。

根据轴承的结构、尺寸和工作条件而定。轻型轴承及散热条件不好的轴承取 $\alpha_b = 50\text{W/m}^2 \cdot \text{℃}$；中型轴承及一般条件下工作的轴承取 $\alpha_b = 80\text{W/m}^2 \cdot \text{℃}$；重型轴承及散热条件良好的轴承取 $\alpha_b = 140\text{W/m}^2 \cdot \text{℃}$。

5）最小油膜厚度 $h_{\min}$　为了建立滑动轴承完全的流体润滑，必须使最小油膜厚度满足

$$h_{\min} = S(R_{z1} + R_{z2})$$

式中　R_{z1}、R_{z2}——轴颈和轴承孔微观不平度 + 点高度，对一般轴承，可分别取 R_{z1}、R_{z2} 值为 3.2μm 和 6.3μm，或 1.6μm 和 3.2μm；对重要轴承可取为 0.8μm 和 1.6μm，或 0.2μm 和 0.4μm。

　　　　S——安全系数，考虑表面几何形状误差和轴颈挠曲变形等，常取 $S \ge 2$。

（2）参数选择

1）宽径比 B/d。宽径比越小，则轴承的宽度越小，有利于提高运转稳定性，增大端泄漏量以降低温升。但是同时，轴承承载力也随之降低，耗油量大。宽径比越大，轴承承载能力也越大，但温升高，且长轴颈易变形，制造、装配误差的影响也大，轴承端部边缘接触的可能性就大。一般轴承的宽径比 B/d 在 0.3 ~ 1.5 范围内。对于高速重载轴承温度高，宽径比宜取小值；低速重载轴承，需要对轴有较大支承刚性，宽径比应取大值；高速轻载轴承，转速高，温升大，如对轴承刚性无过高要求，可取小值；需要对轴有较大支承刚性的机床轴承，

应取较大值。各种常见机器宽径比 B/d 推荐值见表 8-3。

表 8-3　各种常见机器宽径比 B/d 推荐参考值

机　器	轴承或销	B/d	机　器	轴承或销	B/d
汽车及航空活塞发动机	曲轴主轴承	0.75 ~ 1.75	柴油机	曲轴主轴承	0.6 ~ 2.0
	连杆轴承	0.75 ~ 1.75		连杆轴承	0.6 ~ 1.5
	活塞销	1.5 ~ 2.2		活塞销	1.5 ~ 2.0
空气压缩机及往复式泵	主轴承	1.0 ~ 2.0	电动机	主轴承	0.6 ~ 1.5
	连杆轴承	1.0 ~ 1.25	机床	主轴承	0.8 ~ 1.2
	活塞销	1.2 ~ 1.5	冲剪床	主轴承	1.0 ~ 2.0
铁道车辆	轮轴支承	1.8 ~ 2.0	起重设备		1.5 ~ 2.0
汽轮机	主轴承	0.4 ~ 1.0	齿轮减速器		1.0 ~ 2.0

　　宽径比 B/d 的选择还与压强 p 的选择有很大关系，$p = F/(ld)$，在满足 $p \leq [p]$ 的前提下，压强 p 选得大可相应减小轴承的尺寸，并可提高轴承运转的稳定性，如果 p 选得过大，则会使润滑油膜变薄，易因油质、加工或装配问题而被破坏。

　　2）相对间隙 ψ。相对间隙 ψ 是轴承设计中的一个重要参数，对承载能力 F、运转精度和温升值都有影响。

　　相对间隙 ψ 小，易形成流体油膜，且承载能力和回转精度高。但是 ψ 过小，则润滑油流量小，摩擦功耗大，温升高。最小油膜厚度过薄，油中微粒不易顺利通过，难以形成液体润滑，易刮伤表面或嵌入轴承衬中，增大相对间隙，则可避免上述缺点。

　　相对间隙 ψ 大，易增加楔形空间，带入油量增加，而使温升小。但相对间隙过大，易产生紊流，增加功率损耗。各种机器的相对间隙可参考表 8-4。

表 8-4　各种机器的相对间隙参考值 ψ

机　器　名　称	相对间隙 ψ
汽轮机、电动机、发电机	0.001 ~ 0.002
轧钢机、铁路机车	0.0002 ~ 0.0015
机床、内燃机	0.0002 ~ 0.001
风机、离心泵、齿轮变速装置	0.001 ~ 0.003

　　润滑油的黏度对轴承的承载能力、摩擦功耗和轴承温升有着不可忽视的影响。一般黏度较大时，轴承承载能力大，同时摩擦功耗和温升也大；这样又将导致润滑油黏度减少，而使承载能力降低，可见靠提高黏度来满足承载能力的方法是不可取的。

　　由于黏度和温度密切相关，在设计时要考虑到温升对黏度的影响来确定润滑油的黏度。设计时，可先假定轴承平均温度，（一般取 $t_m = 50 \sim 75℃$）初选黏度，进行初步设计计算。最后再通过热平衡计算来验算轴承入口油温 t_i 是否在 $35 \sim 40℃$ 之间，否则应重新选择黏度再作计算。

对于一般轴承，也可按轴颈转速 n（r/min）先初估油的动力黏度，即

$$\eta' = \frac{(n/60)^{-1/3}}{10^{7/6}}$$

由上式计算相应的运动黏度 η'，选定平均油温 t_m，见表8-5，选定全损耗系统用油的牌号。然后查图8-7，重新确定 t_m 时的运动黏度 v_{t_m} 及动力黏度 η_{t_m}，最后再验算入口油温。

表8-5　常用工业用润滑油的性能和用途

类别	品种代号	牌号	运动黏度 / （mm²/s）	闪点不低 于/℃	倾点不低 于/℃	主要性能和用途	说　明
工业闭式齿轮油	L—CKB 抗氧防锈 工业齿轮油	46	41.4 ~ 50.6	180		具有良好的抗氧化性、抗腐蚀性等性能，适用于在500MPa以下的一般工业闭式具体化传动的润滑	
		68	61.2 ~ 74.8		-8		
		100	90 ~ 110				
		150	135 ~ 165	200			
		220	198 ~ 242				
		320	288 ~ 352				
	L—CKC 中载荷工业 齿轮油	68	61.2 ~ 74.8	180		具有良好的极压抗磨和抗氧化性，适用冶金、矿山、机械工业的中载荷（500 ~ 1000MPa）传动	L – 润滑剂类
		100	90 ~ 110		-8		
		150	135 ~ 165	200			
		220	198 ~ 242				
		320	288 ~ 352				
		460	414 ~ 506		-5		
		680	612 ~ 748				
	L—CKD 重载荷工业 齿轮油	100	90 ~ 110	180		具有更好的极压抗磨性、抗氧化性，适用于矿山、冶金、机械、化工等行业的重载荷齿轮传动装置	
		150	135 ~ 165		-8		
		220	198 ~ 242	200			
		320	288 ~ 352				
		460	414 ~ 506		-5		
		680	612 ~ 748				
主轴油	主轴油 （SH0017 —1990）	N2	2.0 ~ 2.4	60	凝固点 不高于 -15	主要适用于精密机床主轴轴承的润滑及其他以油浴、压力、油雾润滑为润滑方式的滑动轴承和滚动轴承的润滑。N10可作为普通轴承用油和缝纫机用油	SH 为 石化部 标准代号
		N3	2.9 ~ 3.5	70			
		N5	4.2 ~ 5.1	80			
		N7	6.2 ~ 7.5	90			
		N10	9.0 ~ 11.0	100			
		N15	13.5 ~ 16.5	110			
		N12	19.8 ~ 24.2	120			

（续）

类别	品种代号	牌号	运动黏度 / (mm²/s)	闪点不低于/℃	倾点不低于/℃	主要性能和用途	说　明
全损耗系统用油	L—AN 全损耗系统用油 (GB/T443—1989)	5	4.14～5.06	80	-5	不加或加少量添加剂，质量不高，适用于一次性润滑和某些要求较低、换油周期较短的油浴式润滑	全损耗系统用油包括 L—AN 全损耗系统油（原机械油）和车轴油（铁路机车车轴油）
		7	6.12～7.48	110			
		10	9.00～11.00	130			
		15	13.5～16.5	150			
		22	19.8～24.2				
		32	28.8～35.2				
		46	41.4～50.6	160			
		68	61.2～74.8				
		100	90.0～110	180			
		150	135～165				

注：1. 压力大，速度低，工作温度高时，应选用黏度较高的润滑油。

　　2. 滑动速度高时，容易形成油膜，为减少摩擦应该选用黏度较低的润滑油。

　　3. 加工粗糙或未经跑合的表面，应选用黏度较高的润滑油。

　　4. 轴承间隙大，不易形成油膜，且端泄大，应选较高黏度的润滑油。

　　5. 轴承宽径比大，端泄小，应选黏度低的润滑油，轴承宽径比与润滑油的黏度约成反比关系。

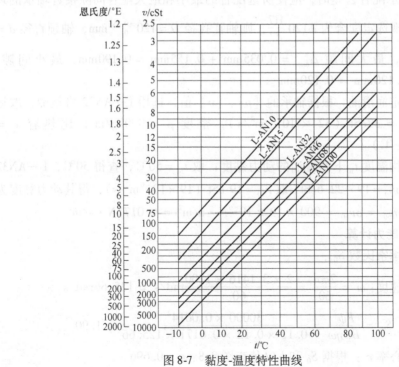

图 8-7　黏度-温度特性曲线

8.4 流体动压润滑滑动轴承的设计计算实例

试设计一齿轮减速器的液体动力润滑向心滑动轴承。已知：径向载荷 $F = 30000\text{N}$，轴颈直径 $d = 120\text{mm}$，轴颈转速 $n = 1200\text{r/min}$。

解：

1. 确定轴承结构、选择材料、润滑油及公差配合

（1）确定轴承结构形式 采用剖分式结构，轴承包角 $\alpha = 180°$。

（2）确定轴承结构参数 取 $B/d = 1$，则轴承工作宽度 B 为

$$B = 1 \times d = 1 \times 120\text{mm} = 120\text{mm}$$

（3）选择轴瓦材料 计算轴承的 p、v 和 pv 值。根据 p、v 和 pv 值，查表 8-1，选用锡基轴承合金（ZSnSb11Cu6），其 $[p] = 25\text{MPa}$，$[v] = 80\text{m/s}$，$[pv] = 20\text{MPa} \cdot \text{m/s}$。轴颈系钢制，淬火精磨。

（4）选定轴承相对间隙 ψ 和轴承配合公差 $\psi = 0.8 \times 10^{-3} v^{0.25} = 0.8 \times 10^{-3} \times 7.54^{0.25} = 1.326 \times 10^{-3}$，取 $\psi = 1.4 \times 10^{-3}$，确定轴承直径间隙为

$$\Delta = \psi d = 0.0014 \times 120\text{mm} = 0.168\text{mm}$$

选定轴承配合公差时，应使所选配合的最小和最大配合间隙接近轴承的理论间隙 Δ。现选定配合为 $\phi 120 \dfrac{\text{H7}}{\text{d7}}$，则轴瓦孔径 $D = 120^{+0.035}_{0}\text{mm}$，轴颈直径 $d = 120^{-0.120}_{-0.155}\text{mm}$，最大间隙 $\Delta_{max} = 0.035\text{mm} + 0.155\text{mm} = 0.190\text{mm}$，最小间隙：$\Delta_{max} = 0 + 0.120\text{mm} = 0.120\text{mm}$。

（5）选定润滑油 根据轴承的 $[p]$、$[v]$ 值，选用 L—AN32 机械油，取运动黏度 $\nu_{40} = 32\text{cSt}$（$32 \times 10^{-6} \text{m}^2/\text{s}$），密度 $\rho = 900\text{kg/m}^3$，比热容 $c = 1800\text{J/(kg} \cdot \text{℃)}$。

计算平均温度 t_m 下润滑油的动力黏度：取 $t_m = 50℃$，查得 50℃，L—AN32 的运动黏度 $\nu_{50} = 19 \sim 22.6\text{cSt}$，取 $\nu_{50} = 19\text{cSt}$（$19 \times 10^{-6}\text{m}^2/\text{s}$），得其动力黏度为

$$\eta_{50} = \rho\nu_{50} = 900 \times 19 \times 10^{-6}\text{N} \cdot \text{s/m}^2 = 0.0171\text{N} \cdot \text{s/m}^2$$

2. 承载能力计算

计算轴承索氏数 S_0：

轴颈角速度：$\omega = \dfrac{2\pi n}{60} = \dfrac{2 \times 3.1416 \times 1200}{60}\text{rad/s} = 125.66\text{rad/s}$

$$S_0 = \frac{F\psi^2}{Bd\eta\omega} = \frac{30000 \times 0.0014^2}{0.12 \times 0.12 \times 0.0171 \times 125.66} = 1.90$$

确定偏心率 ε：根据 S_0 和 b/d 值查图 8-8：$\varepsilon = 0.696$。

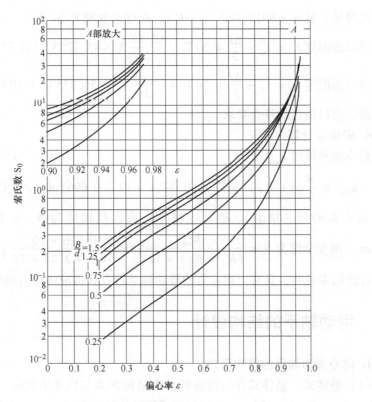

轴承包角 $\beta = 120°$

图 8-8　动压径向滑动轴承 $S_0 - \varepsilon$ 曲线

3. 流量计算

由图 8-5 查得流量系数 $\overline{q_v} = 0.075$（由 $\varepsilon = 0.696$、$B/d = 1$ 查得），因为 $\psi = 1.4 \times 10^{-3}$，则轴承润滑油的体积流量为

$$q_v = \psi d^3 \omega \overline{q_v} = 1.4 \times 10^{-3} \times 0.12^3 \times 125.66 \times 0.075 \, \mathrm{m^3/s} = 22.8 \times 10^{-6} \, \mathrm{m^3/s}$$

4. 功耗计算

摩擦特性系数 $\overline{\mu}$：由 $\varepsilon = 0.696$、$B/d = 1$、$\beta = 180°$，查图 8-6，$\overline{\mu} \approx 2.5$。

摩擦系数 μ：$\mu = \psi \times \overline{\mu}$，则 $\mu = 1.4 \times 10^{-3} \times 2.5 = 3.5 \times 10^{-3}$。

摩擦功耗 P_μ：$P_\mu = \mu F \cdot v = 3.5 \times 10^{-3} \times 30000 \times 7.54 \, \mathrm{W} = 792 \mathrm{W}$。

5. 热平衡计算

速度 $v = \dfrac{\pi dn}{60 \times 1000} = \dfrac{\pi \times 120 \times 1200}{60 \times 1000} \, \mathrm{m/s} = 7.54 \, \mathrm{m/s}$

$$\Delta t = \frac{\dfrac{\mu}{\psi} p}{c\rho C_Q + \dfrac{\pi \alpha_s}{\psi v}} = \frac{\left(\dfrac{2.36 \times 10^{-3}}{0.0014}\right) \times 1.89 \times 10^6}{1800 \times 900 \times 0.142 + \dfrac{3.1416 \times 80}{0.0014 \times 7.54}} \, ℃ = 12.55 \, ℃$$

取导热系数 $a_s = 80J/ (m^2 \cdot s \cdot ℃)$，则轴承油温升 Δt 为

进口油温度 $t_1 = t_m - \dfrac{\Delta t}{2} = 50℃ - \dfrac{12.55}{2}℃ = 43.725℃$（在 35 ~ 45℃ 之间）

出口油温度 $t_2 = t_m + \dfrac{\Delta t}{2} = 50℃ + \dfrac{12.55}{2}℃ = 56.275℃ < 80℃$

进、出口油温均符合要求。

6. 安全度计算

最小油膜厚度 h_{min} 为

$$h_{min} = \frac{d}{2}\psi(1 - \varepsilon) = \frac{120}{2} \times 0.0014 \times (1 - 0.696)mm = 0.026mm$$

选定和轴颈（精磨）、轴瓦（精车）表面粗糙度为 $R_{z1} = 1.6\mu m, R_{z2} = 3.2\mu m$，则安全度为 $S = \dfrac{h_{min}}{(R_{z1} + R_{z2}) \times 10^{-6}} = \dfrac{0.026 \times 10^{-6}}{(1.6 + 3.2) \times 10^{-6}} = 5.4 > 2$

计算结果说明，具有上述参数的滑动轴承可以获得液体动力润滑。

8.5 滑动轴承的结构设计

1. 向心滑动轴承的结构形式

（1）整体式 整体式径向滑动轴承的结构形式如图 8-9 所示，a 为外形图，b 为剖面图。它由轴承座、减摩材料制成的整体轴套等组成。轴承座上方设有安装润滑油杯的螺纹孔。特点是：

1）结构简单、成本低。

2）轴套磨损后，间隙无法调整。

3）装拆不便（只能从轴端装拆）。

仅适于低速、轻载或间隙工作的机器。

a)
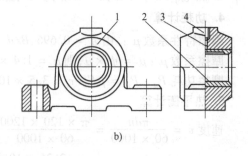
b)

图 8-9 整体式滑动轴承

1—轴承 2—轴 3—油孔 4—油杯螺纹孔

（2）剖分式 剖分式径向滑动轴承如图 8-10 所示，a 为外形图，b 为剖面图，由轴承座、轴承盖、剖分式轴瓦、双头螺柱等组成。轴承盖上开设有安装油杯的螺纹孔。轴承座和轴承盖的结合处设计成阶梯形以便定位对中，并防止错位。剖分式轴瓦由上、下两部分组成，轴瓦的内部通常加一层轴承衬，轴承衬由具有减摩性和耐磨性的贵重有色金属合金构成，卜部分轴瓦承受载荷。剖分式径向滑动轴承的剖分面一般为水平，如图 8-10b 所示。当载荷方向有较大偏斜时，轴承的剖分面应作相应偏斜，使剖分面与载荷大致垂直，制成如图 8-10c 所示的斜剖分式轴承。剖分面不能开在承载区内，防止影响承载能力。

剖分式径向滑动轴承的特点是结构复杂，但轴瓦磨损后，可用更换剖分面垫片或重新刮瓦的方法来调整因磨损而造成的间隙，且安装方便。

此外，为了适应轴的变形还有调心滑动轴承（见图 8-11）。

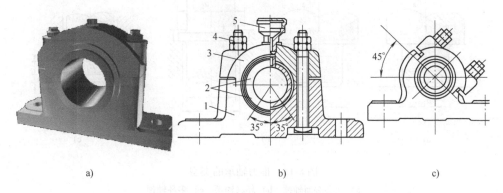

a)   b)   c)

图 8-10 剖分式径向滑动轴承

1—轴承座 2—剖分式轴瓦 3—轴承盖 4—双头螺柱 5—油杯

（3）间隙可调式 调节轴承间隙是保持轴承回转精度的重要手段。在机床上常采用圆锥面的轴套来调整间隙。如图 8-11 所示，转动轴套上两端的圆螺母使轴套做轴向移动，即可调轴承的间隙。

（4）自动调心式 对于宽径比较大的滑动轴承（$L/D > 1.5$），为避免因轴的挠曲或轴承孔的同轴度较低而造成轴与轴瓦端部边缘产生局部接触（左图），使轴瓦边缘产生局部磨损，可采用自动调心滑动轴承如图 8-12 所示，其轴瓦外表面制成球面，当轴颈倾斜时，轴瓦自动调心。

2. 推力滑动轴承的结构形式

（1）常用的推力轴承的结构形式 常用的推力轴承的结构形式有空心式、单环式、多环式，如图 8-13 所示。由于实心式压力分布非常不均匀，靠近中心部位压力极高，不利于润滑，因此通常不用实心式。空心轴径压力分布相对均匀；多环轴径推力轴承可以承受较大的载荷，还能承受双向载荷。

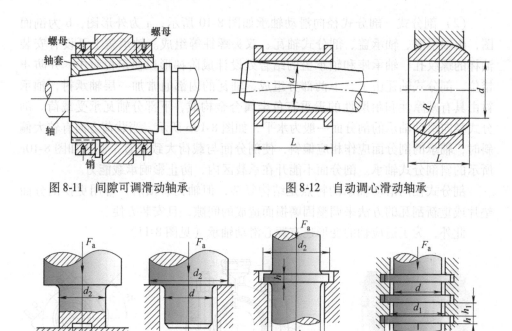

图 8-11　间隙可调滑动轴承　　　　　　图 8-12　自动调心滑动轴承

图 8-13　推力轴承的类型

a）空心端面轴颈　b）环状轴颈　c）多环轴颈

（2）立式推力滑动轴承　如图 8-14 所示为立式轴端推力滑动轴承，由轴承座 1、衬套 2、轴瓦 3 和止推瓦 4 组成，止推瓦底部制成球面，可以自动调位避免偏载。销钉 5 用来防止轴瓦转动。轴瓦 3 用于固定轴的径向位置，同时也可承受一定径向载荷。润滑油靠压力从底部注入，并从上部油管流出。

（3）立式轴环推力滑动轴承　如图 8-15 所示为立式轴环推力滑动轴承，由带有轴环的轴和轴瓦组成。这种轴承一般用于低速轻载场合。其中左图为单环结构，右图为多环结构，能承受较大的双向轴向载荷，但各环间载荷分布不均，其单位面积的承载能力比单环式低 50%。

（4）可倾瓦推力轴承　可倾瓦（活动瓦）推力轴承是在轴的端面、轴肩或安装圆盘做成止推面。在止推环形面上，分布有若干有楔角的扇形块。其数量一般为 6 ~ 12，如图 8-16 所示。

可倾瓦（活动瓦）推力轴承分为两种类型：

1）固定式：倾角固定，顶部预留平台。

2）可倾式：倾角随载荷、转速自行调整，性能好。

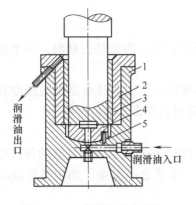

图 8-14　立式推力滑动轴承

1—轴承座　2—衬套　3—轴瓦

4—止推瓦　5—销钉

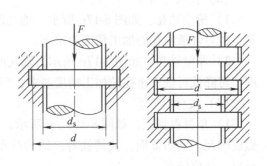

图 8-15　立式轴环推力滑动轴承

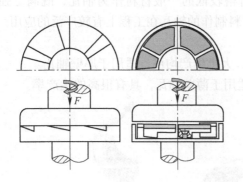

图 8-16　可倾瓦推力滑动轴承

8.6　滑动轴承的轴瓦结构

1. 轴瓦的类型

轴瓦是轴承上直接与轴颈接触的零件，轴承体上采用轴瓦是为了节省贵重的轴承材料和便于维修。轴瓦的分类如下所述。

（1）按构造分类

1）整体式轴瓦。整体式轴瓦亦称轴套，如图 8-17a 所示，结构简单，但需从轴端安装和拆卸，可修复性差。

2）剖分式轴瓦。如图 8-17b 所示，剖分式轴瓦由上、下两半瓦组成，下轴瓦承受载荷，上轴瓦不承受载荷。在上轴瓦上开有油孔和油槽，润滑油由油孔输入后，经油槽分布到整个轴瓦表面上。剖分式轴瓦可以直接从轴的中部安装和拆卸，可修复，但结构较复杂。

（2）按尺寸分类

1）薄壁轴瓦。如图8-17c所示，轴瓦厚度较小，因此节省材料，但刚度不足，故对轴承座孔的加工精度要求高。

2）厚壁轴瓦。如图8-17d所示，轴瓦厚度较大，因此具有足够的强度和刚度，可降低对轴承座孔的加工精度要求，但用材料较多，造价较高。

（3）按材料分类

1）单材料轴瓦。如图8-17a、c所示，用同一种耐磨且强度足够的材料直接做成轴瓦，例如黄铜、灰铸铁等。结构简单，工艺也不复杂，如用高强度耐磨材料，造价较高。

2）多材料轴瓦。外形如图8-17b、d所示，截面如图8-17f所示，当轴承速度较高时，采用具有良好的减摩性、耐磨性及有一定塑性、嵌藏性、顺应性等特性的贵重材料作为轴瓦衬，而用价格较低的一般材料作为轴瓦，既满足强度要求，又满足耐磨性要求，因此多材料制作的轴瓦在工程上有较广泛的应用。

（4）按加工分类

1）铸造。铸造工艺性好，单件、大批生产均可，适用于厚壁轴瓦。

2）轧制。如图8-17e所示，只适用于薄壁轴瓦，具有很高的生产率。

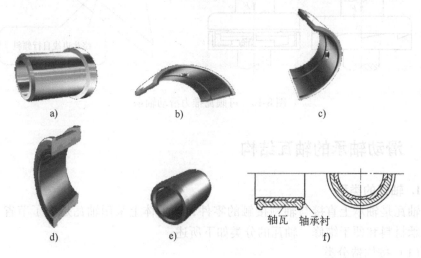

图 8-17　常用轴瓦类型

2. 轴瓦和轴承衬的固定

（1）轴瓦的固定方法　常用的轴瓦的固定方法有螺钉和销，如图8-18所示。

（2）轴承衬的固定方法　常用的轴承衬的固定方法如图8-19所示。

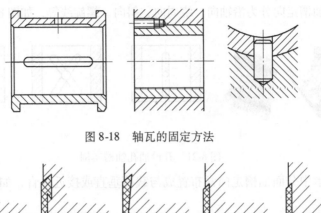

图 8-18　轴瓦的固定方法

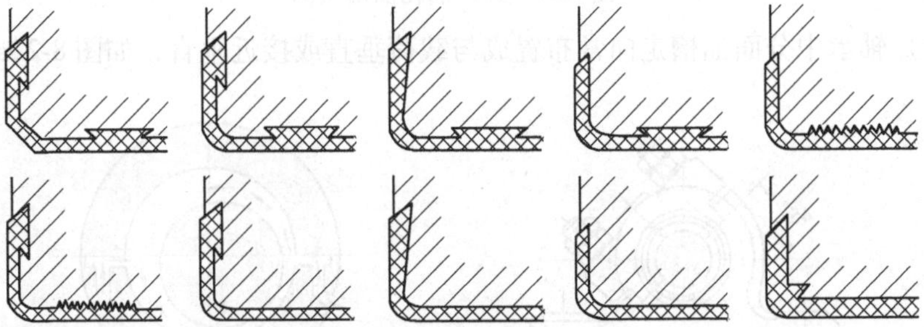

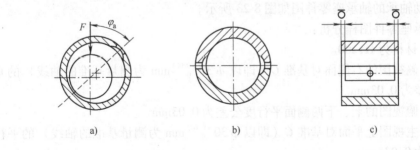

图 8-19　轴承衬的固定方法

3. 轴瓦的油孔和油槽

（1）开设原则　为了润滑油流入轴颈和轴瓦之间形成油膜，在轴瓦的内表面不受载荷的部分开有油孔（提供润滑油）、油槽（分布润滑油），油孔、油槽分为轴向和周向两种。开设油孔、油槽有以下原则：

1）尽量开在非承载区，尽量不要降低或少降低承载区油膜的承载能力。例如：单轴向油槽在最大油膜厚度处，如图 8-20a 所示；双轴向油槽开在轴承剖分面上，如图 8-20b 所示。

2）轴向油槽不能开通至轴承端部，应留有适当的油封面，如图 8-20c 所示。

| a) | b) | c) |

图 8-20　开设油孔实例

（2）开设形式　通常在上轴瓦开设油孔、油槽，如图 8-21a、b 所示。开设形式有如下几种：

1）按油槽走向分为沿轴向、绕周向、斜向、螺旋线等，如图 8-21b、c 所示。

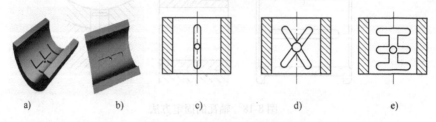

a)　　　　b)　　　c)　　　d)　　　e)

图 8-21　开设油孔油槽实例

2）轴承中分面油槽走向常布置成与载荷垂直或接近垂直，如图 8-22a 所示。

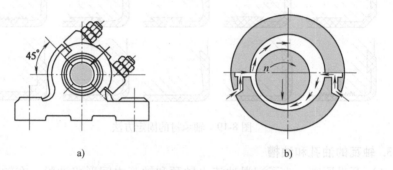

a)　　　　　　　　　　b)

图 8-22　中分面开设油孔油槽实例

3）大型液体滑动轴承常设计成两边供油的形式，既有利于形成动压油膜，又起冷却作用，如图 8-22b 所示。

8.7　滑动轴承的轴承座加工工艺及分析

1. 轴承座零件图及分析

滑动轴承的轴承座零件图如图 8-23 所示。

轴承座零件图样分析：

1）材料为 HT200。

2）侧视图的右侧面对基准 C（即以 $\phi 30^{+0.021}_{0}$ mm 为测量基准的轴线）的垂直度公差为 0.03mm。

3）俯视图的上、下两侧面平行度公差为 0.03mm。

4）主视图上平面对基准 C（即以 $\phi 30^{+0.021}_{0}$ mm 为测量基准的轴线）的平行度公差为 0.03mm。

5）主视图上平面的平面度公差为 0.008mm，只允许凹陷，不允许凸起。

6）铸造后毛坯要进行时效处理。

7）未注倒角 $C1$。

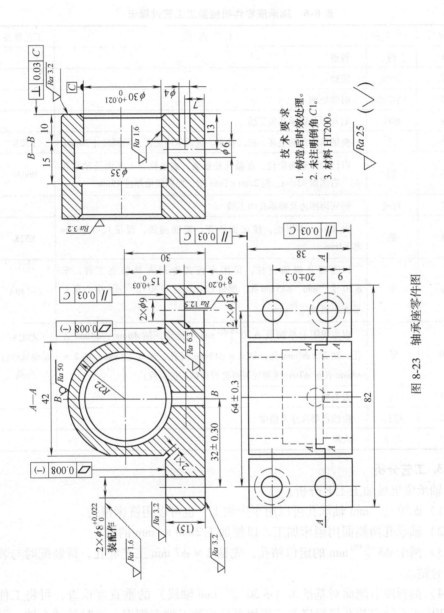

技 术 要 求

1. 铸造后时效处理。
2. 未注明倒角 C1。
3. 材料 HT200。

$\sqrt{Ra\ 25}$ $(\sqrt{\ })$

图 8-23 轴承座零件图

247

2. 轴承座机械加工工艺过程

轴承座零件机械加工工艺过程卡见表8-6。

表8-6 轴承座零件机械加工工艺过程卡

工序号	工序名称	工序内容	工艺装备
1	铸	铸造	
2	清砂	清砂	
3	热处理	时效处理	
4	划线	划外形及轴承孔加工线	
5	铣	夹轴承孔两侧毛坯，按线找正。铣轴承座底面，照顾尺寸30mm	X52K
6	刨	以已加工底面定位，在轴孔处压紧，刨主视图上平面及轴承孔左、右侧面42mm，刨2mm×1mm槽，照顾底面厚度15mm	B6050
7	划线	画底面四边及轴承孔加工线	
8	铣	夹42mm两侧面，按底面找正，铣四侧面，保证尺寸38mm和82mm	X52K
9	车	以底面及侧面定位，采用弯板式专用夹具装夹工件，车$\phi 30^{+0.021}_{0}$mm、$\phi 35$mm孔、倒角$C1$。保证$\phi 30^{+0.021}_{0}$mm中心至上平面距离$15^{+0.05}_{0}$mm	C6140A
10	钻	以主视图上平面及$\phi 30^{+0.021}_{0}$mm孔定位，钻$\phi 6$mm、$\phi 4$mm各孔，钻$2 \times \phi 9$mm孔，锪$2 \times \phi 13$mm沉孔、深$8^{+0.2}_{0}$mm，钻$2 \times \phi 8$mm孔至$\phi 7$mm（装配时再进行合钻、扩、铰）	Z3025钻模或组合夹具
11	钳	去毛刺	
12	检验	检验各部尺寸及精度	
13	入库	入库	

3. 工艺分析

轴承座机械加工工艺分析：

1）$\phi 30^{+0.021}_{0}$mm轴承孔可以用车床加工，也可以用铣床镗孔。

2）轴承孔两侧面用刨床加工，以便加工2mm×1mm的槽。

3）两个$\phi 8^{+0.022}_{0}$mm的定位销孔，先钻$2 \times \phi 7$mm工艺底孔，待装配时与装配件合钻。

4）侧视图右侧面对基准C（$\phi 30^{+0.021}_{0}$mm轴线）的垂直度检查，可将工件用$\phi 30$mm心轴安装在偏摆仪上，再用百分表测工件右侧面。这时转动心轴，百分表最大与最小差值为垂直度偏差值。

5）主视图上平面对基准C（$\phi 30^{+0.021}_{0}$mm轴线）的平行度检查，可将轴承座$\phi 30^{+0.021}_{0}$mm孔穿入心轴，并用两块等高垫铁将主视图上平面垫起，这时用百分表分别测量心轴两端最高点，其差值即为平行度误差值。

6）俯视图两侧面平行度及主视图上平面的平面度检查，可将工件放在平板上，用百分表测出。

8.8　滑动轴承的轴瓦加工工艺及分析

1. 轴瓦零件图及分析

滑动轴承的轴瓦零件图如图 8-24 所示。

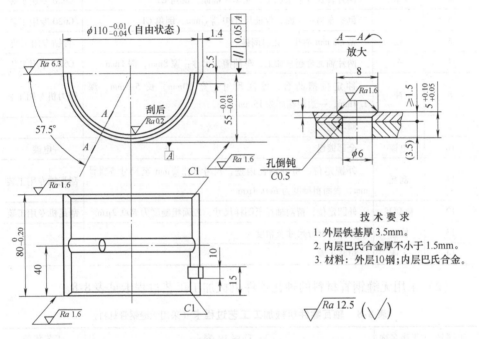

图 8-24　轴瓦零件图

轴瓦零件图样分析：

1）$\phi 110^{-0.01}_{-0.04}$ 为轴瓦在自由状态下的尺寸。

2）轴瓦上两面与最大外圆表面平行度公差为 0.05mm。

3）铁基厚度为 3.5mm，巴氏合金不小于 1.5mm。

4）在轴瓦的内表面开有油孔和油槽。

5）轴瓦剖面上有定位槽，装配时与相配件组成一体。

6）轴瓦加工常用的方法有两种：一种是采用双金属材料（铁基双金属板）加工，多用于批量生产。一种是采用无缝钢管材料，后挂巴氏合金的加工方法，多用于修配或少量生产。

2. 轴瓦零件机械加工工艺过程

（1）采用铁基双金属板材料的轴瓦零件机械加工工艺过程卡见表8-7。

表8-7　轴瓦零件机械加工工艺过程卡（采用铁基双金属板材料）

工序号	工序名称	工序内容	工艺装备
1	下料	铁基双金属板下料尺寸为：180mm×86mm×6mm	剪床
2	压弯	压弯成形	压力机专用工装
3	铣	铣径向剖分面，保证尺寸$55_{-0.03}^{-0.01}$mm	X520K专用工装
4	车	两片轴瓦合起来加工，先车一端面，倒角$C1$	C620专用工装
5	车	倒头车另一端面，保证尺寸$80_{-0.20}^{0}$mm，倒角$C1$	C620专用工装
6	钻	钻$\phi6$mm油孔，孔边倒钝	台钻专用工装
7	车	两片轴瓦合起来加工，车油槽，尺寸：宽8mm，深1mm	C620专用工装
8	冲	冲定位槽凸台，保证尺寸：宽10mm、长5.5mm、深1.4mm，一边距端面为15mm	压力机专用工装
9	钳	修毛刺	
10	电镀	全部镀锡	电镀
11	刮瓦	外圆定位，粗刮轴瓦内壁，尺寸$5_{+0.05}^{+0.10}$mm至尺寸$5_{-0.15}^{+0.20}$mm，表面粗糙度为$Ra0.4\mu$m	刮瓦轴专用工装
12	精刮瓦	外圆定位，精刮轴瓦至图样尺寸，表面粗糙度为$Ra0.2\mu$m	刮瓦机专用工装
13	检验	检查各部分尺寸及精度	
14	入库	包装入库	

（2）采用无缝钢管材料的轴瓦零件机械加工工艺过程卡见表8-8。

表8-8　轴瓦零件机械加工工艺过程卡（采用无缝钢管材料）

工序号	工序名称	工序内容	工艺装备
1	下料	下料无缝钢管尺寸为：ϕ121mm×95mm×90mm	锯床
2	车	用三爪自定心卡盘夹工件内孔，找正外圆，车外圆尺寸至ϕ118mm	C620
3	铣	以外圆定位分两次装夹，采用厚1.6mm锯片铣刀将工件切开	X62W组合夹具
4	铣	以外圆定位，专用工装装夹工件，粗精铣分割面保证外径至分割面距离，尺寸为58mm	X62W专用工装
5	车	专用工装将分割开的工件合装在一起，按内椭圆的大、小径找正，车内孔至ϕ103±0.08mm	C620专用工装
6	清洗	酸洗内表面→清水清洗内表面→烘干内表面	

（续）

工序号	工序名称	工序内容	工艺装备
7	镀锡	在内表面涂助溶剂（选用 50% 氯化锌和 50% 氯化氨制成饱和溶液），镀锡	
8	车	专用工装将分割开的工件合装在一起，车内孔，使锡层在 0.05 ~ 0.15mm 的范围内	C620 专用工装
9	挂巴氏合金	专用工装将分割开的工件合装在一起，两边分割面各垫 0.1mm 厚的铜皮。采用离心浇注巴氏合金，浇注后内孔为 $\phi 97$ mm	专用工装
10	钳	拆除工装，去掉铜皮，修整分割面	
11	焊	专用工装将分割的两片轴瓦对正合装一起。点焊两端面分割处，使之成一体	
12	车	用铜三爪装夹轴瓦内孔车外圆至 $\phi 110_{-0.04}^{-0.01}$ mm	C620
13	车	专用工装装夹轴瓦外圆粗、精车内孔至 $\phi 98.5$ mm	C620 专用工装
14	车	重新装夹外圆，精车内孔，保证壁厚 $\phi 5_{+0.05}^{+0.1}$ mm	C620 专用工装
15	车	专用工装装夹工件外圆车端面，保证工件总长为 85mm，倒角 $C1$	C620 专用工装
16	车	倒头（同上序工装），车油槽，宽为 8mm，深为 1mm，车端面倒角 $C1$	C620 专用工装
17	钳	将轴瓦分开，修毛刺	
18	钻	钻 $\phi 6$ mm 油孔，倒钝孔边（组合夹具）	台钻
19	铣	专用工装装夹工件，铣定位槽处巴氏合金，见铁基即可（为冲压定位槽凸台做准备）	X62W
20	冲压	冲定位槽凸台，保证尺寸宽 10mm，长 5.5mm，深 1.4mm，一边距端面为 15mm	压力机专用工装
21	钳	去毛刺，做标记	
22	检验	检查各部尺寸及精度	
23	入库	包装入库	

（3）工艺分析

轴瓦零件机械加工工艺分析如下：

1）单件小批量生产，采用离心浇注巴氏合金的方法，可保证加工质量，而且节约材料。

2）单件小批量生产，毛坯留有较大的加工余量。当工件切开后，精铣分割面再对合加工时，内、外圆均变为椭圆，直径方向相差较大，因此必须留有足够的加工余量。

3）轴瓦上两面（分割面）与最大外圆表面平行度的检验，可将分开的轴瓦扣在平板上，用百分表测量轴瓦外径两端最高点，其差即为平行度误差。

参 考 文 献

[1] 于惠力，向敬忠，张春宜，等．机械设计 [M]．2 版．北京：科学出版社，2013.

[2] 于惠力，张春宜，潘承怡，等．机械设计课程设计 [M]．2 版．北京：科学出版社，2014.

[3] 王先逵．机械加工工艺手册 [M]．北京：机械工业出版社，2007.

[4] 宋惠珍．零件机加工工艺设计．北京：机械工业出版社，2014.

[5] 李益民．机械制造工艺设计简明手册 [M]．北京：机械工业出版社，2011.

[6] 宋昭祥．机械制造基础 [M]．北京：机械工业出版社，2016.

[7] 余小燕，胡绍平，刘明皓．机械制造基础 [M]．北京：人民邮电出版社，2013.

[8] 刘丽华．机械精度设计与检测基础 [M]．哈尔滨：哈尔滨工业大学出版社，2012.

[9] 常万顺，李继高，柯鑫，等．金属工艺学 [M]．北京：清华大学出版社，2015.

[10] 于惠力，潘承怡，冯新敏，等．机械设计学习指导 [M]．2 版．北京：科学出版社，2013.

[11] 于惠力，潘承怡，向敬忠，等．机械零部件设计禁忌．北京：机械工业出版社，2006.

[12] 濮良贵，纪名刚，等．机械设计 [M]．8 版．北京：高等教育出版社，2008.

[13] 王黎钦，陈铁鸣，等．机械设计 [M]．4 版．哈尔滨：哈尔滨工业大学出版社，2008.

[14] 邱宣怀，等．机械设计 [M]．4 版．北京：高等教育出版社，2003.

[15] 张策，等．机械原理与机械设计 [M]．北京：机械工业出版社，2005.

[16] 于惠力，韩彦勇．机械加工计算与实例 [M]．北京：机械工业出版社，2015.

[17] 于惠力，冯新敏．齿轮传动装置设计与实例 [M]．北京：机械工业出版社，2015.

[18] 于惠力，冯新敏，等．现代机械零部件设计手册 [M]．北京：机械工业出版社，2013.

[19] 成大先．机械设计手册 [M]．5 版．北京：化学工业出版社，2010.

[20] 王连明，宋宝玉，等．机械设计课程设计 [M]．哈尔滨：哈尔滨工业大学出版社，2005.

[21] 陈铁鸣，等．新编机械设计课程设计图册 [M]．北京：高等教育出版社，2003.

[22] 于惠力，冯新敏．传动零部件设计实例精解 [M]．北京：机械工业出版社，2009.

[23] 于惠力，冯新敏．轴系零部件设计实例精解 [M]．北京：机械工业出版社，2009.

[24] 于惠力，冯新敏．连接零部件设计实例精解 [M]．北京：机械工业出版社，2009.

[25] 于惠力，冯新敏，等．轴系零部件设计与实用数据速查 [M]．北京：机械工业出版社，2010.

[26] 于惠力，冯新敏．传动零部件设计与实用数据速查 [M]．北京：机械工业出版社，2010.

[27] 于惠力，冯新敏，等．新编实用紧固件手册 [M]．北京：机械工业出版社，2011.